U0162612

光子晶体光纤陀螺技术

Photonic Crystal Fiber Optic Gyroscope Technology

李茂春 赵小明 / 等 著

国防工业出版社

·北京·

内 容 简 介

本书所指的光子晶体光纤陀螺是采用光子晶体光纤作为传感介质,并基于Sagnac效应的光纤陀螺。相比传统陀螺用光纤,光子晶体光纤可实现低环境敏感性、低损耗、低非线性、低色散、低延迟的宽带导光,彻底解放光纤陀螺技术应用中的材料限制。从原材料级提升光纤陀螺的环境适应性和光学噪声水平,可形成光纤陀螺技术跨代式发展,具有优越的特性和广阔的应用前景。

本书系统地论述了光子晶体光纤陀螺的原理、光子晶体光纤特性及在陀螺中的误差机理、光纤设计与制备、光子晶体光纤熔接、环圈绕制、直接耦合技术,同时介绍了光子晶体光纤陀螺光源、调制解调、结构设计、数字仿真分析,以及惯性导航应用技术等。

本书可供从事光子晶体光纤陀螺及系统技术研究、设计的工程技术人员及相关院校师生阅读。

图书在版编目(CIP)数据

光子晶体光纤陀螺技术/李茂春等著.—北京:
国防工业出版社,2024.1
ISBN 978-7-118-13121-5

Ⅰ.①光… Ⅱ.①李… Ⅲ.①光导纤维—光学陀螺仪
—研究 Ⅳ.①TN965

中国国家版本馆 CIP 数据核字(2024)第 018736 号

※

*国防工业出版社*出版发行

(北京市海淀区紫竹院南路 23 号 邮政编码 100048)
北京虎彩文化传播有限公司印刷
新华书店经售

*

开本 710×1000 1/16 插页 3 印张 18¼ 字数 345 千字
2024 年 1 月第 1 版第 1 次印刷 印数 1—1000 册 定价 120.00 元

(本书如有印装错误,我社负责调换)

国防书店:(010)88540777 书店传真:(010)88540776
发行业务:(010)88540717 发行传真:(010)88540762

序

陀螺仪是测量、控制载体相对惯性空间角运动的惯性器件,作为构成惯性系统的基础核心部件,广泛应用于航空、航天、航海、陆地导航、大地测量、兵器及其他工业领域。

光纤陀螺的"全固态"结构特点,相比采用传统机械转子或气体环形激光器的陀螺方案,在精度覆盖范围、工艺复杂度、结构设计灵活性、动态范围、抗冲击和可靠性等方面具有显著优势。鉴于光纤陀螺的诸多优点,国外专家曾激进地预言:"光纤陀螺出现,机械陀螺停转"。光纤陀螺技术经过 40 余年的发展逐步证实这一趋势,但在一些高端和极端应用条件下,由导光材料物性特点决定的光纤陀螺环境适应性弊端突显,不得不采用多种技术措施,例如温度控制、多重磁屏蔽和密闭封装等,以降低陀螺环境敏感性,导致其体积、质量和功耗增大,弱化了光纤陀螺应用优势和竞争力。

近年来,光子晶体光纤技术通过构建特定包层微结构,对导光介质进行升级,打破传统光纤本征物理极限,可解决传统光纤框架内难以突破的瓶颈问题,彻底解放光纤陀螺应用中的材料限制,已成为光纤陀螺技术领域的又一个研究热点。

《光子晶体光纤陀螺技术》一书凝聚了作者多年从事光纤陀螺及导航系统的研制经验,注重分析研究机理,注重理论与实践相结合,全面系统地论述了光子晶体光纤陀螺的基本原理和光子晶体光纤特性,分析讨论了光子晶体光纤陀螺误差机理及优势,研究了光子晶体光纤设计与制备、熔接、环圈绕制和直接耦合等技术,阐述了光子晶体光纤陀螺光源、调制解调和结构设计技术,最后总结分析了光子晶体光纤陀螺数字仿真分析技术及惯性导航应用。

本书内容全面,系统性、理论性和实用性较强,特别适合我国的科研生产现状。

可用于具体指导光子晶体光纤陀螺的研制和生产;可为从事光子晶体光纤陀螺技术研究、设计制造、应用和管理的科技人员、高等院校师生和技术管理干部提供实质性的指导与帮助;同时促进国内光子晶体光纤陀螺技术的提升,推动我国惯性技术的快速发展。

中国工程院院士

前　言

光纤陀螺是一种基于光学 Sagnac 效应的全固态角速度传感器,以光纤作为传感介质,具有可靠性高、寿命长、体积小、质量小、精度覆盖范围广、适合大批量生产等特点,主要应用于惯性自主导航系统,是 21 世纪惯性测量与制导领域的主流陀螺仪表之一。

随着技术水平的进步、光路器件性能的提升以及制造工艺的逐渐成熟,光纤陀螺产品在近几年得到了快速发展,实用精度显著提升。光纤陀螺在陆、海、空、天等领域的深入应用,面临着一些极端环境应用条件的新挑战,对光纤陀螺环境适应性提出更高要求,被动防护技术措施使系统体积效能比降低,无法全面满足应用需求,亟待具有可实施性的光纤陀螺环境适应性主动提升技术途径。

从物理机理看,光纤陀螺用保偏光纤以锗硅材料作为纤芯、硼硅材料作为包层,在包层界面上发生全内反射以实现纤芯导光,在纤芯两侧的硼棒赋予光纤应力双折射以实现保偏。在极端环境应用下,这种多介质混合结构将导致光纤环境敏感系数升高,因此,陀螺光纤材料本征的环境敏感性是光纤陀螺环境适应性难以根本提升的瓶颈,称为材料限制。

能否从陀螺的光纤本身找到克服环境敏感性的办法,是本领域研究人员一直关心的问题。光子晶体光纤技术开启了光纤传输介质颠覆性技术变革,特别是空芯光子晶体光纤采用独特的周期微孔结构形成全新的导光机制,使光在理想介质空气中传输,展现出诸多性能优势,例如环境敏感性低、光学噪声低等,是高性能光纤陀螺理想的传感材料。

光子晶体光纤陀螺的研制需采用一套全新的设计与工艺技术,包括光纤陀螺用光子晶体光纤设计与精密制备,光子晶体光纤熔接、环圈绕制和直接耦合技术,以及光子晶体光纤陀螺设计和性能分析方法等。在探讨这些技术问题时,作者力图向读者提供解决上述问题的清晰途径。

全书分为 12 章。第 1 章介绍光子晶体光纤陀螺发展由来及其工作原理,由赵小明、马骏、李茂春编写;第 2 章介绍光子晶体光纤特性与陀螺应用情况,由李茂春、惠菲编写;第 3 章讨论光子晶体光纤陀螺误差机理及优势分析,由李茂春、赵小明编写;第 4 章阐述光子晶体光纤设计与制备技术,由李茂春、惠菲编写;第 5 章讨论光子晶体光纤熔接技术,由惠菲、李茂春编写;第 6 章论述光子晶体光纤环圈绕制技术,由王玥泽编写;第 7 章阐述波导-环圈直接耦合技术,由梁鹄、马骏编写;第 8 章介绍光子晶体光纤陀螺光源技术,由梁鹄、马骏编写;第 9 章介绍光子晶体光纤陀螺调制解调技术,由马骏、梁鹄编写;第 10 章论述光子晶体光纤陀螺结构设计技术,由杨盛林编写;第 11 章讨论光子晶体光纤陀螺数字仿真分析技术,由李茂春、赵小明编写;第 12 章论述光子晶体光纤陀螺惯性导航应用,由赵小明、皮燕燕、李茂春编写。全书由赵小明、李茂春统稿,另外,李凡、曹晖、刘俊参与了本书部分内容的校对工作,在此对各位同事的支持与帮助深表感谢。

本书的相关研究成果得到军委科技委 173 基础加强计划、国家自然科学基金预研项目的大力支持,南京理工大学付梦印院士欣然为本书作序,作者一并谨表衷心的感谢!

由于作者水平有限,书中的错误和不妥之处在所难免,恳请读者批评指正。

作　者
2022 年 12 月

目 录

第1章　光子晶体光纤陀螺的基本原理

1.1　光子晶体光纤陀螺发展历史

惯性技术是一种不依赖于外部信息、也不向外部辐射能量的自主式导航技术，广泛应用于海、陆、空、天各类运动载体惯性导航、制导控制、定位定向、姿态稳定等场合，不仅在国防现代化中占有十分重要的地位，在国民经济各个领域中也日益显示出它的巨大作用。

惯性导航系统中，陀螺用来形成导航坐标系，是核心部件。目前广泛应用于惯性导航系统的陀螺可分为以经典力学为基础的传统机械陀螺和以近代物理学效应为基础的新型光电陀螺，陀螺发展概况如图 1-1 所示。前者主要包括液浮、静电等转子式陀螺和半球谐振、微机电等振动陀螺，其中转子式陀螺结构复杂，对制造工艺要求极高，存在高速运动的转子，精度和可靠性提升受限；后者主要包括激光、光纤等光学陀螺和原子干涉陀螺，其中光纤陀螺结构灵活，工艺简单，无运动部件，精度覆盖范围广，可靠性高。

1913 年，法国科学家 G. Sagnac 提出了萨格纳克（Sagnac）效应[1]，即沿闭合光路相向传播的两光波之间的相位差正比于闭合光路法向的输入角速度，成为全固态光学系统可检测相对惯性空间旋转的理论基础。Sagnac 效应的最初装置由一个准直光源和一个分束器组成，将输入光分成两束波，在一个由反射镜确定的闭合光路内沿相反方向传播，如图 1-2 所示，其中 S 表示"surface"，在法语里的意思是"面积"。当装置旋转时，光波的干涉条纹图样将横向移动，该移动量对应着两束反向传播光波之间产生的附加相位差，并与闭合光路围成的面积 S 相关。

得益于 He-Ne 气体激光器的出现，1963 年环形激光陀螺（RLG）诞生[2]，标志着第一代光学陀螺取得实质性进展，从此在陀螺技术史上揭开了新的一页。历经多年研究，激光陀螺先后解决了漏气、封接、镀膜等难题后，于 1975 年在战术飞机上应用成功，从此激光陀螺进入实用阶段。20 世纪 80 年代，激光陀螺成功应用于飞机和地面车辆导航、舰炮稳定系统等方面，开始取代机械陀螺。进入 90 年代，激

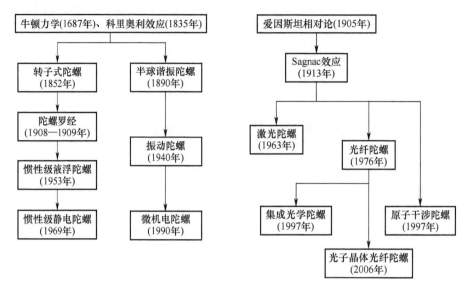

图 1-1　陀螺发展简图

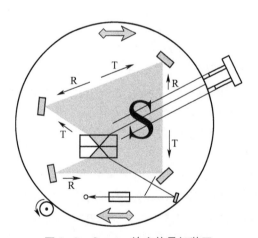

图 1-2　Sagnac 效应的最初装置

　　光陀螺在高精度应用领域显示了其优越性,并且在惯性级应用中取得了成功。激光陀螺的光学腔和反射镜对加工精度要求严格,制造成本高,不具有低成本和易于批量生产的特点。

　　随着光纤通信器件技术与工艺的发展,1967 年,法国科学家 G. Pincher 和 G. Hepner 首先提出了用多匝光纤增强 Sagnac 效应而制成光纤陀螺的概念[3],随后在 1976 年,美国犹他大学的 Victor Vali 和 Richard W. Shorthill 对光纤陀螺进行了实验演示,它标志着第二代光学陀螺——光纤陀螺的诞生[4]。光纤陀螺最初实验装置如图 1-3 所示,激光器发出的平行光,通过分束器后分成两束,经微透镜聚焦在光纤环圈的两个入射端面上,在光纤环圈中分别沿顺时针和逆时针反向传播一周,再次经过透镜,并扩束成平行光,返回到分束器,此时由两束光变为四束光,并合光形成两束干涉光波,一束朝向光源,另一束投向屏幕形成干涉图样。当光纤陀螺实验装置绕光纤环圈法向轴旋转时,由于 Sagnac 效应,两束相向传播光之间产生光程差,进而产生相位差,导致屏幕上的干涉条纹明暗变化。

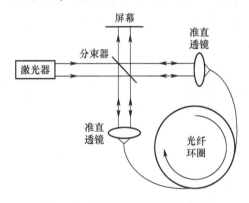

图 1-3　光纤陀螺最初实验装置

20 世纪 70 年代中期到 80 年代初,是光纤陀螺研究的初期,研究重点是光纤陀螺方案和理论分析,例如光纤陀螺输出误差的影响因素分析和检测灵敏度提高方法等。70 年代末,开展了光纤陀螺标度因数性能研究,并首次构成了闭环形式的光纤陀螺。闭环概念的提出对光纤陀螺有重大的理论价值和实用意义,陀螺多项性能明显改善,例如动态范围扩大,标度因数线性度和稳定性均有大幅提升等[5]。

20 世纪 80 年代到 90 年代初,光纤陀螺研究进入工程应用阶段,随光纤陀螺技术在理论上的重大突破,光纤陀螺的研究工作开始从实验室研究走向工程研制。在 80 年代末期、90 年代初期,低精度的光纤陀螺已经实现产品化,并在实践中得到成功应用。这期间比较成功的例子是美国 Honeywell 公司开发出第一批用于商用航空器上的姿态航向参考系统(AHRS)的光纤陀螺产品,其采取了全光纤型最简配置的光路。这种产品首先应用于美国道尼尔和 33 座客机上的姿态航向参考系统,后来又被应用于波音 777 飞机的姿态和空气数据系统(SAARU)。经过长期实际运行的检验,陀螺性能指标符合预期,高可靠性得到验证。

20 世纪 90 年代中期以后,光纤陀螺的发展进入了一个新的时期,已开始应用于各个领域,更多科研单位加入到光纤陀螺的开发研制行列中来,同时光纤陀螺高精度高稳定研究成为主题。1996 年美国研制成功计划用于空间定位和潜艇导航的高精度闭环保偏方案陀螺样机,光纤环圈长度 2km,在温控条件下陀螺零偏稳定

性为 $3.8\times10^{-4}(°)/h$,角度随机游走为 $2\times10^{-4}(°)/\sqrt{h}$ [6]。

2006 年,Honeywell 公司报道的高精度光纤陀螺的零偏稳定性已达到 3×10^{-4} $(°)/h$,角度随机游走达到 $8\times10^{-5}(°)/\sqrt{h}$,测量范围为 $12(°)/s$,光纤环圈长度 4km[7]。同年,Ixspace 公司报道了其用于卫星姿态控制的光纤陀螺,短期稳定性达到 $0.02\sim0.001(°)/h$,寿命达到 $5\sim15$ 年[8]。

2013 年,法国 iXblue 公司在实验室条件下,40℃ 恒温箱中(温控精度为 0.2℃),对光纤惯性导航系统进行了长时间测试,导航精度优于 1n mile/38 天,对应光纤陀螺零偏稳定性约为 $4.7\times10^{-6}(°)/h$,标度因数稳定性优于 10^{-6}[9]。

2016 年,Honeywell 公司研制了参考级光纤陀螺,如图 1-4 所示,零偏不稳定性优于 $3\times10^{-5}(°)/h$,随机游走系数达到 $1.6\times10^{-5}(°)/\sqrt{h}$[10],可作为精度和灵敏度极高的大地测量、惯性测试设备校准仪表。

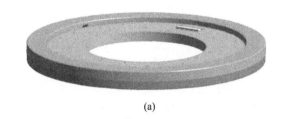

(a)

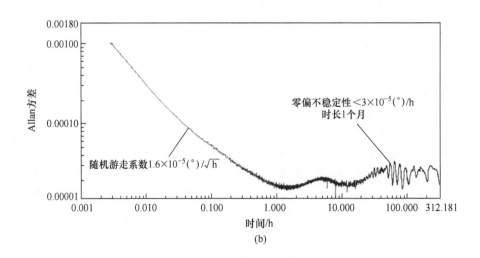

(b)

图 1-4 Honeywell 公司参考级光纤陀螺模型及测试结果

(a)光纤陀螺环圈组件模型;(b)Allan 方差测试结果。

2018 年,俄罗斯 Optolink 公司的 SRS-5000 光纤陀螺,如图 1-5 所示,零偏不

稳定性优于 $8 \times 10^{-5}(°)/h$(恒温条件下)[11]。

图 1-5 Optolink 公司的 SRS-5000 及 IMU-5000 实物图

2019 年法国 iXblue 公司推出 Marins M11 光纤陀螺惯性导航产品,如图 1-6 所示,具有温度均衡性优化设计特点,纯惯性导航精度 1n mile/15 天,对应光纤陀螺精度约为 $2 \times 10^{-5}(°)/h$[12]。

历经四十余年不懈的技术与工程应用研究,光纤陀螺已在海、陆、空、天等领域得到广泛应用,成为 21 世纪惯性测量与制导领域的主流仪表之一。

当前,光纤陀螺下一阶段发展的主要方向是高性能、高精度和小型化,该发展方向仍旧面临巨大的技术挑战。高精度干涉型光纤陀螺中大纤长大尺寸保偏光纤环圈在复杂环境多物理场(温度、磁和应力等场)作用下导致光纤陀螺性能劣化。需采用多种技术措施,例如温度控制、多重磁屏蔽和密闭封装等,以降低陀螺环境敏感性,不可避免地导致其体积、质量和功耗增大,体积效率比降低,限制了光纤陀螺性能提升和小型化协同发展。

随着光子晶体光纤技术的发展,其成为提高陀螺环境适应能力的新技术途径。相比传统光纤,光子晶体光纤因其独特结构具有诸多优点:①对温度、电磁场、空间辐射等环境因素的敏感性低;②散射低、光传输特性稳定,对弯曲不敏感;③实芯光子晶体光纤具有无截止单模传输能力;④空芯光子晶体光纤为光提供理想的传输

图 1-6 iXblue 公司的 Marins M11 光纤陀螺惯性导航产品

介质——空气。采用光子晶体光纤作为光纤陀螺敏感材料,有望解决传统光纤陀螺在环境适应性提升与小型化协同发展的矛盾。基于此,光子晶体光纤及其陀螺应用技术成为研究热点。

1.2 光子晶体光纤陀螺基础理论

光纤陀螺基于 Sagnac 效应,光子晶体光纤陀螺是对光传输介质的更新换代,同样遵循该效应。Sagnac 效应构成了现代光学陀螺的理论基础,它是指在一个任意几何形状的闭合环路中,从任意一点出发的沿相反方向传播的两束光波,绕行一周返回该点时,如果闭合光路在其平面内相对惯性空间有旋转,则两束光波的相位将发生变化,且相位差正比于旋转速率。

1.2.1 真空中的 Sagnac 效应

如图 1-7 所示圆形光学环路(也可理解为一个 N 匝的光纤环圈),当系统静止时(图 1-7(a)),从 M 点进入该圆形光学环路的两束光波分别沿顺时针(CW)和逆时针(CCW)方向以速度 c 传播,因为两束光波传播的路径和速度都相同,绕行一周之后,它们将在入射点 M 处汇合。当系统以角速度 Ω 沿顺时针方向转动时(图 1-7(b)),由于旋转,在两束光波绕行一周返回到入射点 M 时,出射点已经由 M 点移动到 M′点。这时,显然沿顺时针方向传播光波经历路程较长。可以推导出在真空中 Sagnac 相移 ϕ_s 与系统旋转角速度 Ω 成正比[13]。具体推导如下:

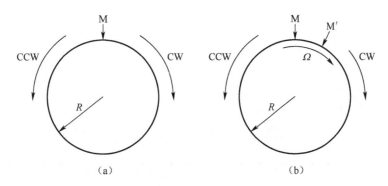

图1-7 圆形光路中的 Sagnac 效应

(a)静止状态;(b)转动状态。

假定光学环路半径为 R、系统旋转角速度为 Ω,则光学环路上任意一点的切向速度 $v_t = R \cdot \Omega$。沿顺时针方向传播的光波经历路程为 L_{CW},传播时间为 t_{CW},沿逆时针方向传播的光波经历路程为 L_{CCW},传播时间为 t_{CCW}。

当系统静止即 $\Omega = 0$ 时,这两束沿相反方向传播光波在圆形光学环路中经历光程相等为 $N \cdot 2\pi R$,光程差为零即 $L_{CW} = L_{CCW}$。当系统沿顺时针方向旋转时,出射点产生移动,沿顺时针方向传播光波经历路程变长,可用下式表示:

$$L_{CW} = N \cdot 2\pi R + R\Omega t_{CW} \tag{1-1}$$

同理,沿逆时针方向传播光波经历路程变短,可用下式表示:

$$L_{CCW} = N \cdot 2\pi R - R\Omega t\ CCW \tag{1-2}$$

对于真空中传播的光而言,两束光波在圆形光学环路中传播速度均等于光速 c。所以,式(1-1)和(1-2)又可以表示为

$$L_{CW} = N \cdot 2\pi R + R\Omega t_{CW} = ct_{CW} \tag{1-3}$$

$$L_{CCW} = N \cdot 2\pi R - R\Omega t_{CW} = ct_{CCW} \tag{1-4}$$

由式(1-3)可得:

$$t_{CW} = \frac{N \cdot 2\pi R}{c - R\Omega} \tag{1-5}$$

由式(1-4)可得:

$$t_{CCW} = \frac{N \cdot 2\pi R}{c + R\Omega} \tag{1-6}$$

由式(1-3)和式(1-4)可得:

$$\Delta t = t_{CW} - t_{CCW} = \frac{N \cdot 2\pi R}{c - R\Omega} - \frac{N \cdot 2\pi R}{c + R\Omega} = \frac{N \cdot 2\pi R}{c^2 + (R\Omega)^2}2R\Omega \tag{1-7}$$

一般情况下有 $(RC)^2 \ll c^2$,故上式又可简化为

$$\Delta t = t_{CW} - t_{CCW} = \frac{N \cdot 2\pi R}{c - R\Omega} - \frac{N \cdot 2\pi R}{c + R\Omega} = \frac{4N\pi R^2}{c^2}\Omega \tag{1-8}$$

光程差为

$$\Delta L = c\Delta t = \frac{4N\pi R^2}{c}\Omega \tag{1-9}$$

Sagnac 相移为

$$\phi_s = 2\pi \frac{\Delta L}{\lambda} = 2\pi \frac{4N\pi R^2}{\lambda c}\Omega = \frac{4\pi LR}{\lambda c}\Omega = \frac{8\pi S}{\lambda c}\Omega \tag{1-10}$$

式中: $L = N \cdot 2\pi R$ 为光纤长度; λ 为光源的波长; $S = N\pi R^2$ 为闭合光路围成的总面积。

1.2.2 介质中 Sagnac 效应

当光在折射率为 n 的介质中传播时,对于静止的观测者来说,光在介质中的传播速度会由于介质的运动而变化。如图 1-7 所示的圆形光路,在旋转的光纤干涉仪中,光相对光纤以速度 c/n 传播,同时光以切向速度 $v_t = R \cdot \Omega$ 与光纤一起同向或反向转动。相对静止的观测者来说,沿顺时针方向传播的光速度为

$$c_{CW} = \frac{c/n + R\Omega}{1 + \dfrac{c/n \cdot R\Omega}{c^2}} \approx c/n + R\Omega(1 - 1/n^2) \tag{1-11}$$

同理,沿逆时针方向传播的光速度为

$$c_{CCW} = \frac{c/n - R\Omega}{1 - \dfrac{c/n \cdot R\Omega}{c^2}} \approx c/n - R\Omega(1 - 1/n^2) \tag{1-12}$$

由式(1-11)和式(1-12)可推导出:

$$\Delta t = t_{CW} - t_{CCW} = \frac{N \cdot 2\pi R}{c_{CW} - R\Omega} - \frac{N \cdot 2\pi R}{c_{CCW} + R\Omega} = N \cdot 2\pi R \frac{\dfrac{2R\Omega}{n^2}}{\left(\dfrac{c}{n}\right)^2 + \left(R\Omega\dfrac{c}{n^2}\right)^2}$$

$$\tag{1-13}$$

其中, $(R\Omega c/n^2)^2 \ll (c/n)^2$,所以上式又可以简化为

$$\Delta t = N \cdot 2\pi R \frac{2R\Omega}{c^2} = \frac{2RL}{c^2}\Omega \tag{1-14}$$

Sagnac 相移为

$$\phi_s = \frac{2\pi c}{\lambda}\Delta t = \frac{4\pi LR}{\lambda c}\Omega = \frac{8\pi S}{\lambda c}\Omega \tag{1-15}$$

与式(1-10)中在真空中的情形完全一致。

1.2.3 任意形状

对于图1-8所示的任意形状的闭合光路,光路上任意一点沿传播方向的线微分矢量 $\mathrm{d}\boldsymbol{l}' = \boldsymbol{u}\mathrm{d}l$,式中 $\boldsymbol{u}$ 为切向的单位矢量, $\mathrm{d}l$ 为 $\mathrm{d}\boldsymbol{l}'$ 的模。设光路以 O 点为中心,以垂直于直面的角速度 $\boldsymbol{\Omega}$ 旋转,其在 $\boldsymbol{u}$ 方向的线速度分量 $v_{\mathrm{t}} = \boldsymbol{v} \cdot \boldsymbol{u}$,其中 $\boldsymbol{v}$ 为沿 $\boldsymbol{\Omega}$ 方向的线速度矢量,且 $\boldsymbol{v} = \boldsymbol{\Omega} \times \boldsymbol{r}$, $\boldsymbol{r}$ 为由 O 点到任意点的径向坐标矢量。则对于沿顺时针方向传播的光波,对应线微分 $\mathrm{d}\boldsymbol{l}'$ 的时间微分 $\mathrm{d}t_{\mathrm{cw}}$ 为

$$\mathrm{d}t_{\mathrm{cw}} = (\mathrm{d}l' + v_{\mathrm{t}}\mathrm{d}t_{\mathrm{cw}}) \Big/ \left[\frac{c}{n_{\mathrm{eff}}} + v_{\mathrm{t}}\left(1 - \frac{1}{n_{\mathrm{eff}}^2}\right)\right] \tag{1-16}$$

考虑 $c \gg v_{\mathrm{t}}/n_{\mathrm{eff}}$,则

$$\mathrm{d}t_{\mathrm{cw}} = \frac{n_{\mathrm{eff}}\mathrm{d}l'}{c}\left(1 - \frac{v_{\mathrm{t}}}{n_{\mathrm{eff}}c}\right) \tag{1-17}$$

将式(1-17)沿光路积分得:

$$t_{\mathrm{cw}} = \oint \mathrm{d}t_{\mathrm{cw}} = \oint \frac{n_{\mathrm{eff}}\mathrm{d}l'}{c}\left(1 - \frac{v_{\mathrm{t}}}{n_{\mathrm{eff}}c}\right) = \frac{n_{\mathrm{eff}}l'}{c} - \oint_{l'} \frac{\boldsymbol{v} \cdot \boldsymbol{u}}{c^2}\mathrm{d}l \tag{1-18}$$

式中: l' 为任意形状的闭合光路的长度。

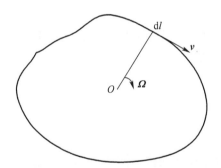

图1-8 任意形状的闭环光路的 Sagnac 效应

根据 Stokes 定理,有

$$t_{\mathrm{cw}} = \frac{n_{\mathrm{eff}}l'}{c} - \int_{l'} \frac{(\boldsymbol{\Omega} \times \boldsymbol{r}) \cdot \boldsymbol{u}}{c^2}\mathrm{d}l' = \frac{n_{\mathrm{eff}}l'}{c} - \frac{1}{c^2}\int_{S}\mathrm{rot}(\boldsymbol{\Omega} \times \boldsymbol{r}) \cdot \mathrm{d}\boldsymbol{S} = \frac{n_{\mathrm{eff}}l'}{c} - \frac{2}{c^2}\boldsymbol{\Omega}S$$

$$\tag{1-19}$$

式中: S 为闭合光路包围的面积; $\mathrm{d}\boldsymbol{S}$ 为面积元矢量。

对于逆时针传播的光波,同理可得:

$$t_{\text{ccw}} = \frac{n_{\text{eff}}l'}{c} + \frac{2}{c^2}\Omega S \tag{1-20}$$

综上得到 Sagnac 相移为

$$\phi_s = \frac{2\pi c}{\lambda} \cdot (t_{\text{ccw}} - t_{\text{cw}}) = \frac{2\pi c}{\lambda} = \frac{4\Omega S}{c^2} = \frac{8\pi S}{\lambda c}\Omega \tag{1-21}$$

与式（1-10）和式（1-15）一致。对于 N 匝的闭合光路，式（1-21）中的 S 为闭合环路的总面积。

由此可见，Sagnac 效应是一种与介质和形状无关的空间延迟，光纤折射率对 Sagnac 相移没有影响。Sagnac 相移仅与闭合光路的面积 S 或光纤环圈的长度与半径乘积 LR 和系统旋转角速度 Ω 成正比，与闭合光路的形状、旋转轴的位置无关。除此之外，在环形光路中，沿相反方向传播的两束光波之间的相位差 ϕ_s 与光纤环圈的转速成线性关系，这样在信号检测过程中，只要能够准确检测出 ϕ_s，就可以准确地检测出光纤环圈的转速信号 Ω。

1.3　互易性结构

在光子晶体光纤陀螺中由 Sagnac 效应所引起的非互易相移非常微小，可能会淹没在由温度变化和噪声干扰等引起的沿传播方向的累计相位变化中。所以必须排除其他因素引起的相移，这就要求光纤陀螺的光学系统拥有稳定的互易性结构，以确保沿相反方向传播的两束光波所经历的光路完全一致，各种因素引起的两束光波的附加相移是相同的。当两束光波发生干涉的时候，附加相移可以相互抵消，外界干扰的影响不会反映到输出信号中，从而能够灵敏地敏感旋转引起的非互易相移。下面分别从三个方面讨论光子晶体光纤陀螺的互易性结构。

1.3.1　分束器的互异性

如图 1-9 所示，沿相反方向传播的两束光波在光纤环中传播一周返回，在出射口发生干涉。当在端口 B 检测干涉现象时，经过分析可知：沿顺时针方向传播的光束在分束器上经历了两次透射到达端口 B，而沿逆时针方向传播的光束在分束器上经历了两次反射到达端口 B。虽然两束光波经历的传播路径相同，但由于反射和透射的传输特性不同，在两束光波之间会产生一个附加相移叠加在 Sagnac 相移上，影响了检测的准确性。当在端口 A 检测干涉现象时，沿顺时针方向传播的光束在分束器上经历了一次透射和一次反射之后到达端口 A，沿逆时针方向传播的光束在分束器上经历了一次反射和一次透射到达端口 A。显然两束光波所经历的光路完全相同，不会产生任何附加相移，满足互易性要求。由此可知，只有将探测器放在入射端口检测两束光波的干涉现象时，光纤环形干涉仪才具有互易性结构,从而才能得到精确的 Sagnac 相移。因此,除了图 1-9 所示分束器外,还需在入射端口放置第二个分束器,将返回的干涉光波引到探测器处,如图 1-10 所示。

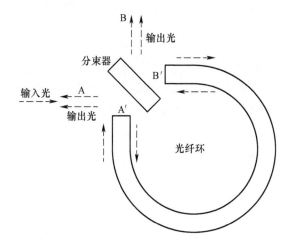

图 1-9　光纤环形干涉仪两个输出端口

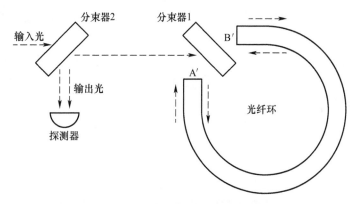

图 1-10　采用两个分束器的光纤环形干涉仪

1.3.2　单模互易性

　　光在自由空间传播是采用传播方程来处理的,波方程具有连续的解,对于任何一个解都有一个完全互易的解。当光在光纤中传播时,两个互易的解具有独立的光路和独立的传播模式,并且以不同于其他模式的方式敏感所经历的与环境有关的扰动。另外,光在传播过程中,不同模式之间还存在着模式耦合。显然,如果沿相反方向传播的两束光波经历完全相同的光路,却以不同的模式传播,也不能满足互易性要求。为了解决这一问题,在两束光波入射进入光纤环形干涉仪之前通过一段单模光纤,返回的干涉光波沿相反方向通过同一段单模光纤。在这个过程中,单模光纤起到了滤波器的作用,使具有相同传播解的两束光波通过,消除了交叉耦合模,两束沿相反方向的光束经过单模光纤之后自动具有互易性。

1.3.3 偏振互易性

在理想单模光纤中存在着两个正交的偏振模式,由于普通单模光纤具有双折射效应,会使干涉仪中传播光的偏振态在传播过程中发生变化,产生一个寄生相移。因而,使两束光波处于同一种偏振模式是保证光纤环形干涉仪互易性结构的前提。和空间单模光纤滤波类似,在两束光波入射进环形干涉仪之前通过一个偏振模式滤波器,对光波进行滤波,仅允许光波以一种偏振模式入射进环形干涉仪,在干涉仪中沿反方向传播一周并以相同偏振模式离开并发生干涉,其他偏振模式被滤除,两束光波之间不产生任何附加相位,从而消除了光波偏振模式变化对检测精确度的影响。

综上所述,Sagnac光纤干涉仪的互易性包括如下三个方面:

(1)光纤耦合器的互易性确保两束反向传播光波经过环耦合器时历经的耦合相移和传输相移相等,从而使干涉信号的固有相位抵消为零。

(2)单模互易性提供一个理想的"共模抑制",将两束反向传播光波的绝对相位累计抵消为零。

(3)偏振互易性由于单模光纤实际上具有两个正交的简并偏振模式,光纤的双折射会产生一个寄生相位差,因而必须使两束反向传播光波是同一种偏振模式,确保干涉条纹最清晰。

满足上述互易性条件的Sagnac光纤干涉仪及其光学元件必须具有下列结构特点:

(1)光纤环圈、光纤耦合器和偏振器应具有光学互易性。

(2)光纤干涉仪工作在反射状态。

(3)在输入/输出公共端口放置一个单模滤波器(单一空间模式、单一偏振模式)。

1.3.4 最小互易性光路结构

全光纤形式光纤陀螺最小互易性结构如图1-11所示,探测器放置在入射端口方向,用理想单模光纤耦合器替代了分束器,并将光纤型偏振器放置在两个耦合器之间。该结构有效地消除了上述分析的三方面非互易性相移的影响。

图1-12是采用Y波导多功能集成光路(MIOC)的最小互易性光纤陀螺结构,其中MIOC共集成1个3dB耦合器、1个偏振器和2个宽带相位调制器(可推挽工作)。这种方案对于实现光纤陀螺的闭环工作是非常理想的。

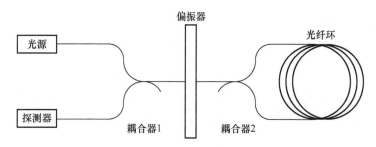

图 1-11　全光纤形式的光纤陀螺最小互易性结构

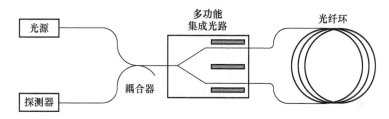

图 1-12　采用 Y 波导多功能集成光路的最小互易性光纤陀螺结构

1.4　干涉型光子晶体光纤陀螺的工作原理

1.4.1　光波的相干性

在空间中两束光波相遇,在不同点处,两列光波会出现光强叠加的现象,叠加强度根据相位的不同而发生有规律的变化,这种现象就是光波的干涉现象。

假设两个同频率的单色光波在空间某点处的光矢量 E_1 和 E_2 分别为

$$E_1 = E_{10}\cos(\omega t + \phi_1) \tag{1-22}$$

$$E_2 = E_{20}\cos(\omega t + \phi_2) \tag{1-23}$$

式中:ω 为光波的角频率;ϕ_1 和 ϕ_2 是初始相位;E_{10} 和 E_{20} 分别为两束光波的振动振幅。

干涉波的总电场 E 是沿着两个光路传播的两电场的矢量和:

$$E = E_1 + E_2 = E_0\cos(\omega t + \phi_0) \tag{1-24}$$

其中:

$$E_0 = \sqrt{E_{10}^2 + E_{20}^2 + 2E_{10}E_{20}\cos(\phi_2 - \phi_1)} \tag{1-25}$$

$$\phi_0 = \arctan\frac{E_{10}\sin\phi_1 + E_{20}\sin\phi_2}{E_{10}\cos\phi_1 + E_{20}\cos\phi_2} \tag{1-26}$$

当两束光分别来自两个独立的光源时,二者的相位差不能被确定,以相同的概

率取 $0 \sim 2\pi$ 之间的任意值,因此 $\overline{\cos(\phi_2 - \phi_1)} = 0$,可以得出 $E_0 = \sqrt{E_{10}^2 + E_{20}^2}$,即 $I = I_1 + I_2$,就是光的非相干叠加。

当两束光来自同一光源且二者相位差始终不变,其合成光强为

$$I = I_1 + I_2 + 2\sqrt{I_1 I_2}\cos(\phi_2 - \phi_1) \tag{1-27}$$

由于光波的相位差不发生改变,$2\sqrt{I_1 I_2}\cos(\phi_2 - \phi_1)$ 称为干涉项,这种情况即为光的相干叠加。当相位差为 π 的偶数倍时,I 最大;当相位差为 π 的奇数倍时,I 最小。

从以波长为横坐标、光强为纵坐标的光谱曲线中能够看出光强与光波波长之间的关系;波长范围越窄,光的单色性越好。当光程差增加时,干涉条纹的清晰度变差,当其增加到一定值时,干涉条纹消失。干涉型光纤陀螺中采用宽谱光源缩短相干长度从而降低系统的光波相干噪声。

1.4.2 光子晶体光纤陀螺的基本输出

干涉型光子晶体光纤陀螺的优势是能够通过采用多匝光路来增强 Sagnac 效应,探测器上的光振幅是 Sagnac 环形干涉仪中顺逆时针光波的振幅和,它们之间有一个旋转引起的相对相移 ϕ_s,一般将该相移等效在逆时针中。

对于图 1-11 中所示的光纤陀螺结构,可以得出

$$E_{\text{out}} = E_{\text{cw}} + E_{\text{ccw}}\,\mathrm{e}^{-\mathrm{i}\phi_s} \tag{1-28}$$

假定分束器具有精确的 $1:1$ 分光,有 $E_{\text{cw}} = E_{\text{ccw}} = E_0$,且

$$E_{\text{out}} = E_0(1 + \mathrm{e}^{-\mathrm{i}\varphi_s}) = E_0(1 + \cos\phi_s - \mathrm{i}\sin\phi_s) \tag{1-29}$$

式中:E_0 为入射到 Sagnac 干涉仪的光波振幅。

对于第二个光源耦合器,探测光强为

$$I_{\text{D}} = \frac{1}{2}E_{\text{out}}^2 = \frac{E_0^2}{2}\big[(1 + \cos\phi_s)^2 + \sin^2\phi_s\big] = I_0(1 + \cos\phi_s) \tag{1-30}$$

式中:$I_0 = E_0^2$。

由式(1-24)可知,光纤陀螺输出的光强与 Sagnac 相移 ϕ_s 呈余弦关系,因此可以得出以下结论。

(1) 当 Sagnac 相移 ϕ_s 接近等于零时,光纤陀螺对旋转速率的灵敏度也几乎为零。

(2) 二者为余弦关系,由余弦曲线的对称性,无法确定 ϕ_s 的正负(即旋转方向)。

(3) 余弦曲线的周期性,在两个或多个周期上测量 ϕ_s 时,陀螺输出具有多值性,不能确定唯一的旋转角速率。通常情况下将 Sagnac 相移 ϕ_s 设定在第一个干涉条纹内。

1.4.3 偏置调制

为解决光子晶体光纤陀螺的旋转方向和检测灵敏度问题,可以给 Sagnac 干涉仪中加入一个偏置相位,这样可以使干涉仪工作在相应灵敏度等于零的点上。由式(1-24)可得出:

$$\frac{\mathrm{d}I_D}{\mathrm{d}\phi_s} = -I_0\sin\phi_s \tag{1-31}$$

当 $\phi_s = \pi/2$ 时,光纤陀螺的相位检测灵敏度最大。因此,需要在系统中引入一个偏置相位即 $\phi_0 = \pi/2$,这样,加偏后的干涉光强为

$$I_D = I_0[1 + \cos(\phi_s + \pi/2)] = I_0(1 - \sin\phi_s) \tag{1-32}$$

这样就可得出 I_D 是 ϕ_s 的奇函数,从而确定转速信号 Ω 的符号。

1.4.4 开环和闭环光纤陀螺

光子晶体光纤陀螺灵敏度问题可以通过使陀螺输出响应与旋转速率呈线性关系来解决。一般来说,使陀螺响应线性化有两种不同的方法,即开环方法和闭环方法,由此构成的光纤陀螺分别称为开环光纤陀螺和闭环光纤陀螺。

开环光纤陀螺的基本原理是利用探测器输出既有 Sagnac 相移的正弦函数也有其余弦函数这一特点,通过模拟或数字的信号处理电路,获得旋转引起的相移。尽管这种直接的计算并不是获得 ϕ_s 及旋转速率的最佳方法,但它揭示了由开环光纤陀螺获得旋转速率的线性响应的基本思想。由于 Sagnac 相移与旋转速率呈线性关系,开环陀螺的最终输出与旋转速率成线性比例,但动态测量范围不大,不适用于高精度光子晶体光纤陀螺。

对于闭环光纤陀螺,是在陀螺的敏感环中加入一个电光控制元件,使两束反向传播光波之间引入一个非互易相移(ϕ_{FB})响应旋转输入,并补偿旋转引起的 Sagnac 相移。在这种方法中,不管旋转速率多大,干涉光波之间的总相位差始终为常值($\phi_{FB} + \phi_s = 0$)。测量满足这一条件所引入的非互易相位差作为陀螺仪的输出。闭环光纤陀螺的探测器输出作为反馈伺服回路的误差信号。由于测量的输出信号是与旋转速率成线性比例的 Sagnac 相移,闭环陀螺对旋转速率的响应基本上是线性的。闭环光纤陀螺的一个主要优势是,当误差信号保持在零位时,旋转信号的输出与光强和探测电路的增益倍数无关。

通常,闭环光纤陀螺采用多功能集成光学芯片实现反馈控制。与开环方案的正弦调制不同,该方案采用方波信号 $\phi_m(t) = \pm(\phi_0/2)$ 作为偏置调制,方波的调制频率为光纤线圈的本征频率 $f_0 = 1/(2\tau)$,其中,τ 为光通过光纤线圈的传输时间,从而产生一个 $\Delta\phi(t) = \pm\phi_0$ 的偏置调制,即光纤陀螺交替工作在 $\pm\phi_0$ 点上。静止时,陀螺的输出波形是一条直线,方波的这两种调制态给出相同的信号:

$$I_D(0, -\phi_0) = I_D(0, \phi_0) = I_0(1 + \cos\phi_s) \tag{1-33}$$

当旋转时,工作点发生移动,输出变成一个与调制方波同频的方波信号(图1-13):

$$I_D(\phi_s, \phi_0) = I_0[1 + \cos(\phi_s + \phi_0)] \tag{1-34}$$

$$I_D(\phi_s, -\phi_0) = I_0[1 + \cos(\phi_s - \phi_0)] \tag{1-35}$$

方波信号的相邻半周期上的两种调制态之差变为

$$\Delta I_D(\phi_s, \phi_0) = I_0[\cos(\phi_s - \phi_0) - \cos(\phi_s + \phi_0)] = 2I_0\sin\phi_0\sin\phi_s \tag{1-36}$$

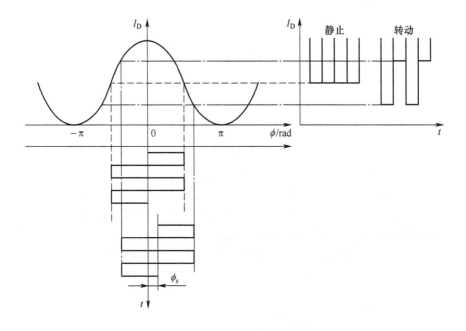

图1-13　闭环光纤陀螺的输出信号

测量 ΔI,并通过闭环回路产生反馈相位差 ϕ_{FB},ϕ_{FB} 与旋转引起的相移 ϕ_s 大小相等、符号相反,总的相位差 $\Delta\phi = \phi_s + \phi_{FB}$ 被伺服控制在零位上。在这种闭环方案中,新的测量信号是反馈相位 ϕ_{FB},ϕ_{FB} 与返回的光功率和检测通道的增益无关。由式(1-36)可以看出,当 $\sin\phi_0 = 1$ 时有最大灵敏度,此时 $\phi_0 = \pi/2$,即前面所述的 $\pi/2$ 的相位偏置。

闭环光子晶体光纤陀螺基本构成如图1-14所示,主要由光源、光子晶体耦合器、铌酸锂集成光学调制器(Y波导)、光子晶体光纤环圈及全数字闭环处理电路等组成。从光源发出的光经过耦合器后按 50:50 的理想分光比平均分为两束,一束进入到铌酸锂集成光学调制器,光波被平均分成两束具有相同偏振态的光,分别沿顺、逆时针进入光子晶体光纤环圈中进行传播,经过传输后又汇合叠加并产生干涉效应。当光纤环圈相对于惯性空间有一转动角速度 Ω 时,由于 Sagnac 效应,顺、逆时针传播的两束光相互干涉产生了 Sagnac 相移,相应的光强将被光电检测器检测到,经过全数字信号处理模块处理,最终输出为光纤陀螺输出信号。与此同时,该输出信号作为下一时刻的反馈信号被输入到铌酸锂集成光学器件内的相位调制器中,形成闭环反馈回路。

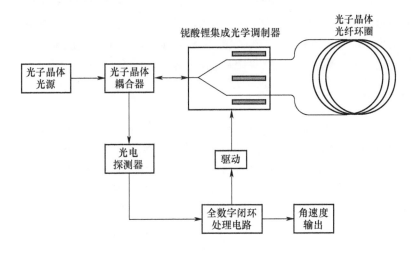

图 1-14 闭环光子晶体光纤陀螺基本构成

1.5 光子晶体光纤陀螺的主要性能指标

光子晶体光纤陀螺的主要性能指标大致可以分为标度因数、零偏、噪声(随机游走系数)、动态范围和带宽 5 类。这里仅阐述其物理意义。

1.5.1 标度因数

陀螺标度因数是指陀螺仪输出量与输入角速率的比值。在陀螺整个输入范围内通过改变输入角速率所得的输出/输入数据,用最小二乘法进行拟合求得一条直线,通常用该直线的斜率表示标度因数。标度因数稳定性是衡量标度因数的一项综合指标,它包括标度因数非线性、标度因数不对称性和标度因数重复性。上述三项误差的平方根称为标度因数稳定性。影响标度因数稳定性的因素包括光纤偏振态的不稳定性、光纤环圈结构尺寸的变化、激励信号周期不稳定、环境温度的变化等,此外还与调制解调方案有关。

1.5.2 零偏

零偏是指陀螺在输入角速率为零状态下的输出值,用较长时间内输出的均值等效折算为输入速率来表示。应理解为陀螺输出围绕其均值的起伏或稳定性,习惯上用标准差(σ)或均方根差(RMS)表示。这种均方差被定义为零偏稳定性,其大小也标志观测值围绕零偏均值的离散程度。对于快速响应应用(短期),零偏稳定性由噪声决定;而对于导航应用(长期),零偏稳定性则主要由缓慢变化的低频扰动决定,如单模光纤中的偏振态演变、法拉第磁场效应、温度漂移、陀螺调制解调电路的电子交叉耦合或其他低频环境噪声等。

1.5.3 噪声

光纤陀螺中的噪声机理主要集中在光学或光电检测部分,这些噪声决定了光纤陀螺的最小可检测灵敏度。这些噪声包括相干检测有关的偏振噪声、背向反射和瑞利散射噪声,以及探测器的散粒噪声、光源的相对噪声等,通常为白噪声。在光纤陀螺中,表征角速率输出白噪声大小的参数是随机游走系数。在仅有白噪声的情况下,随机游走系数的定义可以简化为一定带宽下测得的零偏稳定性与检测带宽的平方根之比。随机游走反映了光纤陀螺的最小可检测灵敏度。

1.5.4 动态范围

动态范围通常指光纤陀螺的最大输入角速率与最小可检测旋转速率(灵敏度)之比。对于干涉型光纤陀螺,其响应为余弦型,存在一个以零为中心的$\pm\pi\,\mathrm{rad}$的单调相位测量区间,旋转速率也有一个相应的工作范围:

$$\Omega_{\max} = \Omega_{\pi} = \frac{180}{\pi} \cdot \frac{\overline{\lambda} c}{4LR} \qquad (1-37)$$

式中:$\overline{\lambda}$为平均光波长;c为真空中的光速;L为光纤长度;R为环圈半径。

1.5.5 带宽

光纤陀螺为提高灵敏度而引入的动态偏置相位调制(如方波调制等),已将陀螺的调制信号频率增加到光纤环圈的本征频率。由于是在调制信号的每一周期内对陀螺输出进行采样,该周期内已完全包含旋转引起的 Sagnac 相移,因此光纤陀螺的理论带宽很高,可达几百千赫。

上述几个指标反映了光子晶体光纤陀螺的精度和环境适应性,可以通过这些指标就来判断光纤陀螺性能的优劣。

1.6   光子晶体光纤陀螺的基本测量极限

光纤陀螺的基本测量极限为探测器光子散粒噪声,散粒噪声导致 Sagnac 相移测量的不确定性使旋转速率的测量精度存在一个极限。散粒噪声也称光子散粒噪声,是光电转换时产生的一种随机噪声。由光的量子性引起,在统计学上,光子撞击探测器产生电子的数目是随机涨落的,服从泊松分布,且在任意两个不重叠的时间间隔内光子撞击探测器发射电子的数目是统计独立的。散粒噪声表现为探测器前置放大器电流–电压反馈阻抗上电流的随机涨落,决定了干涉式光纤陀螺的最小偏置稳定性,进而决定了其精度。散粒噪声由随机涨落电流的均方差表示:

$$\sigma_{i_D} = 2ei_D B_e \qquad (1-38)$$

式中: e 为电子电量; i_D 为电子的平均电流; B_e 为检测器带宽。

探测器输出电流是 Sagnac 相移的余弦函数,即 $i_D = i_0(1 + \cos\phi_s)$,由散粒噪声引起的相位噪声如图 1-15 所示。

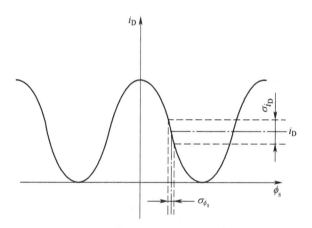

图 1-15   探测器输出电流与 Sagnac 相移的关系

当光纤陀螺工作在 $\pm\pi/2$ 偏置工作点上时,由散粒噪声引起的随机相位涨落的标准差为

$$\sigma_{\phi_s} = \frac{\sigma_{i_D}}{|\mathrm{d}i_D/\mathrm{d}\phi_s|} = \frac{\sigma_i}{i_0} = \sqrt{\frac{2eB_e}{i_0}} \qquad (1-39)$$

由散粒噪声引起的噪声等效旋转角速率为

$$\sigma_{\Omega} = \frac{\overline{\lambda}}{4\pi RL}\sigma_{\phi_s} = \frac{\overline{\lambda}}{4\pi RL}\sqrt{\frac{2eB_e}{i_0}} \qquad (1-40)$$

在给定的相位偏置工作点 ϕ_0 上,灵敏度定义如式(141)所示,为 $I_0\sin\phi_0$ 散粒噪声与偏置功率的平方根,即 $\sqrt{I_0}\cos(\phi_0/2)$ 成正比,因此光纤陀螺的理论信噪比为

$$\frac{I_0\sin\phi_0}{\sqrt{I_0}\cos(\phi_0/2)} = \sqrt{I_0}\sin(\phi_0/2) \tag{1-41}$$

因此,提高光源输出功率 I_0,选择合适的偏置工作点使 $\sin(\phi_0/2)$ 取值较大,都可以提高光纤陀螺的理论信噪比,从而降低由散粒噪声引起的随机游走系数。

实际中,逼近光纤陀螺理论测量极限受限于陀螺环境适应性和相对强度噪声。相对强度噪声可采用光学噪声相消手段加以抑制;一般情况下,陀螺面对温度、磁场等环境应力作用下的表现是主要误差源,远大于光子散粒噪声,这些误差根源来自于光传输介质的材料特性,难以本质提升。光子晶体光纤技术是对光纤陀螺中光传输介质的一次升级,使参与干涉的光信号在单一介质中传输,对外界扰动不敏感,是逼近光纤陀螺基本测量极限的技术途径之一。

1.7 其他类型的光子晶体光纤陀螺

测量 Sagnac 相移的方法有很多,除了上述的光纤环形干涉仪方法外,还有光纤环形谐振腔方法(即谐振型光子晶体光纤陀螺)和受激布里渊散射激光器方法(即布里渊散射型光子晶体光纤陀螺)。

1.7.1 谐振型光子晶体光纤陀螺

谐振型光子晶体光纤陀螺的敏感元件是一个光纤环形谐振腔,通过一定频率的光波在光纤环中循环传输产生多光束干涉,只有满足一定光频率的光波才会产生谐振,故称为谐振型光纤陀螺。谐振型光纤陀螺的光源位于谐振腔外面,作为谐振腔的光纤环内部没有增益介质,当光纤环旋转时,顺时针光波和逆时针光波的谐振频率变得不同,通过检测光纤环中的谐振频率之差得到角速率。采用光子晶体光纤作为谐振型光纤陀螺的环形谐振腔,可大幅消除谐振腔内的背向散射、偏振串音等光学误差。

谐振式光子晶体光纤陀螺的优势是:①只需要很短的光纤(几米到几十米),满足小型化需求;②光信号在准真空区域内传播,Shupe 效应、克尔(Kerr)效应等寄生效应不明显,环境敏感性低。因此,光子晶体光纤为小型化高精度光纤陀螺提供了一种新型技术途径。谐振型光子晶体光纤陀螺的基本结构如图 1-16 所示。从激光器光源 S 发出的光由 3dB 耦合器 C1 分成两束,然后借助于耦合器 C2 沿相反方向注入谐振腔中。谐振腔中逆时针光波的谐振频率,通过耦合器 C4 由探测

器 D1 检测,顺时针光波的谐振频率,通过耦合器 C3 由探测器 D2 检测。在没有旋转的情况下,逆时针和顺时针光波的谐振频率是相同的。

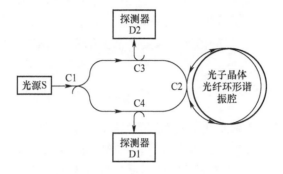

图 1-16 谐振型光子晶体光纤陀螺的结构组成

当谐振腔平面沿其法向轴旋转时,由于 Sagnac 效应,顺时针和逆时针传播方向的周长 L 将不同,即有:

$$L_{cw} - L_{ccw} = \Delta L = \frac{4S}{c}\Omega \tag{1-42}$$

式中: S 为光纤谐振腔所围的面积; c 为光速。

在这种情形下,逆时针和顺时针光波的谐振频率之间将产生一个频差 Δf :

$$\Delta f = f_{ccw} - f_{cw} = m\left(\frac{c}{nL_{ccw}} - \frac{c}{nL_{cw}}\right) = mc\frac{\Delta L}{nL^2} = f_0\frac{\Delta L}{L} \tag{1-43}$$

式中: m 为整数; n 为光纤的折射率; f_0 为谐振腔的谐振频率。

将式(1-42)和式(1-43)合并,得到:

$$\Delta f = \frac{4S}{\lambda_0 L}\Omega \tag{1-44}$$

式中: $\lambda_0 = c/f_0$ 。

当环形谐振腔仅有一匝光纤时,由 $L = \pi D = 2\pi R$ 、 $S = \pi R^2$,得到

$$\Delta f = \frac{D}{\lambda_0}\Omega \tag{1-45}$$

仅与谐振腔直径 D 成正比。与上述 Sagnac 光纤环形干涉仪不同,对于 N 匝的光纤谐振腔,周长 L 变为 NL ,面积 S 变为 NS , Δf 变为 Δf_N 并有

$$\Delta f_N = \frac{4NS}{\lambda_0 NL}\Omega = \Delta f \tag{1-46}$$

与仅有一匝光纤的谐振腔的公式相同。对于谐振型光纤陀螺,增加匝数即增加光纤长度,其自由谱范围减小,相应地降低了精细度,因此不能增大 Sagnac 效

应。只有精细度一定，才能通过增加光纤匝数提高谐振型光纤陀螺的检测灵敏度。

此外，尽管谐振型光子晶体光纤陀螺的光纤长度比干涉型光子晶体光纤陀螺短，但元器件的数量(耦合器等)比干涉型光纤陀螺的最小结构几乎多了一倍，这种复杂的结构抵消了光子晶体光纤带来的理论优势，实际噪声水平难以抑制到满足工程应用需求，此外极窄的谱线要求更是谐振型光子晶体光纤陀螺实用化的另一大难题。

1.7.2 布里渊散射型光子晶体光纤陀螺

布里渊散射是指入射到介质的光波与介质内的弹性声波发生相互作用而产生的光散射现象。由于光学介质内大量质点的统计热运动会产生频率为 ω_s 的弹性声波，会引起介质密度及折射率随时间和空间的周期性变化，因此声振动介质可以被看成是一个运动着的光栅。频率为 ω 的光波通过光学介质时，会受到光栅的"衍射"作用，产生频率为 $(\omega - \omega_s)$ 的散射。声波和散射光沿着特定的方向传播，并且只有入射光强超过一定值时才能够发生上述现象。这种具有受激发射特性的布里渊散射，称为受激布里渊散射(SBS)。当光纤中的光强超过某一阈值时，也会出现这一现象。受激布里渊散射是一种非线性光学效应，产生布里渊散射的阈值与光纤材料的特性、光源的谱宽、纤芯的尺寸和光纤长度等有关。受激布里渊散射型光纤陀螺(BFOG)就是利用激光器发出的光在光纤中引起布里渊散射而构成的陀螺仪。这种布里渊散射型光纤陀螺实际上是一种有源的谐振型光纤陀螺，其原理性结构如图 1-17 所示，他利用耦合器 C1 将泵浦激光器 S 的输出光分成两路，分别通过 C2 耦合到光纤环中，在环中又分别在泵浦光的反方向上产生布里渊散射。只要选择合适的光纤环形腔长度，即可在顺时针和逆时针两方向上分别激励起激光。通过检测两束激光的频差获得一个与旋转角速率 Ω 成正比的输出信号。这种光纤陀螺的结构简单，使用的光纤器件较少。但同时，这种光纤陀螺需要泵浦高稳定性(包括工作波长稳定)、窄谱宽及大功率的光源，才能在长度相对较短的光纤中产生受激布里渊散射效应，它被认为是激光陀螺的光纤实现形式，与激光陀螺的重要区别在于，没有直流高压激励源，无需严格的气密封和超高精度的光学加

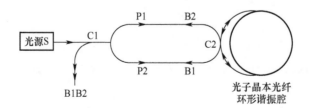

图 1-17　布里渊散射型光子晶体光纤陀螺的结构组成

工,可实现全固态化,拥有光纤陀螺的所有优点,在小型化方面极具潜力。在布里渊散射型光纤陀螺中,光子晶体光纤作为环形谐振腔有助于抑制诸如 Kerr 等非线性效应,提升陀螺信噪比和灵敏度。

由于背向布里渊散射迫使两束反向传播的激光以相同的频率振荡,受激布里渊散射型光纤陀螺和环形激光陀螺一样,在低旋转速率的情况下也受到"闭锁"现象的困扰。

1.8 本 章 小 结

本章首先介绍了光纤陀螺发展历史以及基础理论和光纤陀螺互易性结构的必要性,随后阐述了干涉型光子晶体光纤陀螺的基本工作原理与组成、评价陀螺性能优劣的几个性能指标和精度极限,最后介绍了其他类型的光子晶体光纤陀螺应用方式和特点。

 参考文献

[1] Sagnac G. L'éther lumineux démontré par l'effet du vent relative d'éther dans un interféromètre [J],Comptes rendus de l'Académie des Sciences,1913,95:708-710.

[2] Macek W M. Davis D. T. M. Rotation-rate sensing with traveling-wave ring lasers[J],Applied Physics Letters,1963,2:67-68.

[3] Pircher G,Hepner G. Perfectionnement aux dispositifs du type gyromètre interférométrique laser. French patent 1. 563. 720[P]. 1967.

[4] Vali V,Shorthill R W. Fiber Ring Interferometer[J],Applied Optics,1976,15:1099-1100.

[5] Cahil R F,Udd E. Phase-nulling fiber-optic gyro[J]. Optics Letters,1979,4(3):93-95.

[6] Sanders G A,Szafraniec B,Liu Renyong,et al. Fiber Optic gyros for space,Marine,and aviation applications[J]. SPIE,1996,2837:61-67.

[7] Divakaruni S P,Sanders S J. Fiber optic gyros – a compelling choice for high precision applications[C]. The 18th International Optical Fiber Sensors Conference,2006 MC2.

[8] Buret T,Ramecourt D,Honthaas J,et al. Fiber optic gyroscopes for space application[C]. The 18th International Optical Fiber Sensors Conference,MC4.

[9] Lefèvre H C. The fiber-optic Gyroscope challenges to become the ultimate rotation-sensing technology [J]. Optical Fiber Technology,2013,19 (6):828-832.

[10] Sanders G A,Sanders S J,Strandjord L K,et al. Fiber optic gyro development at Honeywell [C]// Proc. SPIE,2016,9852:985207.

[11] Korkishko Y N,Fedorov V A,et al. High-precision inertial measurement unit IMU-5000 [C] //

Proceedings of the 5th IEEE International Symposium on Inertial Sensors & Systems, Italy, 2018.

[12] Marins Series | iXblue [EB/OL\] [2019\] www. ixblue. com. 2019.

[13] Arditty H J. Theoretical basis of Sagnac effect in fiber gyroscope[J]. Spring Series in Optical Sciences, 1982, 32:44-51.

2 第2章 光子晶体光纤特性与陀螺应用

光子晶体光纤是基于光子晶体技术发展起来的新一代传输光纤,在纯石英光纤内沿横向周期性地排列空气孔,形成周期性折射率分布,沿光纤的轴向空气孔分布不变。光子晶体光纤技术推动了光传输介质的升级,展现出一系列优良特性,有望突破光纤陀螺技术领域中的材料限制。

2.1 光子晶体光纤陀螺基础理论

光子晶体(Photonic Crystal,PC)是具有光子带隙特性的人造周期性电介质结构,该概念是在 1987 年由 S. John[1] 和 E. Yablonovitch[2] 分别独立提出。所谓的光子带隙是指某一频率范围的波不能在此周期性结构中传播,即这种结构本身存在"禁带"。在周期性结构中,当介电常数与晶格常数满足一定条件时,它同电子能带隙非常相似,会在光子晶体的光子能带间出现一些频率的电磁波完全不能透过的区域,如图 2-1 所示。按照光子晶体的光子禁带在空间中所存在的维数,可以

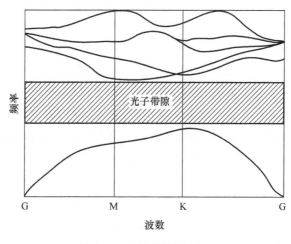

图 2-1　光子带隙示意图

将其分为一维光子晶体、二维光子晶体和三维光子晶体,如图 2-2 所示。

一维光子晶体是在单向上电介质呈周期性排列结构,如图 2-2(a)所示,其制备工艺较为简单,广泛用于超低损耗波导、非线性光学二极管、光学开关、高增益光学参量放大器等。

二维光子晶体是指电介质在双向呈周期性排列结构,如图 2-2(b)所示,如果在二维光子晶体引入缺陷,那么在缺陷中的光子会被约束在这个缺陷周围,具有超强的光子控制能力。光子晶体光纤就是利用二维光子晶体导光机制,以实现光在单一理想介质中传输,将成为传感和通信等领域未来所依赖的新材料。

三维光子晶体是指不同的电介质在三向呈周期性排列结构,如图 2-2(c)所示,它在三个坐标轴方向都具有频率截止带,实现全方位的光子带隙,特定频率的光进入光子晶体后将在各个方向都禁止传播。

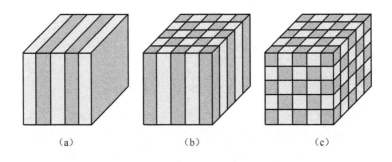

（a）　　　　　　　　（b）　　　　　　　　（c）

图 2-2　光子晶体空间结构示意图
(a)单向周期性;(b)双向周期性;(c)三向周期性。

光子晶体凭借其独特而有效的操纵光子的能力,将在众多领域成为未来可依赖的新材料,其中最有发展前途的领域是光子晶体在光纤技术中的应用。

2.2　光子晶体光纤

1991 年,英国巴斯大学的 P. Russell 非常感兴趣于 E. Yablonovitch 关于光子晶体的研究,并首次提出在光纤中引入二维光子晶体结构实现导光机制的思想。Russell 提出的新型光纤称为光子晶体光纤(Photonic Crystal Fiber,PCF),通常是在单一介质材料上将端面周期结构排列的空气孔沿轴向贯穿整根光纤,其构成呈现二维光子晶体结构,具有传统光纤无法比拟的优异光学特性。

根据导光机理的差异,光子晶体光纤可分为全内反射型(Total Internal Reflection,TIR）光子晶体光纤和光子带隙型（Photonic Band Gap,BPG）光子晶体光纤,前者也称为折射率引导型或者实芯光子晶体光纤,后者也称为空芯光子晶体光纤。

实芯光子晶体光纤如图2-3所示,其纤芯为高纯度石英,外部有周期性排列的空气孔构成的填充空气包层,因而包层的等效折射率比纤芯的折射率低,形成全内反射导光机制,类似于传统光纤。实芯光子晶体光纤对光传输介质进行了一次提升,光在高纯度石英中传输,抗辐照特性得到明显提升。

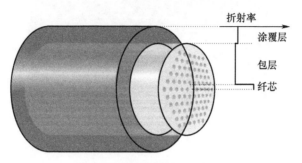

图2-3 实芯光子晶体光纤

空芯光子晶体光纤如图2-4所示,由空气孔的纤芯和在基质中呈现周期性结构的空气孔包层构成。它的微孔结构和实芯光子晶体光纤截然不同,包层的折射率大于纤芯的折射率,导光机理有本质的差异。空芯光子晶体光纤采用微孔结构包层中产生的光子带隙特性进行导光,使光在纤芯的空气孔中传输。空芯光子晶体光纤中光传输介质再次提升,光在空气中传输不易受温度、磁场和应力等环境因素干扰,是光纤传感和通信的理想材料。

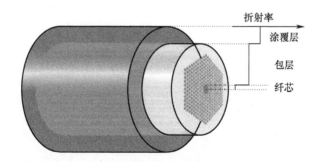

图2-4 空芯光子晶体光纤

Russell及其同事们分别在1996年和1999年,利用毛细管堆砌法制造了第一根实芯光子晶体光纤[3]（图2-5）和第一根空芯光子晶体光纤[4]（图2-6）。初始的光子晶体光纤拉制技术与工艺以机理验证为目的,面向长度较短的光纤制备,随后众多研究团队不断努力优化光子晶体光纤设计与制备技术,以实现长距离低损耗光子晶体光纤的拉制。

图 2-5　第一根实芯光子晶体光纤

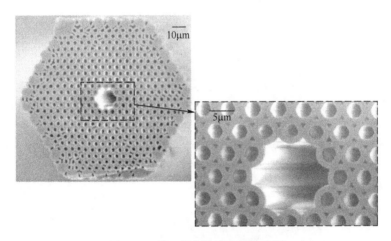

图 2-6　第一根空芯光子晶体光纤

2.2.1　光子晶体光纤导光机制

对于由两种材料构成的光波导,两种材料的折射率分别为 n_1 和 n_2,且 $n_1 > n_2$,光能否在光纤中传播取决于传播常数 β,只有当 β 小于材料的折射率与真空中的波数的乘积时,光波才能在该材料中传输,否则是消逝的。图 2-7 描绘了实芯光子晶体光纤和空芯光子晶体光纤的导光机制。

对于实芯光子晶体光纤,纤芯为高纯度石英,为高折射率 n_1 区,周边为石英和空气孔的排列结构,其等效折射率为 n_2,对于满足 $k_0 n_1 > \beta > k_0 n_2$ 的光波,能够在

折射率为 n_1 的材料中传输,一旦泄漏到折射率为 n_2 的材料中,就会迅速衰减消逝,这就是全内反射型光子晶体光纤的导光机理。

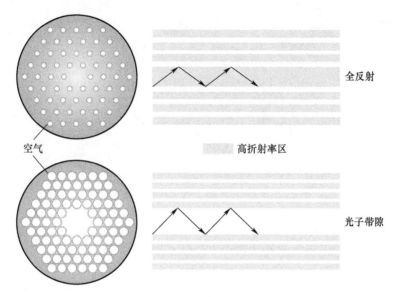

图 2-7 光子晶体光纤导光机制

空芯光子晶体光纤完全不同于其他类型的光纤,其纤芯为空气孔,无法获得比空气更低折射率的介质,即纤芯为低折射率 n_2 的材料,光波若在纤芯中传播,须满足 $\beta < k_0 n_2 < k_0 n_1$。此时,光波同样满足在包层中传播的基础条件,仍须通过合理的光纤构型设计使 $\beta / k_0 < 1$,确保光波不逃逸到包层中,并束缚在中心的低折射率区域传输。

2.2.2 光子晶体光纤特性

相对传统光纤,基于微孔结构光子晶体光纤展现出诸多优异的光学特性。通过设计不同端面结构的光子晶体光纤,可获得不同特性的光纤,例如无截止单模传输性、高双折射特性、色散灵活可控性、超高非线性、超大的模场面积、弯曲不敏感性、抗环境干扰性等。图 2-8 展示了几种针对不同用途的光子晶体光纤端面结构。

2.2.2.1 实芯光子晶体光纤特性

1. 无截止单模传输

对于传统阶跃型光纤,传输模式数目取决于归一化频率 V,只有当 $V < 2.405$ 时,光纤保持单模传输。如式(2-1)所示,归一化频率 V 与波长相关,当入射波长

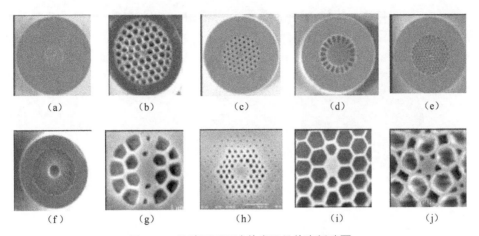

图 2-8　几种不同用途的光子晶体光纤端面

(a)非线性光子晶体光纤；(b)多模光子晶体光纤；(c)无截止单模光子晶体光纤；(d)大模场光子晶体光纤；
(e)高非线性光子晶体光纤；(f)空芯光子晶体光纤；(g)高双折射光子晶体光纤；(h)色散特制光子晶体光纤；
(i)Hi-Bi 非线性光子晶体光纤；(g)五角纤芯光子晶体光纤。

减小，归一化频率 V 变大，当其超越单模传输条件时，光纤中为多模传输。

$$V = \frac{2\pi\rho}{\lambda} (n_1^2 - n_2^2)^{1/2} \tag{2-1}$$

式中：n_1 和 n_2 分别为纤芯和包层的折射率；ρ 为纤芯半径；λ 为入射光波长。

　　依据传统阶跃型光纤归一化频率 V 的定义，光子晶体光纤的 V_{PCF} 可类比定义为

$$V_{\mathrm{PCF}} = \frac{2\pi\Lambda}{\lambda} (n_1^2 - n_2^2)^{1/2} \tag{2-2}$$

式中：Λ 为空气孔间距。

　　当 $V_{\mathrm{PCF}} < \pi$ 时，光子晶体光纤可以实现无截止单模传输。光在光子晶体光纤中传播时，包层有效折射率和波长相关，空气孔较大的光子晶体光纤将会和传统光纤一样，在短波长区出现多模现象。经充分研究表明，光子晶体光纤具备无截止单模传输特性，在光子晶体光纤设计时，须使 $d/\Lambda < 0.41$，其中，d 为包层中空气孔直径。光子晶体光纤具备无截止单模传输的部分原因是纤芯和包层间的有效折射率依赖波长，当波长变短时，模式电场分布更加集中于纤芯，耦合到包层中的能量减少，等价于提高包层等效折射率，可抑制传统单模光纤中当处于短波长区时出现的多模现象。此外，当波长降低到一定程度时，模式电场分布处于稳定状态，不再依赖于波长变化。当空气孔足够小时，高阶模式光的横向有效波长远小于孔间距，从而高阶模式的光从孔间泄漏出去。

　　在一定尺寸范围内，光子晶体光纤无截止单模传输特性与光纤绝对尺寸无关，

只取决于光纤的相对尺寸,光纤尺寸同步放大或缩小仍可保持单模传输。该特点有利于大模场光纤设计与制备。

2. 优异的双折射特性

优异的双折射特性可以避免外界环境扰动对光纤中传输光偏振态的改变,该特性对于需光传输偏振控制的应用场合尤为重要,例如基于全保偏方案的干涉型光纤陀螺。一般单模光纤的双折射定义为两正交模式的传播常数之差,即 $\beta_x - \beta_y$。两个正交偏振模式的传播常数相差越大,两偏振模式之间的耦合就越困难,则光纤的偏振保持能力就越强。

为实现光纤中偏振态保持,传统光纤通常采用引入不对称应力区技术措施,使其产生应力双折射,例如熊猫型保偏光纤。与传统光纤相比,光子晶体光纤结构设计灵活,通过改变纤芯的形状或包层中空气孔的形状和排布,造成光纤几何形状的局部不对称,进而产生几何双折射。传统保偏光纤双折射典型值约为 5×10^{-4},经过特殊设计的光子晶体光纤双折射通常可达 10^{-3} 数量级。此外,相对于传统保偏光纤的应力双折射,光子晶体光纤的结构双折射对温度变化不敏感。

3. 可调的色散特性

色散是光纤性能的一个重要参数,光纤的色散特性直接影响光信号传输时的脉冲形状、限制通信容量等。光纤的色散主要由材料色散和波导色散构成,色散系数可表示为

$$D = -\frac{c}{\lambda}\frac{\partial^2 n_{\mathrm{eff}}}{\partial^2 \lambda^2} = D_{\mathrm{g}} + \Gamma(\lambda) \cdot D_{\mathrm{m}}(\lambda) \tag{2-3}$$

式中: n_{eff} 为模式有效折射率; D_{g} 为波导色散; $D_{\mathrm{m}}(\lambda)$ 为材料色散; $\Gamma(\lambda)$ 一般近似为1。

对于总体色散而言,材料色散所占权重较小,波导色散是主导色散。波导色散主要依赖于光纤的结构参数,例如纤芯半径和纤芯-包层折射率差等。传统光纤中,其结构参数调整范围有限,导致波导色散无法实现灵活定制。

光子晶体光纤通过改变光纤截面中空气孔的尺寸、形状和排列方式,其色散特性可实现灵活控制,例如零色散点位置调节、中心波长可调的平坦色散等。

4. 高非线性特性

光纤的非线性系数 γ 可表示为

$$\gamma = \frac{2\pi n_2}{\lambda A_{\mathrm{eff}}} \tag{2-4}$$

式中: A_{eff} 为有效模场面积。

可见,减小光纤有效模场面积 A_{eff},可增强光纤非线性效应。

传统阶跃型光纤有效模场面积降低受限,通常该面积在 $10 \sim 100\mu\mathrm{m}^2$ 数量级,为获得高非线性系数,只能提高纤芯非线性折射率系数,通常采用纤芯掺杂锗等元

素或直接使用非线性折射率材料。对于光子晶体光纤,减小纤芯有效模场面积可作为提高非线性系数的有效途径。通过合理设计空气孔间距,光子晶体光纤有效模场面积可实现 $1\,\mu m^2$ 数量级,便于获得高非线性系数。

高非线性系数有利于光纤中各种非线性效应的产生,例如交叉相位调制、三次谐波产生、增强自相位调制、四波混频、受激布里渊散射、受激 Raman 散射以及短波长区观察到光孤子等多种非线性效应,从而使光子晶体光纤广泛地应用于波长转换、光纤激光器和放大器、带宽超连续谱产生等方面。

5. 大模场面积

光纤的有效模场面积可表述为

$$A_{\text{eff}} = 2\pi \frac{\left(\int_0^\infty E^2(r)r\mathrm{d}r\right)^2}{\int_0^\infty E^4(r)r\mathrm{d}r} \tag{2-5}$$

式中:$E(r)$ 为电场分布;r 为半径方向上的距离。

在高功率传输领域,需要大模场面积减小非线性影响,同时也需要保持单模传输来保证光束质量,减小放大的自发辐射。对于传统光纤,模场面积限制在 $10 \sim 100\,\mu m^2$ 范围内变化,模场面积调整幅度有限。由于光子晶体光纤设计的灵活性,可根据应用需求,设计出大模场面积的光纤,模场面积范围可拓展至 $1 \sim 800\,\mu m^2$,易于降低功率密度和非线性效应,能够保证无非线性效应或无材料损伤下的高功率、高能量的光传输。

2.2.2.2 空芯光子晶体光纤特性

空芯光子晶体光纤导光机制基于光子带隙效应,包层空气孔具备严格的周期性,纤芯中光传输的介质为空气,如图 2-9 所示,因而展现出更为独特的特性。

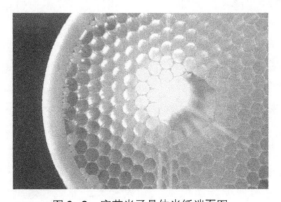

图 2-9 空芯光子晶体光纤端面图

空芯光子晶体光纤避免了纤芯材料的本征吸收和散射问题,理论上可实现极低的传输损耗。当前受限于空芯光子晶体光纤设计技术与制备工艺水平,其产品化传输损耗约在 20dB/km,与理论差距巨大。传输损耗较大的主要原因有四方面:①空芯光子晶体光纤包层中的空气孔结构对其限制损耗影响较大,低损耗包层空气孔构型设计仍需深入研究;②光子带隙效应对光纤截面空气孔尺寸波动敏感,光经过一定长度截面尺寸稳定性欠佳的光纤传输后,部分光能量将被泄漏;③空芯光子晶体光纤纤芯内壁表面不光滑,造成额外的散射损耗;④空芯光子晶体光纤纤芯和包层截面上存在表面模,与传输模式发生能量耦合,产生额外损耗。尽管损耗问题暂时无法彻底解决,但空芯光子晶体光纤仍然具有巨大的应用潜力。

以空芯光子晶体光纤为首的空芯微结构光纤前所未有地根本性改善了光传输介质,将光束缚在空气中,除理论传输损耗低外,还展现出其他诸多优异特性:对弯曲不敏感,弯曲曲率半径甚至可小于波长级别;对温度、磁场和应力等环境干扰不敏感;非线性系数非常小;超高的损伤阈值等。空芯微结构光纤具备上述优异特性,有望成为新一代的光传输和传感媒质。

2.2.3 光子晶体光纤特性对光纤陀螺的意义

受传统光纤性能的影响,光纤陀螺发展过程中遇到许多障碍,如在复杂环境干扰下,传统光纤易受温度、磁场和应力等影响,陀螺环境适应性难以提升;在空间应用辐照条件下,传统光纤中掺杂的 GeO_2 发生扩散致使传输损耗增大,损耗过大导致陀螺失效;在微小型化需求方面,受限于传统光纤弯曲半径,陀螺尺度极限难以突破。

光子晶体光纤温度、磁场和应力敏感性、弯曲性能、抗辐照能力等大为改善,与传统光纤相比,对于光纤陀螺应用,光子晶体光纤的优点具体表现如下。

(1) 设计自由度大。光子晶体光纤的传光特性与其包层空气孔的大小、形状和位置等结构参数相关,依据实际需求,优化结构参数可设计出同时满足陀螺多种要求,又与其他元器件匹配的光纤。

(2) 高双折射特性。保偏光子晶体光纤的双折射值可以做到比传统保偏光纤高出 1~2 个数量级,有利于光纤陀螺抑制偏振相关误差。

(3) 温度稳定性高。与传统保偏光纤比较来看,保偏光子晶体光纤由单一材料的结构不对称形成几何双折射,纤芯、包层的力学性质完全匹配,因而具有极高的温度稳定性,在保偏光纤的实际应用中这一特点非常重要,尤其是应用于光纤陀螺。

(4) 磁敏感性低,光子晶体光纤对法拉第磁光效应不敏感,易于降低光纤陀螺的磁场灵敏度,简化陀螺磁屏蔽设计。

(5) 弯曲损耗低,易于实现陀螺小型化。传统光纤在弯曲半径较小时易发生能量泄漏,限制了光纤陀螺微小尺度极限。光子晶体光纤弯曲不敏感,有助于打破传统光纤陀螺尺寸设计边界。

(6) 光学噪声小。光子晶体光纤将光波限制在空气芯或纯石英芯中传输,Kerr 误差、Rayleigh 散射误差、Faraday 误差和 Shupe 误差等均得到可观的降低,有助于降低光纤陀螺的光学噪声。

(7) 抗辐射能力强。光子晶体光纤通常仅由一种材料制作而成,内部不需掺杂 GeO_2 来提高芯区折射率值,在辐射环境下不会产生色心现象导致损耗增大,有利于光纤陀螺的空间应用。

2.2.4 光子晶体光纤研究进展

自 1991 年 P. Russell 提出光子晶体光纤概念以来,因其展现的优异特性,在全球光纤传感和光通信领域引起普遍关注。光子晶体光纤的设计技术研究不断深入,其制作工艺水平也日益完善,光子晶体光纤已在光传输、光器件、非线性光学、生物医学和光纤传感等多方面体现出重要的应用价值。2000 年以后,随着光子晶体光纤传输损耗的降低以及与传统光纤耦合接续技术的提升,光子晶体光纤逐步进入光纤陀螺实用化阶段。

目前,国际上光子晶体光纤商用化的代表是丹麦 NKT 公司,该公司生产的光子晶体光纤涵盖实芯保偏光子晶体光纤(图 2-10)和空芯光子晶体光纤(图 2-11),具备优良的特性,可用于光子晶体光纤陀螺技术研究。美国 OFS 实验室开发了高阶模抑制比高的空芯光子晶体光纤(图 2-12),以支撑美国 Honeywell 公司新型光子晶体光纤陀螺仪的研究,该光纤展现出的性能备受光纤陀螺行业瞩目。近年来,国内光子晶体光纤研究水平得到了很大的发展,已研制出具有光纤陀螺应用潜力的实芯和空芯光子晶体光纤。

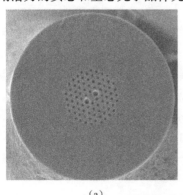
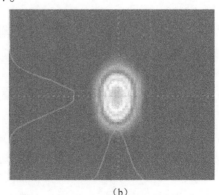

(a)   (b)

图 2-10 丹麦 NKT 公司实芯保偏光子晶体光纤

(a)光纤端面扫描电子显微镜视图;(b)模场分布。

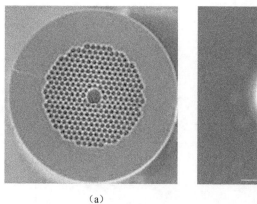

（a）　　　　　　　　　　　　　　（b）

图 2-11　丹麦 NKT 公司空芯光子晶体光纤

（a）光纤端面扫描电子显微镜视图；（b）模场分布。

图 2-12　美国 OFS 公司空芯保偏光子晶体光纤

　　针对空芯光子晶体光纤传输损耗进一步量数级式降低问题,基于反谐振反射原理导光(Anti-Resonant Reflecting Optical Waveguide,ARROW)机理的空芯反谐振光纤(Hollow-Core Anti-Resonant Fiber,HC-ARF)孕育而生,空芯反谐振光纤包层微结构极为精简,仅采用少量微结构单元以增强掠入射光在包层薄壁的反射效率,进而使传输光完全约束在空气纤芯中。近期空芯反谐振光纤设计与拉制技术得到迅猛发展,不仅在综合传输性能上打破了空芯光子晶体光纤维持 20 年的纪录,并且为探索光纤传输损耗极限这一科学问题指出了新方向。由图 2-13 可见,最近五年以来,空芯反谐振光纤传输损耗降低至 1/625,2020 年实现了光纤长1.7km 损耗 0.28dB/km 的世界纪录,已非常接近传统光纤传输特性[5]。目前空芯反谐振光纤极低的传输损耗水平使其在通信应用中具有超低延时等独特优势,随着抗弯等力学特性的不断提高,空芯反谐振光纤也有望成为光纤陀螺核心传感材料。

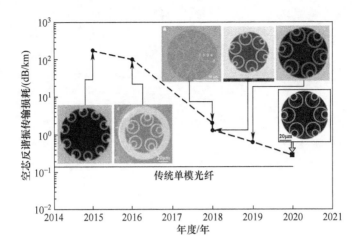

图 2-13 空芯反谐振光纤损耗降低过程

2.3 光子晶体光纤陀螺研究进展

国外光子晶体光纤陀螺研究已得到若干有影响力的研究成果。

2006年,美国搭建了世界第一台干涉型光子晶体光纤陀螺样机,样机的随机游走系数约为 $0.01(°)/\sqrt{h}$[6-7]。样机构成如图 2-14 所示,其中光纤环长度为 235m,四极绕制,光纤采用 Blaze Photonics 公司的 HC-1550-02 型空芯光子晶体光纤,环圈损耗为 4.7dB。此外,样机还包括掺铒光纤光源、集成光学调制器、环形器、探测器、可调衰减器、偏振控制器、琐相放大器和信号发生器等。集成光学调制器入射光强为 37mW,空芯光子晶体光纤环圈与 SMF28 单模光纤对接耦合损耗为 2dB,到达探测器光功率约为 12μW。

2007年,美国开展了光子晶体光纤陀螺误差机理理论研究,经理论分析,空芯光子晶体光纤陀螺的克尔(Kerr)效应、Shupe 效应和法拉第(Faraday)效应误差分别是传统光纤陀螺的 1/100~1/500、1/23 和 1/100~1/500,辐照敏感性也降至原来的 1/50[8]。同年,对光子晶体光纤陀螺进行了环境性能试验验证,测试结果表明:采用空芯光子晶体光纤的光纤陀螺,Kerr 效应、Shupe 效应和 Faraday 效应误差分别是传统光纤陀螺的 1/50、1/6.5 和 1/10[9]。

2009年,美国构建了激光器驱动空芯光子晶体光纤陀螺试验样机[10],如图 2-15所示,其中 235m 四极绕法的空芯光子晶体光纤环损耗为 6dB,采用 1550nm 激光器作为光源,相干长度为 1.5km,偏振控制器和起偏器用于样机偏振

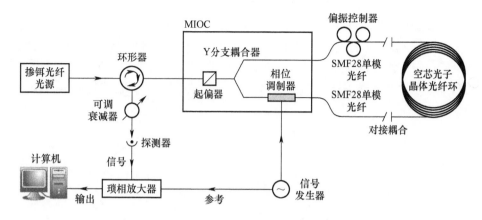

图 2-14　国外空芯光子晶体光纤陀螺样机构成

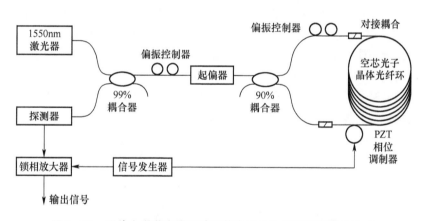

图 2-15　国外大学激光器驱动空芯光子晶体光纤陀螺样机构成

特性管理,PZT 相位调制和琐相放大环节实现陀螺调制与解调,不同分光比的耦合器用于 Kerr 效应定量验证。该研究充分证明,窄线宽激光器替代传统宽带光源作为光纤陀螺光源时,采用空芯光子晶体光纤可消除 Kerr 效应。验证了激光器驱动空芯光子晶体光纤陀螺的技术可行性。2010 年,该团队开展了激光器驱动空芯光子晶体光纤陀螺样机背向散射噪声测试,并预测通过减小光源附加噪声和降低空芯光子晶体光纤损耗,激光器驱动空芯光子晶体光纤陀螺的背向散射噪声可低于传统光纤陀螺[11]。2020 年,激光器驱动空芯光子晶体光纤陀螺精度相比以往提升 3.4 倍[12]。

　　2006 年,美国开展了实芯光子晶体光纤陀螺研究,其陀螺样机构成如图 2-16

所示,采用实芯光子晶体光纤替代传统保偏光纤绕制环圈,其 *LD* 乘积等于2.9in·km,实芯光子晶体光纤截面中,纤芯直径、空气孔径和孔间距分别为 $6\mu m$、$1.5\mu m$ 和 $5.2\mu m$。此外,样机还分别采用了中心波长 1310nm、谱宽 35nm 的超辐射发光二极管(SLD)和中心波长 1532nm、谱宽 25nm 的掺铒光纤两种宽带光源、单模耦合器和集成光学调制器,搭建了实芯光子晶体光纤陀螺原理样机,测量地速时误差小于 0.02(°)/h [13]。

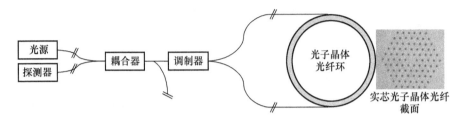

图 2-16 国外实芯光子晶体光纤陀螺样机构成

国内光纤陀螺研制单位密切关注与跟踪国际光子晶体光纤陀螺技术研究最新进展,相继开展了光子晶体光纤陀螺的研究工作,并取得了快速发展。

2017 年,国内研制的实芯光子晶体光纤陀螺,如图 2-17 所示,静态零偏稳定性为 0.002(°)/h,实现了在"天舟一号"货运飞船上首次搭载飞行,获得圆满成功,这是国际上光子晶体光纤陀螺的首次空间应用,验证了光子晶体光纤陀螺作为新一代光学陀螺的技术可行性[14]。

图 2-17 国内实芯光子晶体光纤陀螺样机

2021 年,国内研制的空芯光子晶体光纤陀螺样机,如图 2-18 所示,空芯光子晶体光纤环圈长度 300m,光源采用 40nm 谱宽的放大自发辐射(ASE)光源。在同等规格条件下定量对比陀螺温度性能提升程度,经全温测试,空芯光子晶体光纤陀螺温度特性相比传统光纤陀螺提升 2.5 倍[15]。

图2-18 国内空芯光子晶体光纤陀螺样机

2.4 本 章 小 结

本章简述了光子晶体导光机制、光子晶体光纤传输特性、国内外光子晶体光纤及陀螺相关研究进展。表明光子晶体光纤有望通过构建特定包层结构,在空气纤芯中实现超低损耗、低非线性、低色散、低延迟的宽带导光,有望解决传统光纤框架内难以突破的本征物理问题,彻底解决光纤陀螺应用中的材料限制。

 参考文献

[1] John S. Strong localization of photons in certain disordered dielectric super-lattices [J]. Phys. Rev. Lett. ,1987,58(23):2486-2489.

[2] Yablonovitch E. Inhibited spontaneous emission in solid-state physics and electronics [J]. Phys. Rev. Lett. ,1987,58(20):2059-2062.

[3] Knight J C,Birks T A,Russell P St J,et al. Pure silica single-mode fibre with hexagonal photonic crystal cladding [C]// Optical Fiber Communication Conference,1996.

[4] Cregan R F,Mangan B J,Knight J C,et al. Single-mode photonic band gap guidance of light in air [J]. Science,1999,285:1537-1539.

[5] Jasion G T,et al. Hollow core NANF with 0. 28dB/km attenuation in the C and L bands[C].2020 Optical Fiber Communications Conference and Exhibition (OFC). San Diego,CA,USA,2020: 1-3.

[6] Kim H K,Dangui V,Digonnet M,et al. Fiber-optic gyroscope using an air-core photonic bandgap fiber [C]. 17th International Conference on Optical Fibre Sensors,International Society for Optics and Photonics,2005:198-202.

[7] Dangui V,Kim H K,Digonnet M,et al. Phase sensitivity to temperature of the fundamental mode in air-guiding photonic-bandgap fibers [J]. Optics Express,2005,13(18):6669-6684.

［8］ Digonnet M,Kim H K,Blin S,et al. Sensitivity and stability of an air-core fiber-optic gyroscope［C］. Optical Fiber Sensors,Optical Society of America,2006:ME1.

［9］ Digonnet M,Blin S,Kim H K,et al. Sensitivity and stability of an air-core fiber-optic gyroscope［J］. Measurement Science and Technology,2007,18(10):3089-3097.

［10］ Vinayak Dangui,Michel J F. Digonnet,Gordon S Kino. Laser-driven photonic-bandgap fiber optic gyroscope with negligible Kerr-induced drift［J］. Optics Letters,2009,34(7):875-877.

［11］ Seth W Lloyd, Vinayak Dangui, Michel J F Digonnet, et al. Measurement of reduced backscattering noise in laser-driven fiber optic gyroscopes［J］. Optics Letters,2010,35(2):121-123.

［12］ Therice A. Morris,Michel J F Digonnet. Broadened-laser-driven polarization-maintaining hollow-core fiber optic gyroscope［J］. Journal of Lightwave Technology,2020,38(4):905-911.

［13］ Tawney J,Hakimi F,Willig R L,et al. Photonic crystal fiber IFOGs［C］. Optical Fiber Sensors,Optical Society of America,2006:ME8.

［14］ Xiaobin Xu,Ningfang Song,Zhihao Zhang,et al. High precision photonic crystal fiber optic gyroscope for space Apllication［C］. Asia Communications and Photonics Conference,2017,Su1A. 3.

［15］ 李茂春,赵小明,马骏,等. 空芯微结构光纤陀螺性能提升分析与验证［J］. 中国惯性技术学报,2021,29(2):245-249.

第3章 光子晶体光纤陀螺误差机理及优势分析

光子晶体光纤成为提高陀螺环境适应能力的新技术途径,通过分析光子晶体光纤陀螺环境误差机理,定量研究光子晶体光纤对光纤陀螺主要光学误差源抑制的提升水平,为提高光纤陀螺环境适应性方法研究提供理论基础。

3.1 Kerr 效应误差分析

在强光场的作用下,光纤折射率会发生非线性变化,即折射率与传输光强相关,称为 Kerr 效应。这种效应产生的光纤折射率变化会影响光纤中光波的传输,因而在以光路互易性结构著称的光纤陀螺中产生非互易相位误差。

光是一种电磁波,对光纤折射率影响起主导作用的是电场部分,则光纤的折射率 n 可表示为[1]

$$n = n_1 + n_2 E^2 \tag{3-1}$$

式中:n_1 为折射率线性部分;n_2 为非线性折射率系数;E 为电场。

对于传统光纤,纤芯以石英为主,其非线性 Kerr 系数 $n_2 \approx 2.5 \times 10^{-16}$ cm²/W[2]。

由于实芯光子晶体光纤纤芯为高纯度石英,对于非线性折射率系数无本质提升。空芯光子晶体光纤将空气作为光传输介质,非线性折射率系数提升明显,在空芯光子晶体光纤中,若考虑少部分基模光 η 耦合在石英中传输,则空芯光子晶体光纤等效非线性 Kerr 系数可表述为

$$n_{2,\text{PBF}} = \eta n_2 + (1 - \eta) n_{2,\text{air}} \tag{3-2}$$

式中:$n_{2,\text{air}} \approx 2.9 \times 10^{-19}$ cm²/W[3] 为空气的非线性 Kerr 系数。

由于 $\eta \ll 1$,相对传统光纤,空芯光子晶体光纤非线性 Kerr 系数降低 3 个数量级。基于纤芯半径、空气填充比和工作波长等参数,空芯光子晶体光纤 η 值通常处

于 0.015~0.002 之间[4],则空芯光子晶体光纤非线性 Kerr 系数约是传统光纤的 1/100~1/500。

在光纤陀螺中相向传播的光波之间产生的干涉驻波将导致光纤折射率的非线性变化,通常采用宽带光源将驻波限制在极短的相干长度内,相向传输的光波只能在光纤环中点附近的光源相干长度内产生驻波,其他光纤环长度上无法形成驻波,Kerr 效应仅能在一个相干长度上累加,而不是在整个光纤环长度上累加,使非线性光学 Kerr 效应引起的非互易性相移低至可忽略水平。与此同时,宽带光源带来相对强度噪声和平均波长稳定性欠佳问题,限制了光纤陀螺性能进一步提升。

空芯光子晶体光纤极低的非线性 Kerr 系数为窄线宽光源应用于干涉型光纤陀螺提供了理想的光传输介质。

3.2　Faraday 效应误差分析

Faraday 效应是一种磁光效应,是在介质内光波与磁场的一种相互作用,它造成光波偏振平面的旋转,旋转角与磁场朝着光波传播方向的分量呈线性正比关系,该关系可由下式表示:

$$\theta = VHL \qquad (3-3)$$

式中:θ 为偏振面旋转角;V 为 Verdet 常数;H 为磁场强度在光传播方向的分量;L 为光在介质中通过的路程。

若光纤轴向存在磁场时,通过光纤的线偏振光会产生角度偏转,在光纤陀螺中将产生误差。通常,光纤陀螺采用软磁材料对光纤环进行磁屏蔽,减弱磁场对光纤的作用。

对于光子晶体光纤而言,因空芯光子晶体光纤将空气作为光传输介质,将极大地改善光纤磁灵敏度,同样若考虑少部分基模光 η 耦合在石英中传输,则空芯光子晶体光纤的 Verdet 常数可表示为

$$V_{\mathrm{PBF}} = \eta V_{\mathrm{silica}} + (1 - \eta) V_{\mathrm{air}} \qquad (3-4)$$

式中:V_{silica} 为石英的 Verdet 常数;V_{air} 为空气的 Verdet 常数。

石英的 Verdet 常数为 1.66×10^{-4} rad/A,空气的 Verdet 常数为它的 1/1600[5],相对传统光纤,空芯光子晶体光纤的 Verdet 常数能够降低 2~3 个数量级。空芯光子晶体光纤 η 值取 0.015~0.002 之间时,空芯光子晶体光纤的 Verdet 常数约是传统光纤的 1/100~1/500。

在光纤陀螺中,空芯光子晶体光纤能够有效抑制 Faraday 效应误差,有助于降低光纤陀螺的磁屏蔽设计难度和复杂程度。

3.3　Rayleigh 散射误差分析

光通过不均匀介质时,部分光会偏离原来的传播方向的现象称为光的散射。当尺寸比波长小的微粒子造成散射时,其散射光的强度与入射光波长的四次方成反比,散射光波长与入射光相同,这种散射称为 Rayleigh 散射。散射光与入射光传播方向相反的 Rayleigh 散射称为背向 Rayleigh 散射,并且它与入射光之间存在 $\pi/2$ 的相位差。

在光纤陀螺中,前向散射光与入射光同相,仍保持互易性,不会产生寄生效应,但背向散射在光纤中随机分布,含有复杂的相位信息,可能会产生寄生干涉,造成非互易相位误差。

在 Rayleigh 散射方面,基于光传输介质类型,实芯光子晶体光纤与传统光纤相似,而空芯光子晶体光纤理论上具有明显优势。仍考虑少部分基模光 η 耦合在石英中传输,空芯光子晶体光纤散射系数可设定为

$$\alpha_{\mathrm{PBF}} = \eta \alpha_{\mathrm{silica}} \tag{3-5}$$

式中:α_{silica} 为石英的散射系数,一般情况, $\alpha_{\mathrm{silica}} \approx 3.2 \times 10^{-8}/\mathrm{m}$ 。

可见,空芯光子晶体光纤散射系数要小于传统光纤,其散射系数大小也取决于耦合系数 η 。空芯光子晶体光纤 η 值取 $0.015 \sim 0.002$ 之间时,相比传统光纤,空芯光子晶体光纤散射系数将降低至 $1/67 \sim 1/500$ 。

对于光纤陀螺,背向散射光与主波干涉产生的相位噪声可表述为[6]

$$\delta\phi = \sqrt{\frac{\Omega}{2\pi} \eta \alpha_{\mathrm{silica}} L_{\mathrm{c}}} \tag{3-6}$$

式中:$\Omega = \pi (\mathrm{NA}/n)^2$ 为光纤内基模立体角,其中 ,NA 为光纤数值孔径,n 为纤芯折射率;L_{c} 为光源的相干长度。

由式(3-6)可见,背向散射造成的相位噪声与 $\sqrt{\eta}$ 成正比。通过空芯光子晶体光纤设计和制作技术的改进,将 η 降低,而不采用相干长度 L_{c} 小的宽带光源,同样可抑制背向散射噪声。

例如空芯光子晶体光纤的数值孔径 NA $= 0.12$,纤芯处空气的折射率为 1,则立体角 $\Omega \approx 0.045$,当空芯光子晶体光纤的 $\eta = 0.002$ 时,若采用相干长度 $L_{\mathrm{c}} = 2.2\mathrm{m}$ 的窄线宽光源(线宽 95MHz),背向散射相位噪声 $\delta\phi \approx 1\mu\mathrm{rad}$,该噪声水平可满足多种应用场合。

空芯光子晶体光纤在背向散射方面的优势,能够支撑激光器替代宽带光源技术方案,它能带来宽带光源无法比拟的技术优势,例如超高的波长稳定性将大幅提

升光纤陀螺的技术短板——标度因数稳定性,使其可与激光陀螺媲美。此外,相比宽带光源,采用激光器将大幅降低光源成本。

3.4　Shupe 效应误差分析

1980 年 D. M. Shupe 指出,在光纤 Sagnac 干涉仪中,与时间有关的环境温度变化引起的非互易性会给光纤陀螺带来大的漂移并限制其应用[7]。若外界温度是时变的,光纤环中任何一点的折射率会随温度变化而变化,在光纤环内相向传输的两束光经过同一点的时间不同(光纤环中点除外),因此两束光经过光纤环后由温度变化引起的相位变化不同,产生非互易性相位误差,称为 Shupe 效应。

Shupe 效应所致的非互易性误差可通过光纤环温度模型定量分析,许多研究者做了大量的工作来分析光纤环中热致非互易噪声机理,并建立越来越切合实际的光纤环温度瞬态响应数学模型。当下最新、分析能力最强的光纤环温度模型是建立在三维柱面坐标系下[8-9],通过柱面坐标参数 r、θ、z 来全面表征光纤环的缠绕方式,如图 3-1 所示。

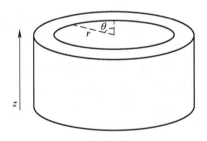

图 3-1　光纤环柱面坐标系

传统二维光纤环温度瞬态响应数学模型将坐标原点选取在光纤环光纤起始的一端(即 $s=0$ 处),而三维光纤环温度瞬态响应数学模型的坐标原点选取在光纤环光纤中点处,以便数学模型更好地三维柱面坐标化。

如图 3-2 所示,坐标原点选取在光纤环光纤中点处 $s=0$,逆时针方向 s 为正,顺时针方向 s 为负。光束以传播常数 $\beta(s)$ 通过长为 L 的光纤环光纤产生的相位延迟可表述为

$$\phi = \int_{-L/2}^{L/2} \beta(s)\,\mathrm{d}s = \int_{-L/2}^{L/2} \beta_0 n(s)\,\mathrm{d}s \qquad (3-7)$$

式中:$\beta_0 = 2\pi/\lambda_0$ 为光在真空中的传播常数;$n(s)$ 表示在距光纤中点 s 处的点的折射率。

图 3-2 中光纤 s 点有温度变化时,会影响光纤环中光波的传播相位,这种对相

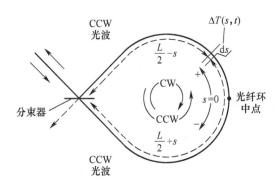

图 3-2　光纤环模型坐标原点选取

位的影响来自于热致光纤折射率变化和热致的光纤膨胀。将光纤环光纤中每一点由温度变化引起的光波传播相位变化进行积分，就可获得某时刻光纤环中的光波在这种环境温度变化下所经历的相位延迟：

$$\phi = \beta_0 n L + \beta_0 \left(\frac{\partial n}{\partial T} + n\alpha \right) \int_{-L/2}^{L/2} \Delta T(s) \, \mathrm{d}s \qquad (3-8)$$

式中：n 为光纤的有效折射率；$\partial n/\partial T$ 是折射率的温度变化系数；α 为热膨胀系数；$\Delta T(s)$ 表示沿光纤并且距离其中点 s 处的点的温度变化量。

　　通常由 $n\alpha$ 引起的相位变化比由 $\partial n/\partial T$ 引起的相位变化小一个数量级，因此以下过程都忽略 $n\alpha$ 的影响。

　　光纤环中两束相向传播的 CW 和 CCW 光波以不同时刻到达光纤中同一点，即 CW 和 CCW 光波到达同一点存在一个微小的时间差。当光纤环存在温度梯度时，同一温度场中不同时刻，温度对 CW 与 CCW 光波传输的影响不同，致使 CW 和 CCW 两束光波之间存在非互易性相位。

　　在图 3-2 中，设 CW 光波在 t 时刻到达光纤的输出端（即干涉点），那么这束 CW 光波经过 s 处的时刻为 $t' = t - \tau(1/2 + s/L)$，τ 为光纤环的渡越时间。同理，当 CCW 光波在 t 时刻到达光纤的输出端（即干涉点）时，这束 CCW 光波经过 s 处的时刻为 $t'' = t - \tau(1/2 - s/L)$。由式(3-8)可得各个时刻 CW 和 CCW 光波通过光纤环后所经历的相位延迟：

$$\phi_{\mathrm{CW}}(t) = \beta_0 n L + \beta_0 \frac{\partial n}{\partial T} \int_{-L/2}^{L/2} \Delta T \left[s, t - \tau \left(\frac{1}{2} + \frac{s}{L} \right) \right] \mathrm{d}s \qquad (3-9)$$

$$\phi_{\mathrm{CCW}}(t) = \beta_0 n L + \beta_0 \frac{\partial n}{\partial T} \int_{-L/2}^{L/2} \Delta T \left[s, t - \tau \left(\frac{1}{2} - \frac{s}{L} \right) \right] \mathrm{d}s \qquad (3-10)$$

　　光纤环中的热致非互易相移直接决定于光纤环中的 CW 光波和 CCW 光波由温度梯度造成的两者之间的相位差。由式(3-9)减去式(3-10)可得热致非互易

相移为

$$\Delta\phi_{\mathrm{e}}(t) = \beta_0 \frac{\partial n}{\partial T} \int_{-L/2}^{L/2} \left\{ \Delta T\left(s, t - \frac{\tau}{2} + \frac{\tau s}{L}\right) - \Delta T\left(s, t - \frac{\tau}{2} - \frac{\tau s}{L}\right) \right\} \mathrm{d}s \quad (3-11)$$

现将式(3-11)的时间坐标原点从 0 平移到 $\tau/2$,则变为

$$\Delta\phi_{\mathrm{e}}(t) = \beta_0 \frac{\partial n}{\partial T} \int_{-L/2}^{L/2} \left\{ \Delta T\left(s, t + \frac{\tau s}{L}\right) - \Delta T\left(s, t - \frac{\tau s}{L}\right) \right\} \mathrm{d}s \quad (3-12)$$

设温度变化是连续可微的,则 $\Delta T(s, t + \Delta t)$ 可展成 Taylor 级数:

$$\Delta T(s, t + \Delta t) = \Delta T(s, t) + \frac{\partial \Delta T}{\partial t}\Big|(s, t)\Delta t + \frac{1}{2}\frac{\partial^2 \Delta T}{\partial t^2}\Big|(s, t)(\Delta t)^2 +$$

$$\frac{1}{6}\frac{\partial^3 \Delta T}{\partial t^3}\Big|(s, t)(\Delta t)^3 + \cdots \quad (3-13)$$

式中: $\Delta t = \pm \tau s/L$,并且 $|\Delta t| \leqslant \tau/2$ 。

由于温度变化相对于光纤环的渡越时间而言是非常缓慢的,因此式(3-13)中的高阶部分将是非常小的量。在这里我们只考虑二阶足矣,则式(3-13)可写为

$$\Delta T\left(s, t + \frac{\tau s}{L}\right) = \Delta T(s, t) + \frac{\tau s}{L}\frac{\partial \Delta T}{\partial t}\Big|(s, t) + \frac{1}{2}\left(\frac{\tau s}{L}\right)^2\frac{\partial^2 \Delta T}{\partial t^2}\Big|(s, t) \quad (3-14)$$

$$\Delta T\left(s, t - \frac{\tau s}{L}\right) = \Delta T(s, t) - \frac{\tau s}{L}\frac{\partial \Delta T}{\partial t}\Big|(s, t) + \frac{1}{2}\left(\frac{\tau s}{L}\right)^2\frac{\partial^2 \Delta T}{\partial t^2}\Big|(s, t) \quad (3-15)$$

将式(3-14)和式(3-15)代入式(3-12)可得:

$$\Delta\phi_{\mathrm{e}}(t) = \beta_0 \frac{\partial n}{\partial T} \int_{-L/2}^{L/2} \left\{ \frac{\tau s}{L}\frac{\partial \Delta T}{\partial t}\Big|(s, t) - \left(-\frac{\tau s}{L}\frac{\partial \Delta T}{\partial t}\Big|(s, t)\right) \right\} \mathrm{d}s \quad (3-16)$$

化简合并可得:

$$\Delta\phi_{\mathrm{e}}(t) = \frac{2\tau}{L}\beta_0 \frac{\partial n}{\partial T} \int_{-L/2}^{L/2} \frac{\partial \Delta T}{\partial t}\Big|(s, t) s\,\mathrm{d}s \quad (3-17)$$

从式(3-17)中可见,温度变化率 $\partial \Delta T/\partial t$ 若是 s 的偶函数(积分的整体是奇函数),则积分为零,这就是公认的对称绕法的依据。也就是当距离光纤环中点相同的两段光纤经历同样的温度变化时,Shupe 效应将被抵消。

对式(3-17)进行一些数学公式变形,有利于建立三维光纤环温度瞬态响应数学模型。首先,将式(3-17)拆分为两部分:

$$\Delta\phi_{\mathrm{e}}(t) = \frac{2\tau}{L}\beta_0 \frac{\partial n}{\partial T} \left\{ \int_{0}^{L/2} \frac{\partial \Delta T}{\partial t}\Big|(s, t) s\,\mathrm{d}s + \int_{-L/2}^{0} \frac{\partial \Delta T}{\partial t}\Big|(s, t) s\,\mathrm{d}s \right\} \quad (3-18)$$

将式(3-18)中的第二个积分项变换上下积分限:

$$\int_{-L/2}^{0} \frac{\partial \Delta T}{\partial t}\Big|(s, t) s\,\mathrm{d}s = -\int_{0}^{-L/2} \frac{\partial \Delta T}{\partial t}\Big|(s, t) s\,\mathrm{d}s \quad (3-19)$$

接下来,变换式(3-19)中的积分变量 s ,令 $s' = -s$,则式(3-19)变为

$$- \int_0^{L/2} \frac{\partial \Delta T}{\partial t} \bigg|\,(s',t)(-s')(-\mathrm{d}s') = - \int_0^{L/2} \frac{\partial \Delta T}{\partial t} \bigg|\,(s',t)\,s'\mathrm{d}s' \qquad (3\text{-}20)$$

将变换结果式(3-20)代回式(3-18),可得热致非互易性相移表达式为

$$\Delta \phi_e(t) = \frac{2\tau}{L} \beta_0 \frac{\partial n}{\partial T} \left\{ \int_0^{L/2} \frac{\partial \Delta T}{\partial t} \bigg|\,(s,t)s\mathrm{d}s - \int_0^{L/2} \frac{\partial \Delta T}{\partial t} \bigg|\,(s',t)\,s'\mathrm{d}s' \right\} \qquad (3\text{-}21)$$

式(3-21)中 s 和 s' 取值都为正值,但它们的正方向却是相反的, s 以逆时针方向递增, s' 以顺时针方向递增,两者的取值范围都是 $0 \sim L/2$。

从式(3-21)可见,光纤环光纤总长度以光纤中点为界等分为相等的两部分,即 s 部分和 s' 部分。在对称绕法中 s 部分就是逆时针缠绕的光纤匝部分,而 s' 部分是相应的顺时针缠绕的光纤匝部分。

接下来将 s 和 s' 以每个光纤匝长度为单位进行离散化,然后将离散后各个光纤匝长度部分以柱面坐标参数 r、θ、z 表示。同样的,光纤环各点的温度变化率 $\partial \Delta T / \partial t$ 均表示为以柱面坐标参数 r、θ、z 和时间坐标参数 t 的函数。对于每一光纤匝而言,参数 r 和 z 几乎不变,在计算每一光纤匝对热致非互易性相移的影响时,只需对参数 θ 进行积分即可。累积所有光纤匝对热致非互易性相移的贡献,便可得到三维光纤环温度瞬态响应。

如图 3-3 所示,我们定义在光纤环中点开始逆时针缠绕的第 1 匝为第 1CCW 匝,以此类推,在缠绕的先后次序上逆时针缠绕的第 i 匝为第 iCCW 匝;同理,在光纤环中点开始顺时针缠绕的第 1 匝为第 1CW 匝,以此类推,在缠绕的先后次序上顺时针缠绕的第 j 匝为第 jCW 匝。参数 θ 定义为每匝绕制时与此匝起点之间的张角。光纤环鼓架圆点与光纤环光纤中点的连线处为 $\theta = 0$ 处。按约定俗成的习惯,对于 CCW 匝而言 θ 变化范围为 $0 \sim 2\pi$,对于 CW 匝而言 θ 变化范围为 $0 \sim -2\pi$。无论是 CCW 匝还是 CW 匝,光纤每绕制完一匝,参数 θ 变化一个为 2π 的周期。另

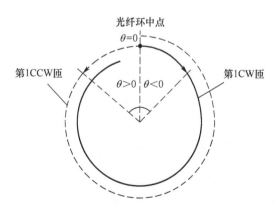

图 3-3　CCW 缠绕的光纤匝与 CW 缠绕的光纤匝示意图

外,在这里定义两个新的参数:s_{i0} 为第 iCCW 匝的起点到光纤环光纤中点的距离,例如对于第 1CCW 匝而言,$s_{i0} = 0$;同理,定义 s_{j0} 为第 jCW 匝的起点到光纤环光纤中点的距离。

我们将光纤环光纤总长度离散为每匝长度来分析,如何建立 s 和 s' 与柱面坐标参数 r、θ 和 z 之间的转换关系十分重要。对于离散出来的某一匝光纤而言,这一匝光纤在整个光纤上的位置就决定了此匝的参数 r 和 z,即这种位置关系决定了这匝缠绕的顺序,也就决定了此匝在光纤环上的轴向尺寸和径向尺寸。下面需要做的就是找到 s（s'）与 θ 之间的联系。

图 3-4 是光纤环第 iCCW 匝,从中可以看出:

$$\theta = \frac{s - s_{i0}}{r_i} \qquad (3-22)$$

式中:r_i 为第 iCCW 匝的缠绕半径。

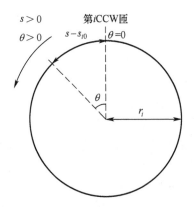

图 3-4 第 iCCW 匝

由式(3-22)可推出:

$$s = r_i\theta + s_{i0} \qquad (3-23)$$

因此有

$$\mathrm{d}s = r_i\mathrm{d}\theta \qquad (3-24)$$

则第 iCCW 匝对热致非互易性相移的贡献可表述为

$$\Delta\phi_i(t) = \frac{2\tau}{L}\beta_0\frac{\partial n}{\partial T}\int_0^{2\pi}\frac{\partial\Delta T}{\partial t}\big|(r_i,\theta,z_i,t)(r_i\theta + s_{i0})\,r_i\mathrm{d}\theta \qquad (3-25)$$

同理,图 3-5 第 jCW 匝为第 jCW 匝,从中可以看出:

$$\theta = -\frac{s' - s_{j0}}{r_j} \qquad (3-26)$$

式中:r_j 为第 jCW 匝缠绕半径。

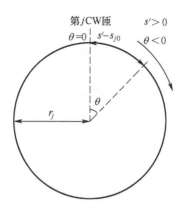

图 3-5　第 j CW 匝

由式(3-26)可推出：

$$s' = s_{j0} - r_j\theta \tag{3-27}$$

因此可得：

$$\mathrm{d}s' = - r_j\mathrm{d}\theta \tag{3-28}$$

则第 jCW 匝对热致非互易性相移的贡献可表述为

$$\Delta\phi_j(t) = -\frac{2\tau}{L}\beta_0\frac{\partial n}{\partial T}\int_0^{-2\pi}\frac{\partial\Delta T}{\partial t}\Big|(r_j,\theta,z_j,t)(r_j\theta - s_{j0})r_j\mathrm{d}\theta \tag{3-29}$$

交换式(3-29)的积分上下限可得：

$$\Delta\phi_j(t) = \frac{2\tau}{L}\beta_0\frac{\partial n}{\partial T}\int_{-2\pi}^0\frac{\partial\Delta T}{\partial t}\Big|(r_j,\theta,z_j,t)(r_j\theta - s_{j0})r_j\mathrm{d}\theta \tag{3-30}$$

最后，累加每一匝光纤(包括所有 CCW 匝和所有 CW 匝)对热致非互易性相移的贡献就可得到三维光纤环热致非互易性相移的表达式，如式(3-31)所示，式中 N_{CCW} 和 N_{CW} 分别为逆时针总匝数和顺时针总匝数。

$$\Delta\phi_e(t) = \frac{2\tau}{L}\beta_0\frac{\partial n}{\partial T}\cdot\left\{\begin{array}{l}\sum\limits_{i=1}^{N_{\mathrm{CCW}}}r_i\int_0^{2\pi}\frac{\partial\Delta T}{\partial t}\Big|(r_i,\theta,z_i,t)(r_i\theta + s_{i0})\mathrm{d}\theta + \\ \sum\limits_{j=1}^{N_{\mathrm{CW}}}r_j\int_{-2\pi}^0\frac{\partial\Delta T}{\partial t}\Big|(r_j,\theta,z_j,t)(r_j\theta - s_{j0})\mathrm{d}\theta\end{array}\right\} \tag{3-31}$$

式(3-31)中将光纤环光纤以每匝进行离散，积分每一匝光纤对热致非互易性相移的贡献，并且温度信息在积分项内，每一匝中的光纤和相应温度信息都用三维柱面坐标参数 r、θ、z 表示，精确地描绘了实际光纤环中的排纤方式和温度信息之间的联系。累积每一匝光纤对热致非互易性相移的贡献，便可得到最终光纤环热致非互易性相移。这种三维建模方式不仅能够分析简单的光纤环敏感轴轴向对称的温度梯度造成的非互易性相移,并且还能够分析传统二维建模方法无法分析的复杂光纤环敏感轴轴向不对称的温度梯度造成的影响。

光纤陀螺用于测量旋转,光纤环中相向传输的两束光波的相位差与光纤环的长度 L、光纤环的直径 D 和待测量的光纤环敏感轴方向的转速 Ω 有关,它们之间的具体关系为

$$\Delta\phi_s = \frac{2\pi LD}{\lambda c}\Omega \tag{3-32}$$

将式(3-32)代入式(3-31)可得光纤环热致误差速率三维表达式:

$$\Omega_e(t) = \frac{2n}{LD}\frac{\partial n}{\partial T} \cdot$$

$$\left\{ \begin{array}{l} \sum\limits_{i=1}^{N_{CCW}} r_i \int_0^{2\pi} \frac{\partial \Delta T}{\partial t}\big|(r_i,\theta,z_i,t)(r_i\theta + s_{i0})\mathrm{d}\theta + \\ \sum\limits_{j=1}^{N_{CW}} r_j \int_{-2\pi}^0 \frac{\partial \Delta T}{\partial t}\big|(r_j,\theta,z_j,t)(r_j\theta - s_{j0})\mathrm{d}\theta \end{array} \right\} \tag{3-33}$$

由式(3-33)三维光纤环热致误差速率表达式可见,大括号内两项由光纤环绕制方式、排纤精度以及光纤所对应的温度变化情况决定,大括号外系数 LD 由光纤环物理尺寸决定,系数 $n\partial n/\partial T$ 与光纤折射率性能相关。

在系数 $n\partial n/\partial T$ 方面,实芯光子晶体光纤与传统光纤相差无几,均由石英材料代表,而空芯光子晶体光纤以空气作为光传输介质,折射率特性大为改变。在热致误差方面,实芯光子光纤相对传统光纤无改进依据,空芯光子晶体光纤具有明显理论优势。通常,石英折射率为 1.45,其折射率温度系数为 $1.3\times10^{-5}/℃$,空气折射率为 1,其折射率温度系数为 $8\times10^{-7}/℃$,可见空芯光子晶体光纤 $n\partial n/\partial T$ 系数约为传统光纤的 1/23,可使光纤陀螺 Shupe 误差降低至原有的 1/23,温度适应性大幅提高。

3.5 偏振误差分析

光纤陀螺光路的偏振误差抑制是光纤陀螺研制中的关键技术之一,通常采用保偏光纤绕制光纤环,使光波在光纤中的传播能够保持输入光波的线偏振态,避免信号衰落,降低偏振误差。即便采用保偏光纤,光路中仍不可避免偏振交叉耦合点的存在,主波的部分能量耦合至正交偏振态,产生交叉耦合光波。两个正交偏振态的折射率不同,交叉耦合光波之间的干涉相位差与主波之间的干涉相位差有所差

异,即干涉光强的变化不同步,因而检测时将产生误差,可称为强度型误差。此外,交叉耦合光波返回到主波偏振态时可能和主波发生干涉,其与主波的相位差和主波之间的干涉相位差不同,也产生误差,称为振幅型误差。

光纤环中随机分布的偏振耦合点可以看作一些离散对称的偏振耦合点 M_i 和 M_i',如图 3-6 所示,每一个偏振耦合点对应着长度为去相干长度 L_d 的一小段光纤,每个耦合点的耦合强度为 hL_d ,h 为单位长度上的耦合强度。

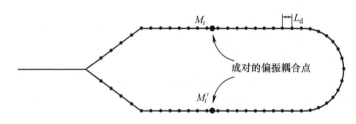

图 3-6 对称离散偏振耦合模型

除了光纤环外,与光纤环连接的光源、耦合器等其他光器件不理想也会造成偏振误差,降低陀螺性能。

光源的偏振度定义为

$$P = |(2a^2 - 1)| \tag{3-34}$$

式中:归一化要求 $a^2 + b^2 = 1$。

输入光遍历各器件后,光纤环中相向传输的光波感知 Sagnac 相移 ϕ_s、调制相移 $\pi/2$ 和偏振相位噪声 ϕ_ε,最终到达探测器的光功率可表述为

$$I_p \approx \frac{a}{2}[1 + \sin(\phi_s + \phi_\varepsilon)] \tag{3-35}$$

其中,偏振相位噪声 ϕ_ε 可由非理想的起偏器、耦合器和光纤环的传输矩阵计算获取。

起偏器的传输矩阵定义为

$$\begin{bmatrix} E_{xp} \\ E_{yp} \end{bmatrix}_{trans} = \begin{bmatrix} 1 & 0 \\ 0 & \varepsilon \end{bmatrix} \begin{bmatrix} E_{xp} \\ E_{yp} \end{bmatrix}_{in} \tag{3-36}$$

式中:ε 为起偏器的振幅抑制比。

耦合器的传输矩阵定义为

$$\begin{bmatrix} E_1 \\ E_2 \end{bmatrix}_{out} = \frac{1}{\sqrt{2}} \begin{bmatrix} 1 & -i \\ -i & 1 \end{bmatrix} \begin{bmatrix} E_1 \\ E_2 \end{bmatrix}_{in} \tag{3-37}$$

光纤环的传输矩阵定义为

$$S_{12} = e^{i\beta L} = \begin{bmatrix} S_{aa} & S_{ab} \\ -S_{ab}^* & S_{aa}^* \end{bmatrix} \tag{3-38}$$

式中：$\bar{\beta} = (\beta_a + \beta_b)/2$，$\beta_a$ 和 β_b 分别为两个偏振模式的传播常数；S_{12} 表示从光纤环端口 1 向端口 2 传输，因而 S_{21} 是 S_{12} 的逆矩阵。

θ_1，θ_p，θ_f 分别表示光源偏振角度、起偏器的起偏角度和耦合器尾纤双折射主轴角度，则偏振相位噪声 ϕ_ε 为[10]

$$\phi_\varepsilon \approx \frac{\varepsilon P \tan\theta_{lp}}{a^2} 2\mathrm{Im}(S_{ab})\left[\mathrm{Re}(S_{aa})\cos2\theta_{pf} + \mathrm{Re}(S_{ab})\sin2\theta_{pf}\right] \tag{3-39}$$

式中：$\theta_{lp} = \theta_1 - \theta_p$；$\theta_{pf} = \theta_p - \theta_f$。

如前面所述，光纤环内，每一个偏振耦合点对应着长度为去相干长度 L_d 的一小段光纤，每个耦合点的耦合强度为 hL_d，则在光纤环输出端，耦合光波可表示为 $\sqrt{hL_d}\, e^{i\phi}$，ϕ 取决于耦合点位置。在去相干长度内，光波相干函数 $\gamma = 1$，其余部分 $\gamma = 0$，且 $hL_d \ll 1$。考虑去相干长度的传输矩阵表述为[11]

$$S(L_d) = e^{i\beta L} = \begin{bmatrix} e^{i(\Delta\beta/2)L_d} & \sqrt{hL_d}\, e^{i\phi} \\ -\sqrt{hL_d}\, e^{i\phi} & e^{-i(\Delta\beta/2)L_d} \end{bmatrix} \tag{3-40}$$

式中：$\Delta\beta = \beta_a - \beta_b$。

在光纤环内，从 $z = L_d$ 至 $z = L - L_d$，端口 1 向端口 2 传输矩阵系数为

$$S_{aa} = e^{i(\Delta\beta/2)L} \tag{3-41}$$

$$S_{ab} = \sqrt{hL_d}\left[e^{i\phi_1} e^{i(\Delta\beta/2)(L-L_d)} + e^{i\phi_2} e^{-i(\Delta\beta/2)(L-L_d)}\right] \tag{3-42}$$

式中：ϕ_1 和 ϕ_2 分别为光纤末端偏振耦合产生的附加相位。

将式（3-41）和（3-42）带入式（3-39）中，偏振相位噪声 ϕ_ε 为

$$\phi_\varepsilon \approx \frac{\varepsilon P \tan\theta_{lp}}{a^2} \sqrt{hL_d}\left[\sin(\phi_1 - \Delta\beta L_d/2) + \sin(\phi_2 - \Delta\beta L_d/2)\right] \tag{3-43}$$

因此，偏振相位噪声 ϕ_ε 上限为

$$\phi_\varepsilon \ll \frac{\varepsilon P \tan\theta_{lp} \sqrt{hL_d}}{a^2} \tag{3-44}$$

保偏光子晶体光纤的双折射值可以做到比传统保偏光纤高出 1~2 个数量级，有利于光纤陀螺抑制偏振相关误差。前期研究表明：同等规格条件下，光子晶体光纤环圈和传统保偏光纤环圈的 h 参数分别为 $3.16\times10^{-7}/\mathrm{m}$ 和 $3.16\times10^{-6}/\mathrm{m}$[12]。可见，采用光子晶体光纤，光纤陀螺偏振相位噪声水平至少提升 3 倍以上。

3.6　应力误差分析

光纤陀螺在应力作用下会产生误差,应力对光纤陀螺的作用主要表现在光纤环,原因是应力使光纤的折射率发生瞬时变化,引起非互易性相移。光纤自身弯曲与扭曲、固化胶体物性不匹配、结构形变、冲击、振动、温度变化以及气压变化均可在光纤内部形成应力。应力对光纤折射率的改变是通过弹光效应实现,对于传统保偏光纤,横向应力 $\Delta\varepsilon$ 变化引起慢轴折射率变化可由下式表示[13]:

$$\Delta n = -\frac{n^3}{2}(p_{12} - \nu p_{12} - p_{12} = 0.27)\frac{\Delta\varepsilon}{E}\cos\vartheta - \frac{n^3}{2}(p_{11} - 2\nu p_{12})\frac{\Delta\varepsilon}{E}\sin\vartheta$$

$$(3-45)$$

式中:n 为慢轴折射率;$p_{12} = 0.27$,$p_{11} = 0.121$,为石英的弹光系数;$E = 7\times10^{10}\text{Pa}$,为石英的杨氏模量;$\nu = 0.16$,为石英的泊松比;$\vartheta$ 为应力与快轴夹角。

$$\Omega_e(t) = \frac{2n}{LD}\frac{\partial n}{\partial\varepsilon} \cdot$$

$$\left\{ \begin{array}{l} \displaystyle\sum_{i=1}^{N_{CCW}} r_i \int_0^{2\pi} \frac{\partial\Delta\varepsilon}{\partial t}\Big|(r_i,\theta,z_i,t)(r_i\theta + s_{i0})\mathrm{d}\theta \ + \\[3mm] \displaystyle\sum_{j=1}^{N_{CW}} r_j \int_{-2\pi}^0 \frac{\partial\Delta\varepsilon}{\partial t}\Big|(r_j,\theta,z_j,t)(r_j\theta - s_{j0})\mathrm{d}\theta \end{array} \right\} \quad (3-46)$$

应力变化导致非互易性误差可由式(3-46)表示,推导过程与 Shupe 误差相近,其量值取决于光纤环绕制方式、排纤精度、时变应力分布和材料弹光系数。

实芯光子晶体光纤中,光在石英芯中传输,无法避免弹光效应的作用,其弹光系数与传统光纤相差无异,均由石英材料代表,因此由实芯光纤构成的光纤陀螺在应力致非互易误差方面无提升机理。空芯光子晶体光纤将空气作为光传输介质,弹光效应可忽略不计。若空芯光子晶体光纤具备足够的强度,以抵御应力使光纤端面微结构不产生变形,光传输特性不发生改变,则空芯光子晶体光纤应用于光纤陀螺中,将不会产生应力致非互易性误差,陀螺对应力将不再敏感。

3.7　辐照误差分析

在辐照条件下,高能粒子作用于传统光纤时会发生化学反应,即在光纤中产生色心现象,使其透光性变差,这个过程称为色心沉积效应。色心沉积效应改变了光纤纤芯材料特性,导致光纤的损耗增大。辐照致光纤损耗 A 与辐照总剂量 d 、辐照剂量率 r 的关系可表示为[14-15]

$$A = qr^b d^f \tag{3-47}$$

式中:q、b 和 f 为常数项。

光纤陀螺中的所有器件,光纤环使用的光纤长度最长,受辐照影响最为明显,决定了陀螺整机损耗水平。陀螺整机损耗增大,致使探测器接收到的光信号信噪比降低,劣化了光纤陀螺随机游走系数。辐照对光纤陀螺随机游走系数的影响可表示为

$$\text{RWC} = \frac{\lambda c}{2\pi LD} \sqrt{\frac{2e}{k_d P} + \frac{1}{\Delta v} + \frac{2eI_d}{(k_d P)^2} + \frac{4kT}{R(k_d P)^2}} \tag{3-48}$$

式中:λ 为波长;c 为真空中的光速;L 为光纤环长度;D 为光纤环直径;e 为电子电量;k_d 为探测器光电转换系数;Δv 为频域光源谱宽;I_d 为探测器暗电流;R 为探测器跨阻抗;k 为玻耳兹曼常数;T 为绝对温度;$P = P_0 10^{-(A_c + Lqr^b d^f)/10}$,$P_0$ 为光源光功率,A_c 为除光纤环外所有光路器件的总损耗。

实芯光子晶体光纤包层中引入空气孔,以降低包层等效折射率,实现全内反射导光机制,纤芯无需掺杂锗等元素,不受辐照影响。空芯光子晶体光纤基于光子带隙效应实现传输,光在空气孔中传播,同样不受辐照影响。因此,相比传统光纤陀螺,光子晶体光纤陀螺在空间应用具有独特的优势。

3.8 本章小结

本章基于光信号传输介质特性,以传统保偏光纤陀螺为参照,定量分析了光子晶体光纤对陀螺各误差项抑制效果的提升程度。如表 3-1 所列,相比传统保偏光纤,实芯光子晶体光纤在抗辐照特性和偏振误差抑制方面具有优势,其他特性无机理性提升依据,其特点更加适合空间应用。空芯光子晶体光纤对各误差源均能起可观的提升效果,尤其是在光纤陀螺最为关注的温度特性方面,可提升 23 倍,是光纤陀螺理想的传感材料。

表 3-1　光子晶体光纤陀螺性能提升程度

误差项	光纤类型	
	实芯光子晶体光纤	空芯光子晶体光纤
Kerr 误差	无提升	提升 100~500 倍
Faraday 误差	无提升	提升 100~500 倍
Shupe 误差	无提升	提升 23 倍

续表

误差项	光纤类型	
	实芯光子晶体光纤	空芯光子晶体光纤
偏振误差	至少提升 3 倍	至少提升 3 倍
Rayleigh 误差	无提升	提升 67~500 倍
应力误差	无提升	明显提升
辐照误差	明显提升	明显提升

 参考文献

[1] Agrawal G P. 非线性光纤光学原理及应用 [M]. 贾东方,余震虹,译. 北京:电子工业出版社,2002.

[2] Kim K S,Stolen R H,Reed W A,et al. Measurement of the nonlinear index of silica-core and dispersion-shifted fiber [J]. Optics Letters,1994,19(4):257−259.

[3] Nibbering E T J,Grillon G,Franco M A,et al. Determination of the inertial contribution to the nonlinear refractive index of air,N_2,and O_2 by use of unfocused high-intensity femtosecond laser pulses [J]. J. Opt. Soc. Amer. B,Opt. Phys. 1997,14(3),650−660.

[4] Kim H K,Dangui V,Digonnet M,et al. Fiber-optic gyroscope using an air-core photonic-bandgap fiber [C]//Proc. Opt. Fibre Sensors Conf. ,2005,5855:198−201.

[5] Gray D E. American Institute of Physics Handbook [M]. Vol. 6. New York:McGraw-Hill,1963.

[6] Cutler C C,Newton S A,Shaw H J. Limitation of rotation sensing by scattering [J]. Opt. Lett. ,1980,5(11):488−490.

[7] Shupe D M. Thermally induced noreciprocity in the fiber-optic interferometer [J],Appl. Opt. ,1980,19(5):654−655.

[8] Maochun Li,T Liu,Y. Zhou,et al. A 3D model for analyzing thermal transient effects in fiber gyrocoils [C]// Proc. SPIE,2007,6830:68300E.

[9] Maochun Li,Xiaoming Zhao,Fei Liu. A novel 3-D model for thermal transient effects in fiber gyrocoils [C]//Symposium Gyro Technology,Karlsruhe,Germany,2010,12:1−13.

[10] Burns W K,Moeller R P. Polarizer requirements for fiber gyroscopes with high-birefringence fiber and broad-band sources [J]. J. Lightwave Technol. 1984,4:430−435.

[11] Pavlath G A, Shaw H J. Birefringence and polarization effects in fiber gyroscopes [J]. Appl. Opt. ,1982,21:1752.

[12] Ningfang Song,Pan Ma,Jing Jin,et al. Reduced phase error of a fiber optic gyroscope using a polarization maintaining photonic crystal fiber [J]. Optical Fiber Technology,2012,18:186−189.

[13] 廖延彪. 光纤光学[M]. 北京:清华大学出版社,2000.

［14］ Griscom D L,Gingerich M E,Friebele E J. Radiation-induced defects in glasses:Origin of power-law dependence of concentration on dose ［J］. Phys. Rev. Lett,1993,71(7):1019-1022.

［15］ LuValle M J,Friebele E J,Dimarcello F V,et al. Radiation-induced loss predictions for pure silica core,polarization-maintaining fibers ［C］//Reliability of Optical Fiber Components,Devices,Systems,and NetworksⅢ,2006,WA:102-109.

第4章 光子晶体光纤设计与制备技术

光子晶体光纤采用独特的周期微孔结构形成导光机制,使光在单一介质中传输,展现出诸多性能优势,例如环境敏感性低、弯曲损耗小、弯曲半径小、互易性噪声低等,尤其空芯光子晶体光纤是高精度光纤陀螺理想的传感材料。本章根据光纤陀螺对光纤的应用需求,重点介绍光纤陀螺用光子晶体光纤设计与制备方法。

4.1 光子晶体光纤理论研究方法

光子晶体光纤传输特性的研究过程中,建立了多种仿真模型和数学分析方法,用于精确地模拟光子晶体光纤的传输特性,作为光子晶体光纤设计的理论依据。随着光子晶体光纤理论研究方法的不断完善,数值分析的处理速度和计算精度也不断提升,推动了光子晶体光纤在理论研究、仿真设计和实际应用等方面的快速发展。目前常用的数值分析方法包括有效折射率法、有限差分法、平面波展开法、多极法、有限元法等,各种计算方法有不同的使用范围,可相互补充。

4.1.1 有效折射率法

有效折射率法(Effective Index Method, EIM)[1-2]是将光子晶体光纤的纤芯和包层视为具有折射率定值的单一材料,进而光子晶体光纤被等效为传统阶跃型光纤,借助成熟的光纤理论计算出其传输特性。这种方法本质上仍是一种标量分析方法,采用简易模型计算复杂结构,显著减小了计算量。但该方法简化了光子晶体光纤复杂的包层微孔结构,因而丧失了分析光子晶体光纤偏振特性和光子带隙效应的能力。

实芯光子晶体光纤空气孔排列通常为六角结构,有效折射率法是对包层中的六边形单元(图4-1)用面积相等的圆形单元替代,通过对具有对称边界条件的圆形单元计算,获得包层等效折射率,选取合适的等效纤芯半径后,实芯光子晶体光纤被转化为传统阶跃型光纤开展特性分析。

随后有效折射率法不断改进[3-4]，重点针对等效纤芯半径选取和包层中六边形单元等效处理方式，以获得精确的纤芯等效半径和包层等效折射率，便于在传统阶跃光纤的理论基础上更准确地分析光子晶体光纤特性。

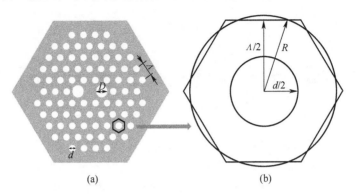

图 4-1　有效折射率计算方法示意图

(a)实芯光子晶体光纤端面结构；(b)实芯光子晶体光纤等效端面结构。

4.1.2　有限差分法

有限差分法(Finite Difference Method,FDM)[5]是将所求解的方程采用一定的差分格式离散化，转化为代数方程求解。它的原理是把连续的定解域网格化，用一定数量的离散点来代替；把定解区域上的连续变化的变量函数用在网格上定义的离散变量函数来近似；求解有限差分方程组，得到原区域离散化的近似解，利用插值确定近似解。

有限差分法的关键在于对求解区域的差分离散化处理，通常采用 Yee 网格离散方法，可直接求解光子晶体光纤所满足的二维 Helmholtz 方程，适用于折射率任意分布的光波导，方法简单、直观。目前，基于该方法发展起来的时域有限差分法(Finite Difference Time-Domain Method,FDTD)[6-7]和光束传播法(Beam-Propagation Method,BPM)[8-9]已被广泛应用，并用来研究光子晶体光纤特性。

时域有限差分法直接将有限差分式代替随时间变化麦克斯韦微分式，其特征为在空间以及时间上离散化，计算量也更小。时域有限差分法直接在数值仿真域模拟光脉冲的传播、电磁波与介质的相互作用，处理具有反常化色散和双折射特性的微结构的光纤很有效。

光束传播法能用来计算波导中的功率流，以快速傅里叶变换作为工具处理问题，只能得到标量结果，无法区别场的不同偏振。以光束传播法为理论基础的有限差分光束传播法(FD-BPM)、有限元光束传播法(FE-BPM)和虚轴光束传播法等也继承了其特性，只适用于特定的条件。

采用有限差分法分析时,由于光子晶体光纤微孔结构复杂,导致建模较为复杂,计算量大。

4.1.3　平面波展开法

平面波展开法(Plane Wave Expansion Method,PWEM)[10-13]可对任意多层孔光纤的特性进行计算,在当前光子晶体理论分析方法中,该方法提出最早并且具有清晰的物理概念,是研究空芯光子晶体光纤能带结构最常用的方法。平面波展开法利用平面波分解电磁场,将电磁场以及光子晶体的周期性介电常数在倒格矢空间做 Fourier 级数展开,将能带问题简化为本征值方程,然后求得矢量方程的精简解。平面波展开法与光子晶体本身的性质接近,可以处理一维、二维、三维复杂的周期性问题,得到光纤的模场、带隙的位置和宽度等特性。

平面波展开法目前存在的问题是分解项过多,计算量以及精度都不令人满意,不能同时考虑材料色散和波导色散,因此一般主要用于分析光子晶体的能带结构。

4.1.4　多极法

White 和 Kuhlmey 等人[14-16]首先提出多极法(Multipole Method,MM)在光子晶体光纤的特性计算中的应用,这种方法被广泛用于求解圆柱形结构光波导的分析和计算。这一方法不同于其他展开式方法之处在于,光纤的每一个结构孔都基于一个展开式,把电场和磁场分量表达成贝塞尔函数和第一类汉克尔函数,作为边界条件来解亥姆霍兹(Helmholtz)方程。

多极法理论特别适合分析具有圆形孔的光子晶体光纤,能够精确体现光纤模式的对称性,但对于非圆形孔结构分析具有局限性。多极法具有计算精确度高、处理速度快、不受各种结构参数变化限制的优点。此外,多极法可以计算产生有效折射率的实部和虚部,不仅可求得色散系数,而且可计算光子晶体光纤的泄漏损耗。多极法利用群论中的对称规则,不需要离散场域和边界条件,在分析光纤材料色散上优于其他分析方法,并且可以直接获得有效模场面积。多极法计算速度快的优点随着包层空气孔层数的增大,计算量和计算时间大幅度增加。因此,在空气孔数量很多、层数较多、结构复杂的情况下一般不采用多极法。

4.1.5　有限元法

有限元法(Finite Element Method,FEM)[17-18]是近似求解方程边值问题的一种数值技术,被认为是一种完善的分析工具,在工业领域得到广泛应用。采用有限元法开展光纤特性分析,其理论计算不依赖光纤结构,可适用于不规则截面、不同形状空气孔及不同折射率材料条件下的数值分析。有限元法求解过程是将具体条件演化为泛函形式来求解,把光纤截面分成有限多具有相似属性的单元格,对每一网格单元运用麦克斯韦方程离散化,再在这些单元格的边界上加上连续性条件进行约束,来计算具有自由几何结构的光子晶体光纤。这种方法非常精确,广泛适用于各种结构类型的光子晶体光纤,是光子晶体光纤性能分析的理想手段。

有限元法分析过程如下:

(1) 区域离散化。在利用有限元法分析电磁场的过程中,首先将整个计算区域离散化,用节点(单元体的端点)和单元体表示,且单元体个数有限;然后通过有限单元的端点将相互邻近的单元体连接起来,组成替代原有结构的单元集合体,并且单元之间互不重叠,节点和单元都按顺序编号。一般采用形状规则的单元进行区域离散化,通常选取三角形和矩形单元分析平面类型的电磁场,三角形单元用来离散不规则区域,矩形单元用来离散矩形区域;通常选取四面体、六面体和长方体等单元分析空间类型的电磁场,其中四面体单元是三维情况下最常使用的。

(2) 确定单元基函数。离散化后的每一个单元都由一个插值函数定义,用以刻画单元在端点之间的状态。插值函数一般可分为一阶多项式、二阶多项式和高阶多项式,其中高阶多项式的精度最高,但公式较为复杂,因此广泛使用的仍是一阶插值函数。单元中未知解的表达式则是根据选定的插值函数导出的。根据单元中节点的个数和所要求的近似解的精度,可将满足一定插值条件的插值函数作为单元基函数。

(3) 单元分析。用单元基函数的线性组合表达式来近似表达各个单元的求解函数,然后将近似函数代入积分方程,单元区域积分后得到含有待定系数的代数方程组——单元有限元方程。

(4) 总体合成。总的有限元方程是把计算区域离散化后所有单元的有限元方程按一定规则累加起来得到的。

(5) 边界条件的处理。边界条件一般分为直接满足积分表达式的自然边界条件和遵循一定规则可对总有限元方程进行修正的本质边界条件及混合边界条件。边界条件的作用就是将数值分析限制在有限区域内进行。

(6) 求解有限元方程。运用适当的数值计算方法对修正后的总有限元方程组进行求解,可得到各节点的函数值。

4.2　光子晶体光纤有限元数值分析基本原理

有限元法是一种非常有效的电磁场数值计算方法,利用变分原理来求解数学物理问题。2001 年,Koshiba 等人首次将有限元方法引入到光子晶体光纤的理论分析中,随后各种基于有限元法的光子晶体光纤分析模型及优化改进方法相继被提出,有限元法由于其灵活性好且其计算结果稳定,逐渐成为了光子晶体光纤数值分析的最权威方法。

4.2.1 有限元法的基本知识

有限元法是指将所要分析的求解区域划分为若干个小区域,用这些小区域的集合体代表整个求解域,建立每个小区域的表达式,然后重新组合起来求解得到连续场的解的方法。这种方法的特点是从部分到整体进行,大大简化了分析过程。从数学角度看,有限元法则可以看成是逼近论、偏微分方程、变分和泛函分析的巧妙结合,该方法是从变分原理出发,利用区域剖分和分片插值,将二次泛函的极值问题转换为普通的多元二次函数极值问题。

采用有限元法分析光波导的模场,具有简单、方便、精确、通用等优点,尤其是这种方法可以用来分析具有任意折射率截面的光波导,且可以同时求出模或模所有模式的传播常数和模场分布情况。只要给定光波的波长、相应的折射率分布和所需求解的模式,便可求出光波导中对应波长的所有模式的折射率和模场分布。虽然有限元法的运算量很大,但目前计算机速度与存储容量的迅速发展,使得有限元法广泛应用逐步成为现实。

应用有限元法处理光子晶体问题时常用处理方法有两种。一种方法是由麦克斯韦方程组推导出的亥姆霍兹方程,引入包层有效折射率的概念和有效传播常数的概念,由 HemhoHz 方程编程求解有效传播常数,这里将其称为标量法;另一种方法也是由麦克斯韦方程组出发,直接推导得到光子晶体光纤满足的电磁场特征方程,然后利用现有的有限元软件进行矢量求解,称为矢量法。下面将分别对这两种方法进行详细介绍。

4.2.2 标量有限元法

光为电磁波,具有电磁波的通性。所以光波在光纤中传输的一些基本性质都可以从电磁场的基本方程推导出来,这里以电场为例进行推导。

$$\nabla \times E = -\frac{\partial B}{\partial t} \tag{4-1}$$

$$\nabla \times H = -\frac{\partial D}{\partial t} + J \tag{4-2}$$

$$\nabla \cdot D = \rho \tag{4-3}$$

$$\nabla \cdot B = 0 \tag{4-4}$$

式中: E 为电场强度; H 为磁场强度; D 为电位移矢量; B 为磁感应强度; J 为介质

中的传导电流密度；ρ 为自由电荷密度；∇ 为哈密顿算符。

在各向同性的介质里存在如下关系：

$$D = \varepsilon E = \varepsilon_0 \varepsilon_r E \qquad (4-5)$$

$$B = \mu H = \mu_0 \mu_r H \qquad (4-6)$$

$$J = sE \qquad (4-7)$$

式中：ε 为介质的介电常数；μ 为介质的磁导率；ε_0 为真空中的介电常数；μ_0 为真空中磁导率；ε_r 为介质的相对介电常数；μ_r 为介质的磁导率；s 为电导率。

在真空中有 $s = 0$，$\varepsilon_0 = 8.85 \times 10^{-12} (\text{F/m})$，$\mu_0 = 4\pi \times 10^{-7} (\text{H/m})$。

在麦克斯韦方程组中，一方面既有电场又有磁场，两者之间交互变化；另一方面既有空间坐标又有时间坐标，两者之间相互影响。因此，必须利用分离变量法进行电、磁矢量分离与时、空坐标分离，用以得到一个易于求解的方程。

对式(4-1)左右两边同时取旋度，如下：

$$\nabla \times \nabla \times E = \nabla(\nabla \cdot E) - \nabla^2 E \qquad (4-8)$$

$$-\nabla \times \frac{\partial B}{\partial t} = -\frac{\partial(\nabla \times \mu H)}{\partial t} = -\frac{\partial(\mu \nabla \times H + \nabla \mu \times H)}{\partial t} \qquad (4-9)$$

故得到：

$$\nabla(\nabla \cdot E) - \nabla^2 E = -\frac{\partial(\mu \nabla \times H + \nabla \mu \times H)}{\partial t} \qquad (4-10)$$

将式(4-5)代入式(4-3)可得：

$$\nabla \cdot D = \nabla \cdot (\varepsilon E) = \varepsilon \nabla \cdot E + E \cdot \nabla \varepsilon = \rho \qquad (4-11)$$

$$\nabla \cdot E = \frac{\rho}{\varepsilon} - \frac{E \cdot \nabla \varepsilon}{\varepsilon} \qquad (4-12)$$

由式(4-1)和式(4-2)可得：

$$\frac{\partial(\mu \nabla \times H)}{\partial t} = \mu \frac{\partial(\nabla \times H)}{\partial t} = \mu \varepsilon \frac{\partial^2 E}{\partial t^2} + \mu \frac{\partial J}{\partial t} \qquad (4-13)$$

$$\frac{\partial(\nabla \mu \times H)}{\partial t} = \nabla \mu \times \frac{\partial H}{\partial t} = -\nabla \mu \times \frac{\nabla \times E}{\mu} \qquad (4-14)$$

由式(4-11)~式(4-14)可得：

$$\nabla^2 E + \nabla\left(E \cdot \frac{\nabla \varepsilon}{\varepsilon}\right) - \nabla\left(\frac{\rho}{\varepsilon}\right) + \frac{\nabla \mu}{\mu} \times \nabla \times E = \mu \varepsilon \frac{\partial^2 E}{\partial t^2} + \mu \frac{\partial J}{\partial t} \qquad (4-15)$$

对于光子晶体光纤而言，介质的磁导率可近似等于真空中的磁导率 $\mu \approx \mu_0$，由于石英介质表面没有自由移动的电荷，则自由电荷密度为零，即 $\rho = 0$，由此可知 $\nabla \cdot E = 0$，$J = 0$，代入式(4-15)可得：

$$\nabla^2 E + \nabla\left(E \cdot \frac{\nabla \varepsilon}{\varepsilon}\right) = \mu \varepsilon \frac{\partial^2 E}{\partial t^2} \qquad (4-16)$$

在频域中式(4-16)可写成：

$$\nabla^2 \boldsymbol{E} + k_0^2 n^2 \boldsymbol{E} + \nabla\left(\boldsymbol{E} \cdot \frac{\nabla \varepsilon}{\varepsilon}\right) = 0 \tag{4-17}$$

设光波沿 z 方向传播，电磁波的场量表示为

$$\boldsymbol{E} = \boldsymbol{E}(r)\mathrm{e}^{-\mathrm{i}\beta z} \tag{4-18}$$

式中：β 为模式的传播常数。

将式(4-18)代入式(4-17)中得到：

$$[\nabla^2 + (k_0^2 n^2 - \beta^2)]\boldsymbol{E} = -(\nabla - \mathrm{i}\beta z)\left(\boldsymbol{E} \cdot \frac{\nabla \varepsilon_{\mathrm{r}}}{\varepsilon_{\mathrm{r}}}\right) \tag{4-19}$$

光子晶体光纤介质的相对介电常数 $\varepsilon_{\mathrm{r}} = n^2$，因此可以得到如下光子晶体光纤的矢量波动方程为

$$[\nabla^2 + (k_0^2 n^2 - \beta^2)]\boldsymbol{E} = -(\nabla - \mathrm{i}\beta z)(\boldsymbol{E} \cdot \nabla \ln n^2) \tag{4-20}$$

又因为光子晶体光纤横截面上不同部分的折射率也不同，并且在界面上发生突变，所以上述波动方程又可以写成对折射率不同的空气孔或介质部分的齐次方程：

$$[\nabla_i^2 + (k_0^2 n_i^2(x,y) - \beta^2)]\boldsymbol{E} = 0 \tag{4-21}$$

该方程即为二维亥姆霍茨方程，是经过简化得到的标量波动方程。其中 $k_0 = 2\pi/\lambda$ 为真空波数，$n_i(x,y)$ 为二维横截面上的折射率分布。这里的下标 i 为区域的编号。

4.2.3 矢量有限元法

三维光波导难以得到解析解，标量有限元法可以分析弱导光纤等简单要求的场合，由于标量有限元法有很多局限性而且精度不高，所以它并没有得到广泛应用。由于波导问题的多样性和复杂性，大多数问题都采用矢量有限元法。

同样由式(4-1)~式(4-4)组成的麦克斯韦方程组考虑最简单的情况，设自由电荷密度和介质中的传导电流密度均为零，即 $\rho = 0$，$\boldsymbol{J} = 0$。$\boldsymbol{D}(r) = \varepsilon(r)\boldsymbol{E}(r)$，而大多数介质中磁导率几乎不变，近似为1，故 $\boldsymbol{B} = \boldsymbol{H}$。

因此，麦克斯韦方程组通过上述假设可变为

$$\nabla \times \boldsymbol{E}(r,t) + \frac{1}{c}\frac{\partial \boldsymbol{H}(r,t)}{\partial t} = 0 \tag{4-22}$$

$$\nabla \times \boldsymbol{H}(r,t) = 0 \tag{4-23}$$

$$\nabla \cdot \varepsilon(r)\boldsymbol{E}(r) = 0 \tag{4-24}$$

$$\nabla \times \boldsymbol{H}(r,t) - \frac{\varepsilon(r)}{c}\frac{\partial \boldsymbol{E}(r,t)}{\partial t} = 0 \tag{4-25}$$

为了数学上分析方便，可将电磁场表示为复指数形式：

$$E(r,t) = E(r)\,\mathrm{e}^{-\mathrm{i}\omega t} \qquad (4\text{-}26)$$

$$H(r,t) = H(r)\,\mathrm{e}^{-\mathrm{i}\omega t} \qquad (4\text{-}27)$$

由麦克斯韦方程组和电磁场复指数形式可见：

$$\nabla \cdot H(r) = \nabla \cdot D(r) = 0 \qquad (4\text{-}28)$$

这表明介质中没有位移矢量以及磁场的源和汇集点,场图被构建成横电磁波。$E(r)$ 和 $H(r)$ 间的关系为

$$\nabla \times E(r) + \frac{\mathrm{i}\omega}{c}H(r) = 0 \qquad (4\text{-}29)$$

$$\nabla \times H(r) - \frac{\mathrm{i}\omega}{c}\varepsilon(r)E(r) = 0 \qquad (4\text{-}30)$$

用式(4-30)除以 $\varepsilon(r)$,然后取旋度,利用式(4-29)消去 $E(r)$,最后可得

$$\nabla \times \left(\frac{1}{\varepsilon(r)}\nabla \times H(r)\right) = \left(\frac{\omega}{c}\right)^2 H(r) \qquad (4\text{-}31)$$

该方程是一个标准方程,类似于电子薛定谔方程,是线性本征值问题。结合式(4-28)即可完全确定 $H(r)$ 。

同理可得

$$E(r) = \left(\frac{-\mathrm{i}c}{\omega\varepsilon(r)}\right)\nabla \times H(r) \qquad (4\text{-}32)$$

光子晶体光纤是一种柱状的二维光子晶体,满足上述的分析,式(4-31)、式(4-32)可用于光子晶体光纤数值分析。

4.3 有限元法在光子晶体光纤分析中的应用

4.3.1 理论传输模型

光子晶体光纤波导的几何结构沿着光纤纵向不变,其传输模是对频率为 ω 时麦克斯韦方程组的求解,纵向光波传播表达式为

$$E = E_{\mathrm{pm}}(x,y)\exp\left(-\mathrm{i}k_z z\right) \qquad (4\text{-}33)$$

$$H = H_{\mathrm{pm}}(x,y)\exp\left(-\mathrm{i}k_z z\right) \qquad (4\text{-}34)$$

式中：$E_{\mathrm{pm}}(x,y)$ 为电场传输模式；$H_{\mathrm{pm}}(x,y)$ 为磁场传输模式；k_z 为传播常数。

介电常数 ε 和磁导率 μ 可以表示为

$$\varepsilon = \begin{bmatrix} \varepsilon_{\perp\perp} & 0 \\ 0 & \varepsilon_{zz} \end{bmatrix} \qquad (4\text{-}35)$$

$$\mu = \begin{bmatrix} \mu_{\perp\perp} & 0 \\ 0 & \mu_{zz} \end{bmatrix} \qquad (4\text{-}36)$$

传输模分解成横向和纵向两部分：

$$E_{pm}(x,y) = \begin{bmatrix} E_{\perp}(x,y) \\ E_z(x,y) \end{bmatrix} \tag{4-37}$$

将式(4-33)~式(4-37)代入麦克斯韦方程组中得

$$\begin{bmatrix} p\,\nabla_{\perp}\mu_{zz}^{-1}\,\nabla_{\perp}\cdot p - k_z^2 p\mu_{\perp\perp}^{-1}p & -ik_z p\mu_{\perp\perp}^{-1}p\,\nabla_{\perp} \\ -ik_z\,\nabla_{\perp}p\mu_{\perp\perp}^{-1}p & \nabla_{\perp}p\mu_{\perp\perp}^{-1}p\,\nabla_{\perp} \end{bmatrix}\begin{bmatrix} E_{\perp} \\ E_z \end{bmatrix} = \begin{bmatrix} \omega^2\varepsilon_{\perp\perp} & 0 \\ 0 & \omega^2\varepsilon_{zz} \end{bmatrix}\begin{bmatrix} E_{\perp} \\ E_z \end{bmatrix} \tag{4-38}$$

其中，p 和 $\nabla_{\perp}$ 表示为

$$p = \begin{bmatrix} 0 & -1 \\ 1 & 0 \end{bmatrix} \tag{4-39}$$

$$\nabla_{\perp} = \begin{bmatrix} \partial_x \\ \partial_y \end{bmatrix} \tag{4-40}$$

定义 $\widetilde{E}_z = k_z E_z$ 并得到：

$$A\begin{bmatrix} E_{\perp} \\ \widetilde{E}_z \end{bmatrix} = k_z^2 B\begin{bmatrix} E_{\perp} \\ \widetilde{E}_z \end{bmatrix} \quad x \in R^2 \tag{4-41}$$

其中，矩阵 A、B 分别为

$$A = \begin{bmatrix} p\,\nabla_{\perp}\mu_{zz}^{-1}\,\nabla_{\perp}\cdot p - \omega^2\varepsilon_{\perp\perp} & -ip\mu_{\perp\perp}^{-1}p\,\nabla_{\perp} \\ 0 & \nabla_{\perp}\cdot p\mu_{\perp\perp}^{-1}p\,\nabla_{\perp} - \omega^2\varepsilon_{zz} \end{bmatrix} \tag{4-42}$$

$$B = \begin{bmatrix} p\mu_{\perp\perp}^{-1}p & 0 \\ i\,\nabla_{\perp}\cdot p\mu_{\perp\perp}^{-1}p & 0 \end{bmatrix} \tag{4-43}$$

式(4-41)是传输常数 k_z 特征值和传输模 $E_{pm}(x,y)$ 问题的归纳。对于磁场 $H_{pm}(x,y)$ 通过改变介电常数 ε 和磁导率 μ 可以得到一个类似的方程。为了数值分析，定义有效折射率 n_{eff}，也将其作为特征值：

$$n_{eff} = \frac{k_z}{k_0} \tag{4-44}$$

式中：$k_0 = 2\pi/\lambda_0$，λ_0 是真空中得光波波长。

4.3.2 基于有限元的麦克斯韦方程组的离散化

采用有限元方法数值求解式(4-41)的传输模，首先以电场的旋度方程入手，匹配成对的 E 和 k_z。

$$\nabla_{k_z} \times \frac{1}{\mu}\nabla_{k_z} \times E - \frac{\omega^2\varepsilon}{c^2} = 0 \text{，在区域 }\Omega\text{ 中} \tag{4-45}$$

$$\left(\frac{1}{\mu}\nabla_{k_z}\times\boldsymbol{E}\right)\times n = \boldsymbol{F}\text{,在边界 }\Gamma\text{ 上}(\text{黎曼边界}) \tag{4-46}$$

式中：$\nabla_{k_z} = [\,\partial_x,\partial_y,\mathrm{i}k_z\,]^{\mathrm{T}}$。

将式(4-45)乘以一个矢量测试函数 $\boldsymbol{\Phi}\in V = H(\mathrm{curl})$，并在区域 Ω 中进行积分，以便求取一个有关此方程的弱解。

$$\int_{\Omega}\left\{\overline{\boldsymbol{\Phi}}\cdot\left[\nabla_{k_z}\times\frac{1}{\mu}\nabla_{k_z}\times\boldsymbol{E}\right] - \frac{\omega^2\varepsilon}{c^2}\overline{\boldsymbol{\Phi}}\cdot\boldsymbol{E}\right\}\mathrm{d}^3r = 0,\forall\,\boldsymbol{\Phi}\in V \tag{4-47}$$

式中：$\overline{\boldsymbol{\Phi}}$ 表示 $\boldsymbol{\Phi}$ 的复共轭。

经过不完全积分可得麦克斯韦方程的弱解：

$$\int_{\Omega}\left\{\overline{\nabla_{k_z}\times\boldsymbol{\Phi}}\cdot\left(\frac{1}{\mu}\nabla_{k_z}\times\boldsymbol{E}\right) - \frac{\omega^2\varepsilon}{c^2}\overline{\boldsymbol{\Phi}}\cdot\boldsymbol{E}\right\}\mathrm{d}^3r = \int_{\Gamma}\overline{\boldsymbol{\Phi}}\cdot\boldsymbol{F}\mathrm{d}^2r,\forall\,\boldsymbol{\Phi}\in V \tag{4-48}$$

定义双线性函数如下：

$$a(w,v) = \int_{\Omega}\left\{(\nabla_{k_z}\times\overline{\boldsymbol{\Phi}})\cdot\left(\frac{1}{\mu}\nabla_{k_z}\times\boldsymbol{E}\right) - \frac{\omega^2\varepsilon}{c^2}\overline{\boldsymbol{\Phi}}\cdot\boldsymbol{E}\right\}\mathrm{d}^3r \tag{4-49}$$

$$f(w) = \int_{\Gamma}\overline{w}\cdot\boldsymbol{F}\mathrm{d}^2r \tag{4-50}$$

通过离散化方程，将空间限制在一个有限大小子空间 $V_h\subset V,\dim V_h = N$。该子空间和其近似求解始于计算区域 Ω，并将该区域分解为许多小块逐一求解。

定义 V_i 为这些块的矢量假设函数，通常每一块的假设函数 V_i 表示某一个度 p 的联合函数空间的基础。电场的近似求解 $\boldsymbol{E}_h$ 为所有块的这些假设函数的一个叠加：

$$\boldsymbol{E}_h = \sum_i^N a_iV_i \tag{4-51}$$

因此，麦克斯韦方程的离散形式可表示为

$$\sum_i^N a_ia(v_i,v_j) = f(v_j),\forall\,j = 1,\cdots,N \tag{4-52}$$

对于未知系数 a_i，满足线性方程：

$$A\cdot a_i = f \tag{4-53}$$

$$A_{ij} = a(v_i,v_j),f_i = f(v_j),\boldsymbol{a} = [a_1,\cdots,a_2,\cdots,a_N]^{\mathrm{T}} \tag{4-54}$$

矩阵 $a(v_i,v_j)$ 产生于式(4-49)的积分计算，实际上这些积分是通过一个基准块估计得到的。

上述简单地假设电场的边界条件式(4-46)已知，然而无限外界仍需考虑，采用完美匹配层法来实现这些边界条件，以便式(4-41)特征值问题在非限制区域中得以解决。

对于传播模的计算,采用有限元法有很多优点,三角形的灵活性更利于实际上复杂的非对称结构的计算。通过选择适当假设函数 $v_i(x,y)$ 求解麦克斯韦方程,可精确建立像非连续的或有奇点的电场的物理特性,且不会产生数值问题,这种非连续经常出现在光子晶体光纤的玻璃/空气交界面。采用网格优化战略亦可使计算结果精确且计算时间短。

4.3.3 光子晶体光纤数值分析实现

以空芯光子晶体光纤为例,具体数值分析实现过程是:首先,根据空芯光子晶体光纤端面结构进行二维几何模型建立,如图 4-2 所示,并在光纤外侧设置完美匹配层;其次,对几何模型进行材料设置,如图 4-3 所示;再次,划分网格如图 4-4 所示;最后,求解计算麦克斯韦方程,得到空芯光子晶体光纤传输模式,如图 4-5 所示。

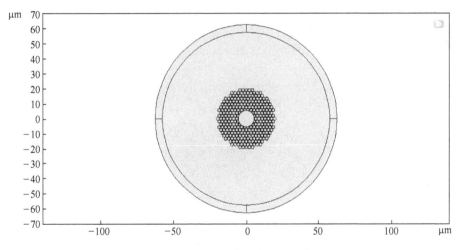

图 4-2　空芯光子晶体光纤几何模型

完成光子晶体光纤模式数值计算后,可根据光纤陀螺应用关注的光纤特性进行后处理分析,主要包括双折射率、模场直径和限制损耗,可由如下方式计算获得。

光纤的双折射率一般用于描述光纤的偏振保持能力,双折射率 B 定义为

$$B = \left| n_x - n_y \right| \tag{4-55}$$

式中:n_x 和 n_y 分别为 x 和 y 方向的偏振基模。

模场直径用来表征在单模光纤的纤芯区域基模光的分布状态。基模在纤芯区域轴心线处光强最大,并随着偏离轴心线的距离增大而逐渐减弱。一般将模场直径定义为光强降低到轴心线处最大光强的 $1/e^2$ 的各点中两点最大距离。

由于保偏光子晶体光纤模场分布非中心对称,而是 x 和 y 两轴向对称,因此需

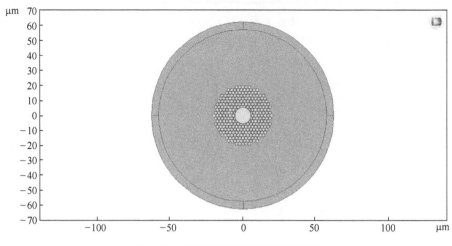

图 4-3　空芯光子晶体光纤材料设置

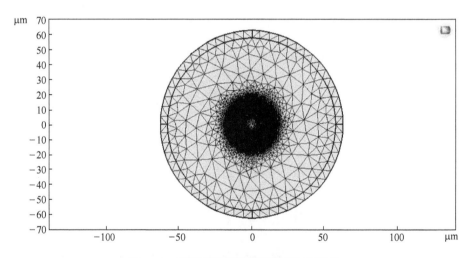

图 4-4　空芯光子晶体光纤模型网格划分

引入等效模场直径 $\mathrm{MFD}_{\mathrm{eff}}$：

$$\mathrm{MFD}_{\mathrm{eff}} = \sqrt{\frac{\mathrm{MFD}_x^2 + \mathrm{MFD}_y^2}{2}} \tag{4-56}$$

式中：MFD_x、MFD_y 分别是保偏光子晶体光纤 x 和 y 方向的模场直径。

保偏光子晶体光纤与熊猫型保偏光纤的耦合损耗可由下式估算，其中 $\mathrm{MFD}_{\mathrm{p}}$ 是熊猫型保偏光纤的模场直径。

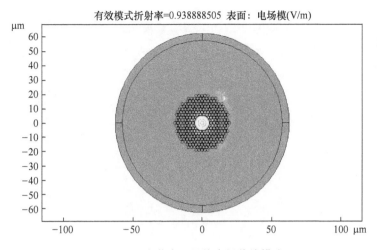

图4-5 空芯光子晶体光纤传输模式

$$\alpha = -10\lg \frac{4\mathrm{MFD}_x\mathrm{MFD}_y\mathrm{MFD}_\mathrm{p}^2}{(\mathrm{MFD}_x^2+\mathrm{MFD}_\mathrm{p}^2)(\mathrm{MFD}_y^2+\mathrm{MFD}_\mathrm{p}^2)} \tag{4-57}$$

对于长距离应用,光子晶体光纤具备低的限制损耗至关重要,限制损耗通过基模折射率 n 的虚部计算而来,单位为 dB/m,如下式所示。

$$\mathrm{Confinement\ Loss} = \frac{40\pi\mathrm{Im}(n)}{\ln(10)\lambda} \tag{4-58}$$

式中:$\mathrm{Im}(n)$ 为折射率的虚部;λ 为波长。

4.4 光子晶体光纤结构参数影响分析方法

针对光纤陀螺应用,光子晶体光纤需满足如下三方面技术需求。

(1)高精度光纤陀螺用光纤环圈需要相对较长的光纤,对于光纤长距离应用,光子晶体光纤应具备低损耗传输能力。

(2)光子晶体光纤与传统单模光纤应具备较好的匹配性,两者之间易于实现高效光功率耦合。

(3)面向光纤陀螺应用,保偏光子晶体光纤双折射率不应低于熊猫型保偏光纤双折射率。

光子晶体光纤通过端面构型结构参数设计以实现特定需求的光信号传输品质。光纤陀螺应用中常见的实芯光子晶体光纤截面结构如图4-6所示,白色区域代表空气,灰色区域代表纯石英,其中,d 和 D 分别代表包层中小孔直径和纤芯处两个大孔直径,Λ 是邻近两孔中心距。由光纤截面可见,该光纤由纯石英和大、小两种圆空气孔点阵构成,纤芯周向围绕着多层空气孔且贯穿整个光纤长度。纤芯处的两个大圆空气孔为 x 偏振基模和 y 偏振基模传输提供双折射特性,实现光波保偏传输。包层中的小尺寸圆空气孔阵列用于调整包层等效折射率构建全内反射导光机制。

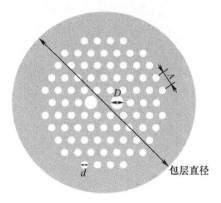

图 4-6　实芯光子晶体光纤截面结构

光子晶体光纤三个重要结构参数(归一化频率 Λ/λ、空气填充比 d/Λ 和大孔直径 D)直接影响光子晶体光纤模场分布、双折射和限制损耗等特性。

4.4.1　气孔环数影响分析

在实芯光子晶体光纤横截面中,纤芯周围围绕一定数量的气孔环且贯穿整个光纤长度。由于气孔环的存在,包层折射率沿光纤径向方向周期变化,等效包层折射率将低于纤芯折射率,光波被限制在高折射率的光纤芯区传播。因此,设计合适的气孔环数非常重要,以实现全反射导光机制和无截止单模传输特性。

通过光子晶体光纤数值仿真分析,不同气孔环数下,光波传输限制损耗与归一化频率 Λ/λ 的对应关系如图 4-7 所示。其中归一化频率 Λ/λ 变化范围为 2.5~4,步长为 0.5。光纤仿真模型中,空气填充比 d/Λ 和大孔直径 D 分别设置为 0.5 和 $5\mu m$。由气孔环数为 4 的曲线趋势可见,若将限制损耗控制在可接受水平(0.1dB/km 以下),则归一化频率 Λ/λ 应大于 4,但归一化频率 Λ/λ 过大不利于压制高阶模。当气孔环数为 5 和 6 时,归一化频率 Λ/λ 介于 3~4 之间,限制损耗小于 0.01dB/km。考虑保偏光子晶体光纤制备工艺难易程度,选用 5 环气孔结构更为合理。

4.4.2　限制损耗影响因素分析

高精度光纤陀螺用光纤环圈采用相对较长的光纤,对于光纤长距离应用,光子晶体光纤具备低的限制损耗至关重要。当气孔环数固定时,归一化频率 Λ/λ 和空

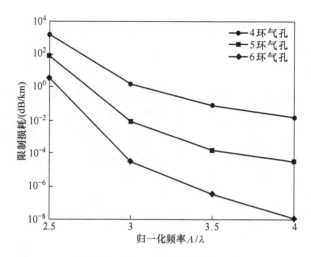

图4-7　不同气孔环数下限制损耗与归一化频率 Λ/λ 关

气填充比 d/Λ 是影响光子晶体光纤限制损耗水平的两个关键参数。不同空气填充比下，大孔直径 D 设置为 $5\mu m$，5 环气孔结构的限制损耗与归一化频率 Λ/λ 的对应关系如图 4-8 所示。可见，当归一化频率 Λ/λ 介于 $3\sim4$ 之间，为了获得理想的限制损耗，空气填充比 d/Λ 应接近或大于 0.5。

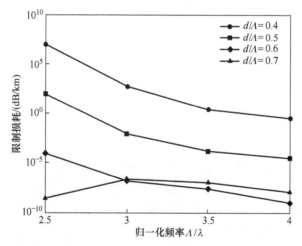

图4-8　不同空气填充比 d/Λ 下限制损耗与归一化频率 Λ/λ 关系

4.4.3　模场直径影响因素分析

实现传统单模光纤与光子晶体光纤两者之间高效光功率耦合是十分必要的，

是体现光子晶体光纤潜在技术优势的前提条件。为了获得保偏光子晶体光纤与熊猫型保偏光纤之间理想的耦合损耗,光子晶体光纤的模场直径必须进行适应性优化设计,以匹配熊猫型保偏光纤模场直径。通常,熊猫型保偏光纤的模场直径为 $6\mu m$。

归一化频率 Λ/λ 和空气填充比 d/Λ 同样是影响光子晶体光纤模场直径的两个关键参数。不同空气填充比下(变化范围为 $0.4\sim0.7$,步长为 0.1),大孔直径 D 设置为 $5\mu m$,等效模场直径与归一化频率 Λ/λ 的对应关系如图 4-9 所示,图中熊猫型保偏光纤的模场直径由虚线标出。由图 4-9 可见,当归一化频率 Λ/λ 介于 $3\sim3.75$ 之间,可选的空气填充比 d/Λ 应大于 0.4。

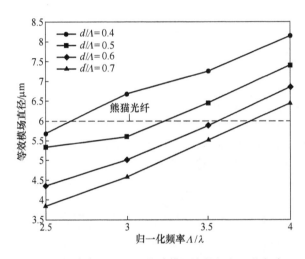

图 4-9　不同空气填充比 d/Λ 下等效模场直径与归一化频率 Λ/λ 关系

4.4.4　双折射率影响因素分析

面向光纤陀螺应用,保偏光子晶体光纤双折射率不应低于熊猫型保偏光纤双折射率(5×10^{-4})。归一化频率 Λ/λ 和空气填充比 d/Λ 对双折射率影响数值仿真分析如下,其中归一化频率 Λ/λ 变化范围为 $2.5\sim4$,空气填充比 d/Λ 变化范围为 $0.4\sim0.7$,大孔直径 D 设置为 $5\mu m$,结果如图 4-10 所示。匹配熊猫型保偏光纤双折射率(图中虚线),可选择的归一化频率 Λ/λ 应在 $3\sim3.2$ 之间。此外,当归一化频率 Λ/λ 大于 3 时,空气填充比 d/Λ 对双折射率的影响不明显,因此后续重点分析大孔直径 D 对双折射率的影响。

光子晶体光纤双折射率、归一化频率 Λ/λ 和大孔直径 D 三者之间的关系如图 4-11 所示,此时空气填充比 d/Λ 固定为 0.5,大孔直径 D 选值范围为 $4\sim5.5\mu m$。

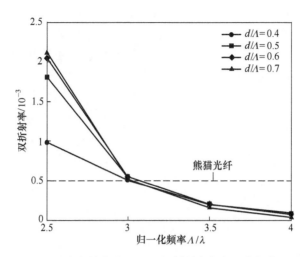

图 4-10 不同空气填充比 d/Λ 下双折射率与归一化频率 Λ/λ 关系

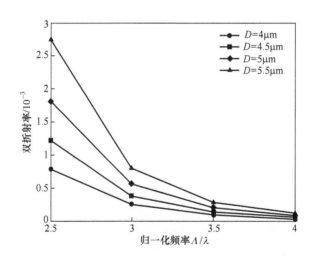

图 4-11 不同大孔直径 D 下双折射率与归一化频率 Λ/λ 关系

若归一化频率 Λ/λ 选择上面分析的 3~3.2 之间,可选大孔直径 D 应不小于 4.5μm,以使双折射率不低于 5×10^{-4}。

4.4.5 光子晶体光纤结构参数设计方法

将等效模场直径、双折射率与归一化频率 Λ/λ 在不同空气填充比下的对应关系绘制在一起,大孔直径 D 设置为 $5\mu m$,如图 4-12 所示,左侧纵轴是等效模场直径,右侧纵轴是双折射率。熊猫型保偏光纤的等效模场直径和双折射率作为最优参数选定参照物以虚线绘于图中,依照该参照,最优结构参数区域为 $3<\Lambda/\lambda<3.1$,$d/\Lambda\approx0.5$,$4.5\mu m<D<5.5\mu m$,以获得光子晶体光纤理想的模场直径和双折射特性。

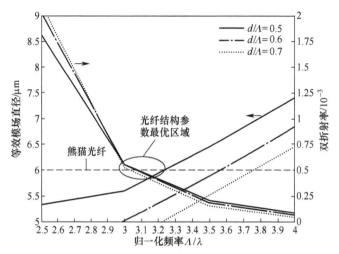

图 4-12　不同空气填充比 d/Λ 下等效模场直径、双折射率与归一化频率 Λ/λ 关系

　　在最优结构参数区域内,以光纤制备工艺实现性为选取准则,选取光子晶体光纤结构参数。例如选取光子晶体光纤结构参数如表 3-1 所列,通过光纤模型数值计算,其模场分布如图 4-13 和图 4-14 所示,该结构参数下保偏光子晶体光纤模场直径、双折射率和限制损耗分别为 $3.68/7.22\mu m$、5.34×10^{-4} 和 $0.015dB/km$,此外,该光子晶体光纤与熊猫型保偏光子晶体光纤耦合损耗低于 $0.57dB$。

表 4-1　实芯光子晶体光纤结构参数

结构参数	数值
包层直径/μm	80
涂覆层直径/μm	135
d/Λ	0.49
Λ/λ	3.05
$D/\mu m$	5.1

有效模式折射率=1.4395 表面：电场模(V/m) 面上箭头：

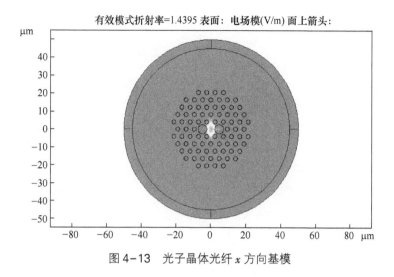

图4-13　光子晶体光纤 x 方向基模

有效模式折射率=1.4389 表面：电场模(V/m) 面上箭头：磁场

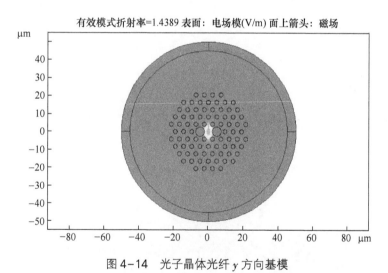

图4-14　光子晶体光纤 y 方向基模

4.5　光子晶体光纤制备方法

　　毛细管堆砌法是制备石英玻璃微结构光子晶体光纤预制棒广泛采用的方法，首先利用光纤拉丝塔将石英管和石英棒原料拉制成具有精密尺寸要求的毛细管和石英细棒，随后光子晶体光纤制备过程如图 4-15 所示，根据光纤端面设计要求将毛细管堆砌成六边形体(图 4-16)，中间抽去一根或多根毛细管形成缺陷或者以石英细棒替换。将调整好的毛细管六边形体放置到石英套筒中,利用尺寸合适的石英细棒填充两者之间的空隙,所有部分经固联处理后,光子晶体光纤预制棒制作完成。

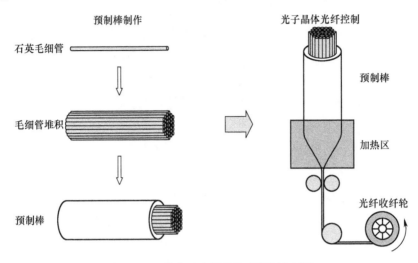

图4-15 堆砌法光子晶体光纤制备过程

图4-16 毛细管堆砌的六边形体

光子晶体光纤的制备过程主要包含两部分工作:首先是光纤预制棒的设计和制作;然后是将预制棒拉制成光子晶体光纤。光纤预制棒是制造石英系列光纤的核心原材料,目前光子晶体光纤预制棒制作最常用的方法有两种,分别是毛细管堆砌法[19]和挤压法[20]。

在光子晶体光纤预制棒完成后,就进入到光纤拉丝的过程,如图 4-15 所示。与传统光纤类似,其做法是在无尘室中将光子晶体光纤预制棒固定在拉丝机顶端,并逐渐加热至2000℃左右。光纤预制棒受热后便逐渐融化并在底部累积液体,待其自然垂下形成光纤,配以精密的温度和速度控制,拉制成符合尺寸要求的光子晶体光纤。预制棒可以一次或者分多次拉制成光子晶体光纤。与传统光纤不同之处在于,在拉制过程中,需实时精确调整预制棒内部惰性气体压强和拉制速度来保持光纤中空气孔的大小比例,以获得符合设计要求的光子晶体光纤。此外,涂覆材料在拉丝过程中涂敷,以保护光纤免受潮气、磨损的伤害。

挤压法是光子晶体光纤预制棒制作的另一种常见方法,适用于制作由熔点较低材料组成的光子晶体光纤预制棒。如图 4-17(a)所示,挤压法首先将聚合物或石英胚料放入电热炉中加热,该炉体底部配有模具。模具端面冲孔构型及尺寸依据光子晶体光纤端面设计确定,图 4-17(b)展示了两类模具冲孔构型。当温度达到特定值时,在电热炉的顶部施加一定的压力,使熔融状的胚料从底部模具口挤出形成预制棒半成品。最后将半成品放置到石英套筒中,经固联处理后,挤压成型的光子晶体光纤预制棒制作完成。预制棒的光纤拉丝过程如前文所述。

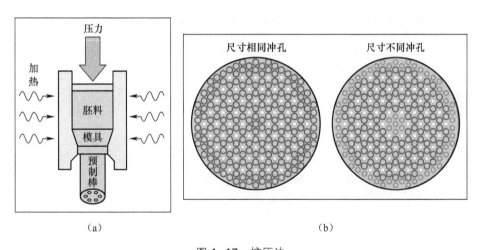

（a）   （b）

图 4-17 挤压法

（a）挤压法制作光子晶体光纤预制棒;（b）含不同冲孔类型的模具端面示意。

图 4-18 展示了分别由铅硅酸盐玻璃、铋玻璃和聚合物材料挤压成型的光子晶体光纤预制棒。可见,挤压法能够在不产生空隙的前提下,灵活制造任意尺寸和任意形状微孔结构的光子晶体光纤预制棒。

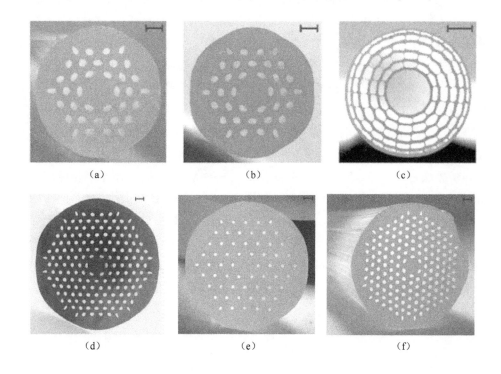

(a)　　　　　　　(b)　　　　　　　(c)

(d)　　　　　　　(e)　　　　　　　(f)

图4-18　挤压成型光子晶体光纤预制棒实物图(图中的线段表示2mm长度)
(a)、(e)、(f)铅硅酸盐玻璃材料预制棒;(b)铋玻璃材料预制棒;(c)、(d)聚合物材料预制棒。

4.6　本章小结

本章介绍了光子晶体光纤数值分析理论和方法,重点描述了全矢量有限元方法的基本概念和分析步骤,详细推导了光子晶体光纤有限元数值分析方法,基于数值分析,列举了光子晶体光纤结构参数对光子晶体光纤光传输性能的影响分析方法,最后阐述了光子晶体光纤常用的制备方法。

 参考文献

[1] Birks T A,Knight J C,Russell P S J. Endlessly single-mode photonic crystal fiber [J]. Optics Letters,1997,22(13):961-963.

[2] Knight J C,Birks T A. Russell P S J,et al. Properties of photonic crystal fiber and the effective in-

dex model [J]. JOSA A,1998,15(3):748-752.

[3] Monro T M,Bennett P J,Broderick N G R,et al. New possibilities with holey fibers [C]//Optical Fiber Communication Conference,Optical Society of America,2000,3:106-108.

[4] Light P S,Roberts P J,Mirault P,et al. Observation of anti-crossing events via mode-pattern rotation in HC-PCF [C]//Conference on Lasers and Electro-Optics, Optical Society of America, 2008:CthEE3.

[5] De Franciso C A,Borges B V,Romero M A. A semivectorial iterative finite-difference method to model photonic crystal fibers [C] //Microwave and Optoelectronics Conference, 2001. IMOC 2001. Proceedings of the 2001 SBMO/IEEE MTT-S International. IEEE,2001,1:407-409.

[6] Qiu M. Analysis of guided modes in photonic crystal fibers using the finite-difference time-domain method [J]. Microwave and Optical Technology Letters 2001,30(5):327-330.

[7] Yu C P, Chang H C. Yee-mesh-based finite difference eigenmode solver with PML absorbing boundary conditions for optical waveguides and photonic crystal fibers [J]. Optics Express,2004, 12(25):6165-6177.

[8] Saitoh K,Koshiba M. Full-vectorial imaginary-distance beam propagation method based on a finite element scheme:application to photonic crystal fibers [J]. IEEE Journal of Quantum Electronics, 2002,38(7):927-933.

[9] He Y Z,Shi F G. Finite-difference imaginary-distance beam propagation method for modeling of the fundamental mode of photonic crystal fibers [J]. Optics communications,2003,225(1):151-156.

[10] Ferrando A,Silvestre E,Miret J J,et al. Full-vector analysis of a realistic photonic crystal fiber [J]. Optics Letters,1999,24(5):276-278.

[11] Meade R D,Rappe A M,Brommer K D,et al. Accurate theoretical analysis of photonic band-gap materials [J]. Physical Review B,1993,48(11):8434.

[12] Ho K M,Chan C T,Soukoulis C M. Existence of a photonic gap in periodic dielectric structures [J]. Physical Review Letters,1990,65(25):3152.

[13] Monro T M,Richardson D J,Broderick N G R,et al. Holey optical fibers:an efficient modal [J]. Journal of Lightwave Technology,1999,17(6):1093.

[14] White T,McPhedran R,Botten L,et al. Calculations of air-guided modes in photonic crystal fibers using the multipole method [J]. Optics Express,2001,9(13):721-732.

[15] White T P,Kuhlmey B T,McPhedran R C,et al. Multipole method for microstructured optical fibers. I. Formulation [J]. JOSA B,2002,19(10):2322-2330.

[16] Kuhlmey B T,White T P,Renversez G,et al. Multipole method for microstructured optical fibers. II. Implementation and results [J]. JOSA B,2002,19(10):2331-2340.

[17] Guenneau S,Nicolet A,Zolla F,et al. Modeling of photonic crystal optical fibers with finite elements [J]. IEEE Transactions on Magnetics,2002,38(2):1261-1264.

[18] Kerbage C,Eggleton B,Westbrook P,et al. Experimental and scalar beam propagation analysis of an air-silica microstructure fiber [J]. Optics Express,2000,7(3):113-122.

［19］ Birks T A,Atkin D M,Wylangowski G,et al. 2D photonic band gap structures in fibre form［M］. Photonic Band Gap Materials,1996.

［20］ Heike E,Tanya M M. Extrusion of complex preforms for microstructured optical fibers［J］. Optics Express,2007,15(23):15086-15092.

第5章 光子晶体光纤熔接技术

光子晶体光纤采用独特的周期微孔结构,因而具有传统光纤所不具备的传输特性,是光纤陀螺理想的感知转速介质,但光子晶体光纤广泛应用的前提条件之一,是能够与传统光纤光路简便、可靠、低损耗地熔接。传统光纤的熔接技术国内外已经十分成熟,但光子晶体光纤不同于传统光纤,在熔接方面存在一定难度。光子晶体光纤与传统光纤结构差异较大,两种光纤的融化温度和膨胀系数不同,熔接能量若不能很好地匹配两种光纤,熔接能量过大会导致光子晶体光纤微孔坍陷、导波结构破坏,或者熔接能量太小,不能很好地融化传统光纤,无法实现可靠熔接;同时,光子晶体光纤空气孔在熔接时需要精确对准,否则会增大熔接损耗。因此,光子晶体光纤熔接技术对实现其在传统光纤光路中的应用具有重要意义。

5.1 光子晶体光纤熔接方法

5.1.1 电弧放电熔接方式

电弧放电熔接[1]是现在最常用的光纤熔接方式,可用于模场失配程度较小的传统光纤和光子晶体光纤之间的熔接。电弧实质上是一种气体放电现象,是在特定条件下两电极间的气体空间导电。电弧放电最显著的外观特征是明亮的弧光柱和电极斑点。电弧的重要特点是电流增大时,极间电压下降,弧柱电位梯度也低,每厘米长电弧电压下降通常不过几百伏,有时在 1V 以下。弧柱的电流密度很高,每平方米可达几千安,极斑上的电流密度更高。电弧放电可分为三个区域:阴极区、弧柱和阳极区。其导电的机理是:阴极依靠场致电子发射和热电子发射效应发射电子;弧柱依靠其中离子热运动相互碰撞产生自由电子和正离子,呈现导电性,这种电离过程称为热电离;阳极起收集电子等作用,对电弧过程影响较小。图 5-1 所示为电能转化为热能和光能的过程。

将两电极之间的总电流定义为 I_{tot},可以通过对 i 在 x - y 面上积分得到。依据假设,电流强度可表示为

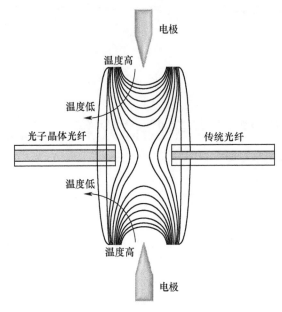

图 5-1　电弧放电熔接方式

$$i(r,z) = \frac{I_{tot}}{2\pi\,\sigma_{arc}^2(z)}\exp\left(-\frac{r^2}{2\,\sigma_{arc}^2(z)}\right) \tag{5-1}$$

式中：$r = \sqrt{x^2 + y^2}$；z 为沿着两电极方向上的轴向变量；$\sigma_{arc}(z)$ 为高斯曲线在位置 z 处的宽度。

根据 Tachikura 的试验数据分析，$\sigma_{arc}(z)$ 可以近似表示为

$$\sigma_{arc}(z) = \sigma_0\,(1 + C_{arc}\,z^2)^{-1/3} \tag{5-2}$$

式中：σ_0 为在 $z = 0$ 处的高斯曲线宽度；C_{arc} 为一个由 z 方向上辐射强度变量定义的常数。

由此可知，位于电极尖端处的温度最高，而两电极轴线的中点位置处温度最低，因此热量在光纤端面处的分布如图 5-1 所示，温度外高内低，且周向温度不均匀，致使加热过程内外、周向微孔塌陷程度不一致。电弧放电熔接方式硬件结构简单、成本低，在传统光纤的熔接上已广泛使用，且十分成熟。对于光子晶体光纤，电弧放电产生的温度场不均匀，不可避免地会产生空气孔塌陷且光纤端面周向空气孔塌陷程度不一致的情况，影响熔接质量。图 5-2 为实芯光子晶体光纤放电前后扫描电子显微镜下的实测图，从图中可以看出放电后空气孔已塌陷，且孔壁塌陷的程度不一，均匀性差，对光子晶体光纤的传光特性产生影响，易产生多模效应。

传统光纤介质的导热性能好，热量从光纤表面传递到纤芯的时间要远低于从初始温度加热到熔接所需时间，可认为光纤中各处温度保持一致，熔接效果较好，

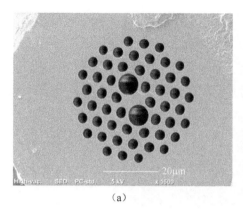 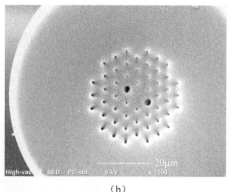

（a） （b）

图 5-2 光子晶体光纤电弧放电前后测试图
（a）电弧放电前光纤端面图;（b）电弧放电后光纤端面图。

满足大部分使用需求。光子晶体光纤是由石英和空气孔交替层叠而成,热向纤芯传导必须交替经过多层空气孔和光纤介质,多次经过分界面,带来的热阻较为明显,热能需经过较长时间到达纤芯。由于光纤介质二氧化硅和空气的热传递系数不同,在长时间加热过程中,光子晶体光纤从外部的包层到纤芯有着明显的热量梯度,导致光纤在熔接时空气孔的塌陷不尽相同。当采用电弧放电方式熔接光子晶体光纤和传统光纤时,因两种光纤的熔化温度和膨胀系数不同,熔接难度大大增加,熔接参数必须进行适应性调整,否则无法实现高质量低损耗的光子晶体光纤熔接。

光子晶体光纤熔接前期准备工作也有更高的要求,当光子晶体光纤在进行剥除、清洗和切割操作时,操作不当,毛细效应会导致清洁液残留在空气孔中。熔接温度会使清洁液汽化,使液体体积扩张,产生气泡,使得在热量传递过程中空气孔的导热系数进一步降低,最终产生更高的损耗。此外,凝聚液残留在空气孔中,清洁液中的水会和石英材料发生作用,打破硅氧键,生成氢氧键,使光纤黏性降低,强度变弱,熔化温度降低,严重影响光子晶体光纤传输光谱特性。因此,电弧放电式熔接不是光子晶体光纤熔接的理想设备。

5.1.2 加热丝熔接方式

加热丝熔接方式[2]是一种制造高强度、低损耗光纤熔点,使之一致、可靠的方法。如图 5-3 所示,该方式将钨加热丝或铱加热丝设计成 Ω 形状,形成一个近乎完全封闭的熔接区域,如图 5-4 所示的均匀熔接热场,为熔接提供稳定、连续、均匀的热源。熔接加热过程中,熔接区域注入高纯度惰性气体,使加热丝熔接不受环境条件影响,实现高强度、高质量熔接。

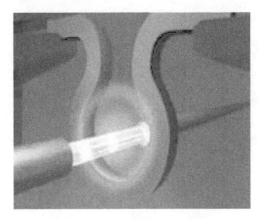

图 5-3　加热丝熔融光纤示意图

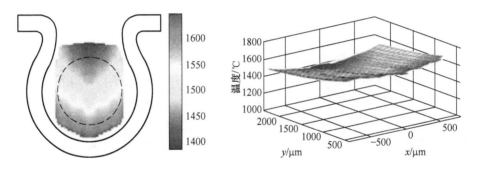

图 5-4　加热丝方式熔接温度分布

相比电弧放电熔接方式,加热丝熔接方式提供了相对均匀的熔接温度环境,如图 5-5 所示,不同光纤直径下,均能保证熔接温度波动在较小区间内,因而光子晶体光纤熔接时,内部空气孔塌陷程度一致,有利于提高熔接点强度。

经 Ω 丝熔融加热后的光子晶体光纤端面如图 5-6 所示,熔融后微塌陷的光纤空气孔较为均匀。北京航天航空大学的宋凝芳教授对该熔接方法已做过深入研究,通过增大偏移量,精细调节各熔接参数等方式,可以得到低损耗的可靠熔接。从实际熔接实验中也可以看到,Ω 加热丝熔融加热后的光纤受热均匀,稳定性好,可以通过精细调整熔接参数来实现高可靠熔接,相对电极放电式熔接而言更为可靠。

5.1.3　二氧化碳激光熔接方式

二氧化碳激光器熔接方式[3-5]是光纤熔接相对理想的手段,其主要的优势在

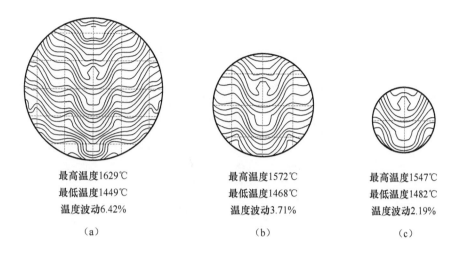

最高温度1629℃
最低温度1449℃
温度波动6.42%

（a）

最高温度1572℃
最低温度1468℃
温度波动3.71%

（b）

最高温度1547℃
最低温度1482℃
温度波动2.19%

（c）

图5-5 光纤端面熔接温度分布
（a）1.5mm光纤；（b）1.0mm光纤；（c）600μm光纤。

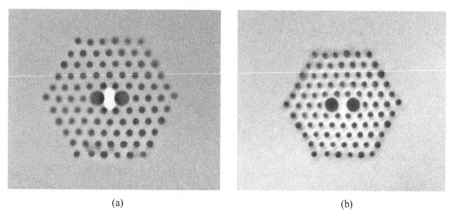

（a）

（b）

图5-6 Ω丝熔融加热前后的光子晶体光纤端面实测图
（a）加热前光纤端面图；（b）加热后光纤端面图。

于：①石英光纤在10.6μm波长上有很高的吸收系数,通过材料吸收特性,是实现石英熔融均匀热场的理想方式；②二氧化碳激光器的光束形状、中心位置及激光功率可精确控制,可根据不同的熔化温度和膨胀系数来分配功率,以减少空气孔的塌陷；③激光不会在接续部位留下任何污染或残余物,可以有效清洁空气孔中的冷凝物,是一种清洁的熔接方式。图5-7为二氧化碳激光器熔接方式的构成图,图5-8为二氧化碳激光辐照与光纤位置示意图。

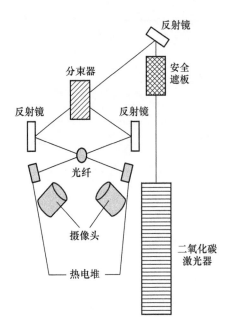

图 5-7　二氧化碳激光器熔接方式

二氧化碳激光束强度为近高斯分布,可表示为

$$I(y,z) = \frac{2\,P_{total}}{\pi W_z}\exp\left[-\left(\frac{2y^2}{W_y^2} + \frac{2z^2}{W_z^2}\right)\right]\tag{5-3}$$

式中:P_{total} 为激光输出总功率;W_y 和 W_z 分别为 y,z 方向的焦斑尺寸。

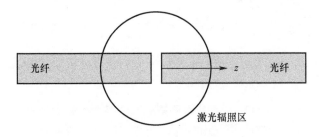

图 5-8　二氧化碳激光辐照与光纤位置示意图

对于细长结构热传导的一维条件代替三维条件的有效性条件为

$$\frac{d^2 c\rho}{4kt} \ll 1\tag{5-4}$$

式中:d 为光纤直径;c 为比热容;ρ 为密度;k 为热传导率;t 为时间。

在此条件下,可知一维分布 $q(z)$ 替代条件为:光纤直径<200μm,熔接时间

>20ms,光纤横截面温差<1%。

由光纤热传导分析得出:

$$q(z) = \frac{\delta W_{abs}}{\pi R^2 \delta_z} \qquad (5-5)$$

式中: W_{abs} 为能量吸收率。

根据光吸收和散射原理,得:

$$\delta W_{abs} = Q_{abs}\delta z \int_{-R}^{+R} I(y)\,dy \qquad (5-6)$$

式中: Q_{abs} 为吸收系数。

将式(5-3)代入式(5-5)得

$$q(z) = \frac{Q_{abs}\ \sqrt{2}\ \mathrm{erf}(d/(\ \sqrt{2}\ W_y))}{W_z \pi^{3/2} R^2}\exp\left(-\frac{2z^2}{W_z^2}\right) \qquad (5-7)$$

基于对光纤空气孔热效应进行分析,得到光纤热传导特性的影响因素和情况,熔接能量随空气孔直径的增加而减小,熔接能量受空气孔排布层数的增加而减小。因此,不同结构的光子晶体光纤所需的熔接参数不尽相同,需要进行相应调整。

激光与光子晶体光纤的相互作用不同于电弧放电或加热丝熔接过程,当激光能量被吸收,就会在石英毛细管阵列的横截面上产生等离子体,随着熔接过程的继续,导致热等离子体迅速从光纤内通过,即便在空气孔内有酒精残留,激光器提供的能量会使酒精在两光纤末端结合前被充分汽化,不会有气泡产生。激光清洁做功的能量需求很小,光纤预热时不会发生任何形变。而采用二氧化碳激光熔接方式,其光纤对能量的吸收方式决定了在光子晶体光纤和传统光纤熔接时,只需要很小的偏移量即可,这提升了熔接的稳定性,有效提高熔接质量和重复性。图5-9为二氧化碳激光熔接机前后的光子晶体光纤端面的电子显微镜实测图,可见熔融后的光纤端面熔融效果较均匀,且塌陷不明显。相比电弧放电熔接方式和加热丝熔接方式,二氧化碳激光器熔接方式更适合光子晶体光纤熔接。

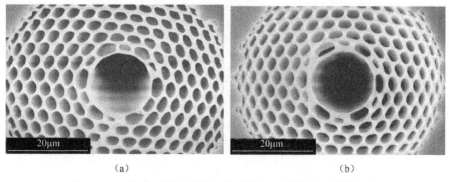

(a)   (b)

图5-9 二氧化碳激光熔接机前后的光子晶体光纤端面实测图

(a)加热前光纤端面图 ;(b)加热后光纤端面图。

5.2　光子晶体光纤熔接损耗机理分析

　　影响光子晶体光纤与传统光纤的耦合熔接损耗的因素主要有机械对准误差、模场失配、菲涅耳反射和空气孔塌陷。机械对准误差包括横向偏移、轴向倾斜,如图5-10(a)和图5-10(b)所示,接续损耗对于两种对准误差都非常敏感,但可以通过精密对准尽量减少。菲涅耳反射损耗的影响相对较小。所以光子晶体光纤与传统光纤的耦合接续损耗问题主要在模场失配方面。两侧光纤的模场匹配程度可以用其模场直径来考量,模场直径的计算精度直接影响熔接损耗估算的准确程度。光子晶体光纤纤芯掺杂、掺杂比例、空气孔直径和孔间距离都会影响模场直径的大小,其中孔距是影响模场直径的最重要因素,只有两种光纤模场完全匹配,才可使接续损耗降到最低。然而,由于两种光纤模场形状不相同,即使两种光纤模场半径

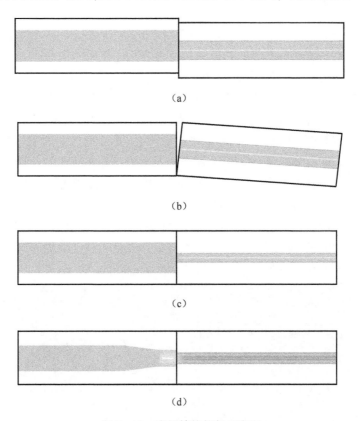

(a)

(b)

(c)

(d)

图5-10　光纤熔接损耗示意图

(a)横向偏移;(b)轴向倾斜;(c)模场失配;(d)空气孔塌陷。

完全相等也将存在一定的耦合损耗。根据前期研究结果指出光子晶体光纤与普通单模光纤接续,当光子晶体光纤的孔距比该单模光纤纤芯半径大一些时,接续损耗比较小;两种不同结构光子晶体光纤之间的接续损耗大小主要取决于它们孔距的差异。

5.2.1 光纤横向偏移和轴向倾斜的影响

光纤熔接损耗可以表示为

$$\text{Loss} = -10\lg\left(\frac{P_0}{P_i}\right) \tag{5-8}$$

式中:P_0 和 P_i 分别为输入和输出功率。

考虑到轴向倾斜和横向偏移等情况,可以表示为

$$\text{Loss} = -10\lg\left[\left(\frac{\omega_1^2 + \omega_2^2}{2\omega_1\omega_2}\right)^2 \exp\left(\frac{k_0^2 n_c^2 \theta^2 \omega_1^2 \omega_2^2}{\omega_1^2 + \omega_2^2}\right) \exp\left(\frac{2(\nabla x)^2}{\omega_1^2 + \omega_2^2}\right)\right] \tag{5-9}$$

式中:ω_1 和 ω_2 为待熔两光纤的模场半径;k_0 为自由空间波数;n_c 为光纤折射率;θ 为轴向倾斜角度;∇x 为横向偏移量。

由此可知,熔接损耗对横向偏差和轴向倾斜十分敏感,会随着横向偏差和轴向倾斜的增加迅速增大,因此在熔接过程中,通过正确的操作手法尽量避免两个误差的引入。

熔接前,处理待熔光纤要尽量保证光纤无弯曲,这可以通过熔接机的光纤加热部件或者热剥除器加热来实现。光纤剥除后端面清洁干净置于熔接切割刀上,且尽可能保证光纤笔直无弯曲、无倾斜。放置熔接机时要注意光纤位置,是否正确平整放入熔接机。这些操作可以尽量避免待熔光纤切割角度过大。熔接机准备熔接前会对光纤进行对准,读取光纤端面角度,同时可通过光纤成像进行观测,这是熔接前光纤是否准备得当满足熔接需求的直观判断方式,是熔接前光纤熔接制备是否合宜的主要评判手段。

5.2.2 模场直径失配损耗估算理论

与普通单模光纤不同,光子晶体光纤的包层不是单一均匀介质,而是复杂的周期性排列的空气孔,无法用解析方法得到它的模场分布。一般通过数值计算方法求解它的等效折射率和模场分布。

基模场面积与有效面积密切相关。

$$A_{\text{eff}} = \frac{\left(\iint_S |\boldsymbol{E}_t|^2 \mathrm{d}x\mathrm{d}y\right)^2}{\iint_S |\boldsymbol{E}_t|^4 \mathrm{d}x\mathrm{d}y} \tag{5-10}$$

式中：E_t 为横向电场矢量；S 为光纤横截面。

光子晶体光纤的基模沿 x 方向和 y 方向的有效模场直径的定义由下面两个公式给出：

$$\omega_x^2 = 4 \frac{\iint_S (x - x_c) \; |E_t|^2 \mathrm{d}x\mathrm{d}y}{\iint_S |E_t|^2 \mathrm{d}x\mathrm{d}y} \tag{5-11}$$

$$\omega_y^2 = 4 \frac{\iint_S (y - y_c) \; |E_t|^2 \mathrm{d}x\mathrm{d}y}{\iint_S |E_t|^2 \mathrm{d}x\mathrm{d}y} \tag{5-12}$$

式中：x_c 和 y_c 分别是基模电场沿 x 方向和 y 方向的中心坐标。

$$\omega_{\text{eff}}^2 = \frac{\omega_x^2 + \omega_y^2}{2} \tag{5-13}$$

式中：ω_{eff} 即 ω_{PCF}。

$$\text{MFD}_{\text{PCF}} = 2\omega_{\text{eff}} \tag{5-14}$$

光子晶体光纤与传统单模光纤耦合的理论计算，一般通过时域有限差分法、超格子法、有限元法、有效折射率法等方法计算光子晶体光纤的模场直径，损耗计算公式如下：

$$\alpha = -20\lg\left[\left(\frac{2\omega_{\text{PCF}}\omega_{\text{SMF}}}{\omega_{\text{PCF}}^2 + \omega_{\text{SMF}}^2}\right) \exp\left(\frac{-2\mu^2}{\omega_{\text{PCF}}^2 + \omega_{\text{SMF}}^2}\right) \times \exp\left(\frac{-k_0^2 n_s^2 \theta^2 \omega_{\text{PCF}}^2 \omega_{\text{SMF}}^2}{\omega_{\text{PCF}}^2 + \omega_{\text{SMF}}^2}\right)\right] \tag{5-15}$$

式中：α 表示耦合损耗；ω_{PCF} 为光子晶体光纤的模场直径；ω_{SMF} 表示传统光纤的模场直径；μ 是横向偏移；n_s 为光纤折射率；θ 为纤芯倾斜角度。

当对准较为精确时，对准误差 μ、θ 均趋于 0，可忽略不计，则式（5-15）可简化为

$$\alpha = -20\lg\left(\frac{2\omega_{\text{PCF}}\omega_{\text{SMF}}}{\omega_{\text{PCF}}^2 + \omega_{\text{SMF}}^2}\right) \tag{5-16}$$

通常由于光子晶体光纤的多孔结构导致其模场程椭圆形分布而非圆形，如图 5-11(b) 所示，致使光子晶体光纤的模场直径分为长轴直径和短轴直径，其模场失配导致的熔接损耗可以进一步优化表示为

$$\alpha_{\text{PCF}} = -10\log \frac{4\omega_1\omega_2\omega_{\text{SMF}}^2}{(\omega_1^2 + \omega_{\text{SMF}}^2)(\omega_2^2 + \omega_{\text{SMF}}^2)} \tag{5-17}$$

式中：ω_1 和 ω_2 分别为光子晶体光纤的长轴模场直径和短轴模场直径。

由前文实芯光子晶体光纤结构参数设计，不同空气填充比下等效模场直径与

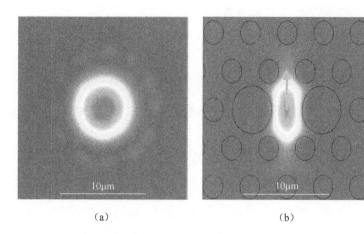

图 5-11　不同结构光子晶体光纤基模电场能量分布图
(a)圆形模场分布图 ;(b)椭圆形模场分布图。

归一化频率 Λ/λ 的对应关系可知,模场直径随 Λ 增大而增加,随 d/Λ 增加而减小。Λ 增大和 d/Λ 的减小可以理解为包层束缚力的减小,从而导致模场直径的增大。这对熔接中不同模场直径光纤的匹配有重要意义。在光子晶体光纤实际应用中,传统光纤的模场直径往往大于光子晶体光纤的模场直径,为了减小耦合损耗,满足实际应用需求,通常采用使空气孔微塌陷的方式来增大光子晶体光纤的模场直径,降低熔接损耗。

5.2.3　光子晶体光纤微孔塌陷影响分析

具有微孔结构的光子晶体光纤在熔接过程中,高温使石英发生熔融,其黏度降低,表面张力导致微孔塌陷,塌陷速度可由式(4-1)表示[6-7]。在熔接温度范围内,光纤的表面张力对温度不敏感,而黏度则随着温度的上升快速下降,因而空气微孔会随着熔接的进行而快速塌陷。光子晶体光纤熔接过程不可避免地存在微孔塌陷现象,微孔塌陷程度进而影响熔接损耗和可靠性水平。如何精密控制熔接温度场均匀性以避免严重的微孔塌陷是光子晶体光纤熔接的关键点。

$$V_{\text{collapse}} = \frac{\gamma}{2\eta} \qquad (5-18)$$

式中:γ 为表面张力;η 为黏度。

当采用光纤熔接最常见的电弧放电熔接方式时,如果直接使用传统单模光纤熔接常规设置,对于光子晶体光纤而言,电弧放电能量过高,所施加的热量将会使光子晶体光纤的空气孔在接头部分严重塌陷,如图5-12所示,端面附近的光子晶体光纤波导结构被破坏,导致熔接损耗巨大。

图5-12　采用电弧放电传统单模光纤常规设置时空芯光子晶体光纤端面严重塌陷

5.2.3.1　不同空气填充率光子晶体光纤的塌陷机理分析

不同种类光子晶体光纤具有不同的微孔结构,熔接过程中微孔塌陷程度存在明显差异[9]。适用于某种光子晶体光纤的熔接解决方案在应用于其他类型光子晶体光纤时通常会失效。深入研究微孔塌陷对不同类型光子晶体光纤熔接损耗的影响,揭示影响熔接损耗的物理机制,有助于确立光子晶体光纤熔接最佳方式。选取如图5-13所示两种不同填充率的光纤进行研究。

（a）　　　　　　　　　　　　（b）

图5-13　不同空气填充率光纤端面图
（a）低填充率光纤；（b）高填充率光纤。

对于低空气填充率的光子晶体光纤,主要由石英构成,可忽略空气孔带来的温度梯度,认为光纤从表面到纤芯的温度一致。当加热到软化温度时,其包层所有空气孔开始塌陷,且塌陷速度一致。如图5-14所示为低空气填充率光子晶体光纤不同加热功率下的光纤熔融端面图,可以看到,光子晶体光纤的空气孔塌陷状况较为均匀,且随着加热次数的增加,空气孔基本全部塌陷,这时光纤的波导结构被严重破坏,熔接损耗必然大增,熔接过程中也要避免这种情况的发生。

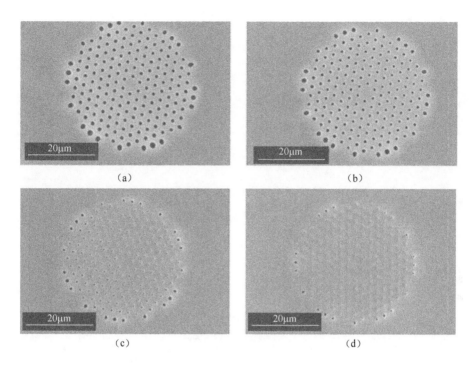

图 5-14 低空气填充率光子晶体光纤在放电电流为
2mA 时不同加热时间的空气孔塌陷实测图
(a)0.1s；(b)0.3s；(c)0.5s；(d)0.7s。

　　高空气填充率光子晶体光纤的空气孔壁非常薄,空气填充率较高,热量在空气和石英中交替传播,从光纤外部到达纤芯存在一个较大的温度梯度,光纤外周温度远高于纤芯温度,致使光纤外周先达到软化温度,外周空气孔先塌陷,如图 5-15 所示,外周空气孔先出现塌陷状况。

　　为了避免这种空气孔塌陷不一致的情况,可以通过熔接实验选取一组较为合适的熔接参数,用低加热功率保证两光纤实现熔融且不断开,执行再加热强化熔接强度,直至熔接损耗最低。采用低功率多次加热的方式,使光子晶体光纤受热温度保持在较低水平,保证热量可以传递到光纤内部的同时,减缓外周空气孔塌陷速率,此方式可以有效实现高空气填充率光纤的可靠熔接。

5.2.3.2　光子晶体光纤熔接力学特性分析

　　光子晶体光纤的空气孔受到重力 F_g、毛细孔内外压强差产生的压力 F_p、表面张力 F_σ 和热应力 F_ε 的作用,其受力 F 可以表示为

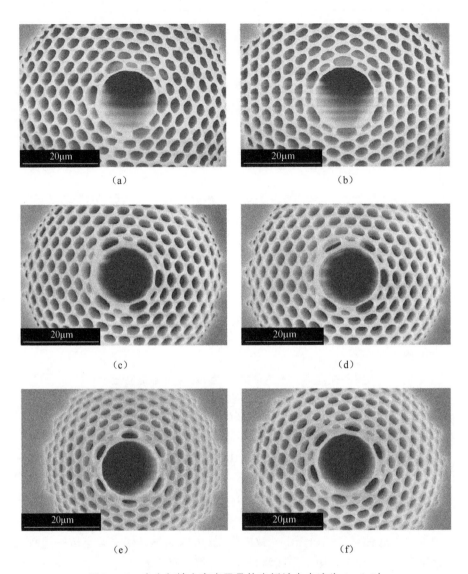

图 5-15　高空气填充率光子晶体光纤放电电流为 1mA 时
不同放电时间的空气孔塌陷情况实测图

(a)0.1s；(b)0.2s；(c)0.3s；(d)0.4s；(e)0.5s；(f)0.6s。

$$F = F_g + F_p + F_\sigma + F_\varepsilon \tag{5-19}$$

对光纤空气孔的热应力已进行了仿真研究，表明热应力导致的形变量量级很小，可忽略不计，其受力情况如图 5-16 所示。熔接时，待熔光子晶体光纤的空气孔内外相通，内外压强相等，即 $F_p = 0$。因此熔接时光纤主要受重力和表面张力作

用影响,可表示为

$$F = F_g + F_\sigma \tag{5-20}$$

P 点受力可分解为

$$F_x = \sigma\left(\frac{1}{R} + \frac{1}{r}\right)r\sin\theta \mathrm{d}z\mathrm{d}\varphi \tag{5-21}$$

$$F_y = \left[\rho g(R - y) + \sigma\left(\frac{1}{R} + \frac{1}{r}\right)\cos\theta\right]r\mathrm{d}z\mathrm{d}\varphi \tag{5-22}$$

式中:σ 为表面张力系数;R 为光纤半径;r 为空气孔半径;ρ 为石英的密度;g 为重力加速度。

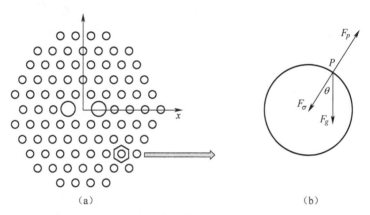

图 5-16　光子晶体光纤受力分析示意图

(a) 光子晶体光纤端面图 ;(b)空气孔受力分解示意图。

由力学原理可知 P 点在 x 方向和 y 方向的位移距离 S_x、S_y 分别为

$$\frac{\partial^2 S_x}{\partial t^2} = \frac{F_x}{\eta m} \tag{5-23}$$

$$\frac{\partial^2 S_x}{\partial t^2} = \frac{F_x}{\eta m} \tag{5-24}$$

式中:m 为质量。

设定形变的初始变量均为 0,则光子晶体光纤内孔的形变表示为

$$S = \frac{\sqrt{F_x^2 + F_y^2}}{\eta m}t^2 \tag{5-25}$$

式中:t 为熔接时间。

Eyring 分子动力理论可得:

$$\eta = \frac{h\rho N_A}{M}\exp\left(-\frac{E_0}{R'T}\right) \tag{5-26}$$

$$\sigma = \frac{0.3}{(N_A)^{\frac{1}{3}}} \left(\frac{\rho}{M}\right)^{\frac{2}{3}} \tag{5-27}$$

式中：h 为普朗克常量；N_A 为阿伏伽德罗常数；E_0 为 SiO_2 活化能；R' 为摩尔气体常数；T 为温度。

光子晶体光纤各空气孔位置不同，即各空气孔边界各点所受重力各不相同，其表面张力方向也不同。通过分析可知，不同熔接能量作用下，空气孔产生形变所需熔接时间有所差异，即能量越小，所需加热时间越长；且随熔接能量的增加，空气孔的形变增大。因此可以选择一组较小的熔接能量和较长的加热时间来实现。注意，过长的加热时间易造成热量过多地沿着光纤轴向进行传递，可通过多次加热的方式实现高质量熔接。

5.2.4 熔接参数影响分析

前面讨论了光子晶体光纤熔接损耗的主要来源，针对上述问题提出解决方案，便可确定熔接的方式方法和熔接参数。对于机械对准问题，通过操作手法和熔接机的精确控制，可以有效改善，这里不再讨论。而光子晶体光纤熔接的难点在于气孔塌陷问题，控制光子晶体光纤熔接过程中的气孔塌陷，有效的方法是在熔接光子晶体光纤时选择比熔接传统光纤更弱的熔接加热功率和更短的熔接时间。在光子晶体光纤与传统光纤熔接时，需选择合适的能量，保证充分熔融光子晶体光纤和传统光纤端面，以获得良好的熔点机械强度，同时尽量减少气孔的坍塌。通常，熔接参数确定，需在熔接损耗和机械强度之间权衡。

除熔接电流和熔接时间参数以外，重要的熔接参数还有重叠量、偏移量。

光纤熔接过程中，两端光纤对准后，光纤端面彼此接触，加热的能量软化光纤端面，随后两端光纤向熔点方向推进，推进的距离称为重叠量。当熔接能量较低时，光子晶体光纤前端未充分软化，两端光纤向熔点推进，较大的重叠会导致光纤弯曲，从而增加耦合损耗。因此，在光子晶体光纤熔接过程中需优化重叠参数。

光子晶体光纤的软化点比传统光纤的软化点低，应在加热做功的中心点和光纤接续点之间引入偏移量，如图 5-17 所示，使热源中心远离光子晶体光纤，因而相比传统光纤末端，热源对光子晶体光纤末端的影响较弱。这种偏移熔接方法具有两个优点：一是确保施加到光子晶体光纤的热量较少，更易于控制气孔的塌陷；二是通过向传统光纤施加更多的热量来平衡熔融状态，因传统光纤具有更高的温度软化点。

当光子晶体光纤和传统光纤模场直径接近时，通过设定适当的熔接电流、熔接时间、偏移和重叠等参数可实现机械强度高、气孔塌陷程度可控的低损耗熔接，如图 5-18 所示。然而，当光子晶体光纤与传统光纤模场不匹配时，即便空气孔塌陷

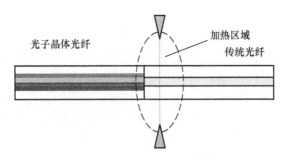

图 5-17 光纤熔接偏移量设置示意图

程度控制得较为理想,熔接损耗仍就较大。通常采用过渡光纤和主动控制空气孔塌陷程度的方式匹配两端模场,以减小熔接损耗。

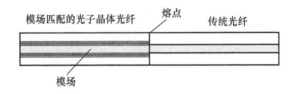

图 5-18 模场匹配时光子晶体光纤熔接

如图 5-19 所示,过渡光纤的一端通过热处理的方式将纤芯扩展与待熔接一端光纤模场匹配,起到模场直径转换的作用,规避模场失配对熔接损耗造成的影响。

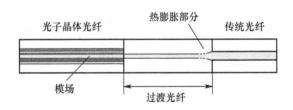

图 5-19 采用过渡光纤匹配两端模场

这里,我们将使用与光子晶体光纤匹配的小芯光纤作为过渡光纤,过渡光纤的未被扩展一端与光子晶体光纤熔接,将过渡光纤另一端经热处理扩展为具有与传统光纤相同的模场直径,与传统光纤匹配熔接,如图 5-19 所示。

解决模场不匹配的另一种方案是通过重复熔融加热来控制气孔塌陷的程度,以实现小芯光子晶体光纤和传统光纤之间的低损耗拼接,而无需任何中间光纤,如图 5-20 所示。该方法的原理是利用熔接机逐步控制光子晶体光纤空气孔的塌陷,在光子晶体光纤的界面获得与传统光纤模场匹配的放大模场,同时优化光子晶体光纤中的空穴塌陷速率,实现纵向绝热模场变化,以降低跃迁损耗。为了逐渐坍塌光子晶体光纤中的孔,在初始熔融加热后的短时间内重复地将较弱的加热功率施加在拼接接头上,以实现光子晶体光纤和传统光纤之间在拼接界面上的最佳模式场匹配,如图5-21所示,图5-21(a)为熔融加热前光子晶体光纤模场分布图,图5-21(b)为熔融加热后空气孔微塌陷的模场分布图,从两个图可以看到空气孔微塌陷后模场变大。然而,对于高填充率的小芯光子晶体光纤,即使气孔塌陷,模场也不会扩大;因此,这种空气孔微塌陷的方法不能用于这种小芯光子晶体光纤,必须使用中间光纤来降低拼接损耗。

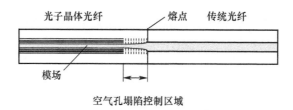

图5-20　采用空气孔塌陷匹配两端模场

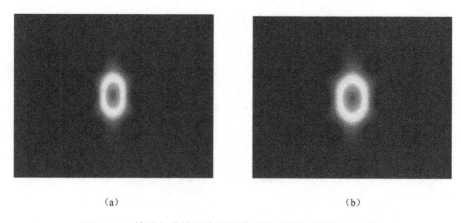

(a)　　　　　　　　　　　　　　　　(b)

图5-21　熔融加热前后光子晶体光纤端面电场能力分布图
(a)熔融前;(b)熔融后空气孔微塌陷。

5.3　光子晶体光纤低损耗熔接的实现方法

针对光子晶体光纤陀螺的应用,这里主要以光保偏光子晶体光纤和普通单模保偏光纤的熔接进行介绍。

5.3.1 光子晶体光纤低损耗熔接测试方法

为满足光纤陀螺需求,实验用光源选用 C 波段宽谱掺铒光纤光源作为输入光源[8]。因为光子晶体光纤的模场直径通常小于传统光纤,从传统光纤到光子晶体光纤的光传输会有泄漏损耗,而光纤陀螺的闭环光路传输又是双向传输,故而在熔接损耗时不能单一地考虑某一方向的损耗。

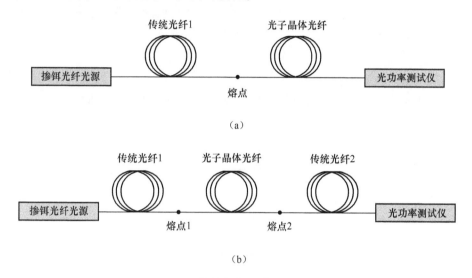

图 5-22 熔接损耗测试装置示意图
(a)单熔点损耗测试示意图;(b)双熔点损耗测试示意图。

图 5-22 为熔接损耗测试装置示意图。首先,一定长度的传统光纤 1 与掺铒光纤光源可靠熔接,记录传统光纤输出光功率为 P_1,一定长度的待熔光子晶体光纤一端连接光功率测试仪,另一端与传统光纤进行熔接实验,该熔点记为熔点 1,熔接后测试光功率值,记为 P_2,熔接损耗 $P = P_1 - P_2$。当光子晶体光纤损耗远小于熔接损耗时,光纤损耗可忽略不计,若光子晶体光纤本身损耗较大,则测试熔接损耗时需要考虑减去光纤损耗。通过该记录方式调整光纤熔接参数,待参数调整较为理想后,引入传统光纤 2,进一步优化熔点 2 的熔接参数,测试并记录光功率,计算得熔接损耗值。

5.3.2 光子晶体光纤低损耗熔接参数优化方法

通常采用多参数变量法和逐一变量方法对熔接参数进行调节。多参数变量法因其调整变量多,很难考量每个变量的影响大小,通常是对光纤和熔接技术有一定基础,进行初步调整时采用。逐一变量调整法针对单一参数调整,可直观了解参数影响,但逐一调整耗时较长,对于所需调整参数较多的熔接太过繁琐。光子晶体光纤不同的结构参数受热传导不同,熔接参数必然不同,这就需要大量工作来实现熔接参数的优化。可采用正交法对各熔接参数进行实验设计,简化实验次数。

首先采用逐一变量调整到相对合适的参数,再采用正交法进行参数的细化,图 5-23 为 Taguchi 三因子正交法示意图,三个以上变量适用。在已有参数基础上,选取相近参数进行正交实验,选取最优参数。

通过正交法建立正交表进行实验,记录实验所测得的熔接损耗值,可得正交实验总值 Q ,可求得 $\overline{Q}$

$$\overline{Q} = \frac{1}{n} \sum_{i=1}^{n} Q_i \qquad (5-28)$$

式中:n 为正交表中的实验总次数;Q_i 为每次实验测试的损耗值,同一参数下重复实验时取该参数下实验的平均值。

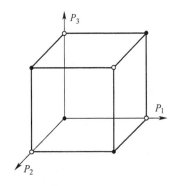

图 5-23　正交设计示意图

记参数 P_j 在水平 k 下引起的熔接参数效应为

$$Q_{P_j=k} = \frac{1}{N_{P_j=k}} \sum_{i=1}^{n_{P_j=k}} Q_{(i\,|\,P_j=k)} \qquad (5-29)$$

式中:$Q_{(i\,|\,P_j=k)}$ 为参数 P_j 设置为水平 k 时引入其他变量下的损耗值;$N_{P_j=k}$ 为 P_j 在水平 k 时的实验个数;$Q_{P_j=k}$ 为 P_j 在水平 k 时实验所得各损耗值的均值。计算在各水平值下所得 $Q_{P_j=k}$,损耗均值最小的水平 k 所对应的参数值即为该参数在实验设计下最为合理的参数值,记为 $P_{\min}$ 。

5.3.3　光子晶体光纤低损耗熔接实践方法

这里针对光纤陀螺用保偏光纤的熔接进行探讨。考虑到电极式熔接机的广泛应用,实芯光纤的熔接采用电极放电式熔接,空芯薄壁结构熔接采用二氧化碳激光器熔接机熔接。

5.3.3.1 实芯光子晶体光纤的熔接

实芯光子晶体光纤低空气填充率低,熔融加热温度相对一致,熔接较空芯难度小。图5-24为本次待熔两光纤的端面扫描电镜实测图。

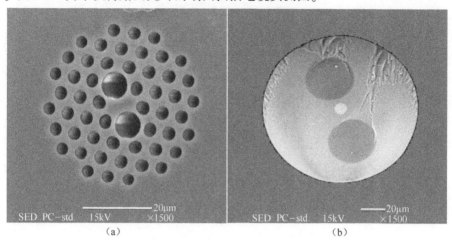

图 5-24 待熔光纤端面图
(a)光子晶体光纤端面图;(b)普通保偏光纤端面图。

光纤熔接的机械误差可以通过光纤端面的处理操作尽量保证光纤端面清洁平整,如图5-25(a)所示。光纤熔接机可精确判定光纤的切割角度和对准情况,如图5-25(b)所示。不再赘述与讨论,这里的熔接参数优化以光纤制备无问题为基础进行。

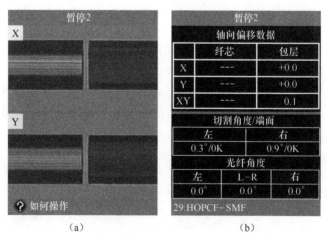

图 5-25 光纤制备的判定
(a)光纤端面观测;(b)光纤角度读取。

前文已描述熔接主要需要考虑调整的参数,熔接的实用性更要兼顾空气孔塌陷情况、熔接损耗和熔点抗拉强度[9]。为满足光纤陀螺的使用需求,设定熔接损耗值和抗拉强度需要满足的范围,以此为基础进行优化调节。

首先按照图5-22(a)所设计的实验装置进行实验,采用逐一调整方式,如图5-26所示参数调节顺序,每次固定其他熔接参数,调整单一参数,直至参数全部调节完成,即可得到一组较为合适的熔接参数,记为熔点1。调节过程中,通过光功率测试仪记录熔接损耗,查看熔接机图像读取的光纤熔接是否熔接完好、光纤是否有塌陷、光纤重叠是否引入光纤弯曲来判断调节的熔接参数是否合理。该实验参数调整以熔接完好、光纤无坍陷为宜。

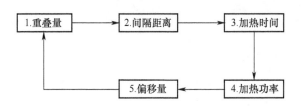

图5-26　实芯光子晶体光纤熔接主要调试参数

如图5-22(b)所示,引入普通保偏光纤2与光子晶体光纤熔接,测试光子晶体光纤到普通保偏光纤熔接损耗。以上述熔点1调节参数为基准,按照图5-26所需要调节的熔接参数按一定顺序调节,进一步降低熔接损耗,提高熔接质量。为了降低光子晶体光纤与普通保偏光纤模场失配问题,采用提升熔接时的加热功率,使光子晶体光纤空气孔微塌陷来增大其模场直径的方法[10]。以此方式优化的熔接参数作为基础参数,可采用正交实验设计(Design of Experiment,DOE)法来进一步优化。

保偏光纤的熔接还要考虑熔接对轴角度问题,保证光路的高消光比输出,通常采用可实现光纤端面成像的熔接设备进行该操作,以便准确观测两光纤端面,采取手动调整或自动对轴的方式来实现。另外,由于光子晶体光纤的空气孔结构布局问题,通常x方向的折射率大于y方向的折射率,这就导致光子晶体光纤的快慢轴和普通保偏光纤的快慢轴刚好相反,不能按照普通光纤的熊猫孔正对的方式进行对轴熔接,需要旋转90°来保证快慢轴的对接[11],如图5-27所示。

5.3.3.2　空芯光子晶体光纤的熔接

如图5-28所示,空芯微孔的薄壁结构大大增加了熔接难度,因此采用二氧化碳激光熔接机来实现其熔接是比较理想的方式。熔接的参数调整方法与实芯熔接相近,特别需要注意的是通过多次加热的方式熔接可以有效降低空气孔塌陷的不

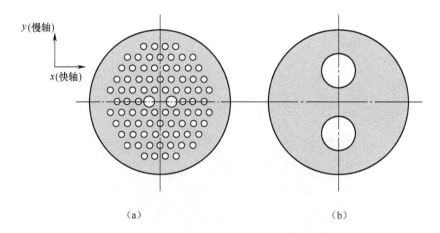

（a）　　　　　　　　　　　　（b）

图 5-27　保偏光纤的旋转对轴示意图
（a）光子晶体保偏光纤；（b）普通熊猫保偏光纤。

均匀性，故而需要引入再加热这一变量，如图 5-29 所示采用逐一参数优化法得到可实现光纤熔接的参数，再用正交实验法优化参数。根据光纤陀螺需求定义熔接损耗和抗拉强度值，以此为基础优化参数，使熔接损耗和抗拉强度达到合理且尽量小的数值。

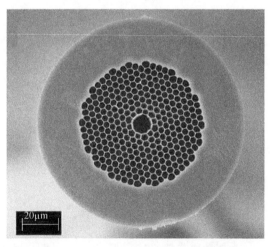

20μm

图 5-28　空芯光子晶体光纤端面图

这里还需要注意的是空芯光纤和普通保偏光纤的对轴熔接，采用最大功率法手动或者熔接机自动旋转光纤，以对轴功率最大时作为理想熔接的对轴角度，实现两光纤的高消光比对轴耦合。最终熔融完成后的光纤实物图如图 5-30 所示。

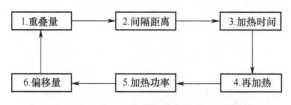

图 5-29　空芯光纤主要熔接参数调整需求

图 5-30　熔融完成后的光纤实物图

5.4　本　章　小　结

本章介绍了现行主要的三种熔接机的熔接方式方法,对各形式熔接设备的热场效应进行研究分析,详述其优劣和解决方案。对光子晶体光纤熔接损耗机理进行分析,介绍了光子晶体光纤模场失配的估算方法和降低损耗方法,以及不同空气填充率光子晶体光纤微孔塌陷效应的产生和抑制手段,从力学原理出发推导光子晶体光纤熔接时空气孔形变的理论模型。本章详述了熔接的实践以及熔接参数的优化方法,对光子晶体光纤的熔接具有实际指导意义。

 参考文献

[1] Bourliaguet B, Pare C, Emond F, et al. Microstructured fiber splicing[J].Optics Express, 2003, 11(25): 3412-3417.

[2] Zhao D, Ghalmi S, Giaretta G, et al. Experimental study on thermal profile of graphite filament and its effect on optical fiber fusion splicing[C]//CLEO: 2013, San Jose, CA, 2013, 1-2.

[3] Chong J H, Rao M K.Development of a system for laser splicing photonic crystal fiber [J]. Optics Express, 2003, 11(12): 1365-1370.

[4] Chong J H, Rao M K, Zhu Y N, et al. An effective splicing method on photonic crystal fiber

using CO_2 laser [J]. IEEE Photonics Technology Letters, 2003, 15(7): 942-944.

[5] Chong J H, Rao M K, Zhu Y N, et al. Investigations of photonic crystal fiber splicing [C]// Proceeding of the 2003 Joint Conference of the Fourth International Conference, 2003, 11: 164-166.

[6] Yablon A D, Bise R T. Low-loss high-strength microstructured fiber fusion splices using GRIN fiber lenses [J]. IEEEPhoton. Technol. Lett. ,2005, 17(1): 118-120.

[7] Yablon A D. Optical Fiber Fusion Splicing. Heidelberg, Germany:Springer-Verlag, 2005.

[8] Hui F, Li M, Ma L, et al. Investigation on near Gaussian-shaped spectrumerbium-doped fiber sourcewhich applied to the fiber opticgyroscope [C]. 24th Saint Petersburg International Conference on Integrated Navigation Systems,2017:492-496.

[9] Limin Xiao, Demokan M S, Wei Jin, et al. Fusion splicing photonic crystal fibers and conventional single-mode fibers: microhole collapse effect [J]. Journal of Lightwave Technology, 2007, 25(11): 3563-3574.

[10] FeiHui, MaochunLi. Method for fusion splicing polarization-maintaining photonic crystal fibers and conventional polarization-maintaining fiber[C]. Proc. SPIE11340, Optical Fiber Sensors and Communication,Beijing: AOPC2019:1134000(1-7).

[11] Sun Zuoming, Song Ningfang, Jin Jing,et al. Low loss fusion splicing polarization-maintaining photonic crystal fiber and conventional polarization-maintaining fiber[J]. Optical Fiber Technology,2012,18:452-456.

第6章 光子晶体光纤环圈成环技术

在光纤陀螺中,除了偏置调制和 Sagnac 效应这两种必要的非互易现象外,其他各种光学效应和干扰产生的噪声和非互易性都会在干涉测量中产生误差。光纤环圈作为陀螺中直接敏感 Sagnac 相移的传感元件,同时又对各种物理量极为敏感,光纤环圈内部产生的非互易光学误差构成了闭环干涉式光纤陀螺的主要误差源,光纤环圈的性能直接影响了陀螺的输出精度。

在光子晶体光纤陀螺中,光纤环圈采用光子晶体光纤进行绕制,虽然光子晶体光纤的各项环境适应性均优于常规保偏光纤,但为了使陀螺在实际使用环境中获得更好的精度,仍须对可能影响光子晶体光纤环圈的各项因素进行分析,并采用专门的绕制方法与绕制设备降低各种误差对光纤环圈性能的影响。

6.1 光子晶体光纤环圈性能影响因素分析

无论是采用常规保偏光纤绕制的光纤环圈,还是采用光子晶体光纤绕制成的光子晶体光纤环圈,均必须满足光纤陀螺的基本要求。包括良好的温度性能、较低的损耗、较高的偏振保持能力及高可靠性。光子晶体光纤较传统的保偏光纤有更好的环境适应能力[1],因此,光子晶体光纤陀螺的研究已经成为国际光纤陀螺技术的研究焦点。但当光子晶体光纤环圈受到不同环境因素影响时,它的物理参数同样会发生一定程度的改变,例如:当光子晶体光纤环圈感受到外界温度发生变化时,会导致光纤折射率发生改变;再如外界环境存在应力,同样会产生非互易性应力误差;这些外界干扰会严重影响光子晶体光纤环圈的性能,破坏环圈互易性,劣化环圈偏振保持能力,增大环圈损耗,降低环圈使用可靠性。建立符合光子晶体光纤特点的环圈制作方法和工艺控制要求,是光子晶体光纤在光纤陀螺应用中性能优势体现的基础,特别是温度场和应力场对光子晶体光纤环圈性能的影响需格外关注。

6.1.1　温度梯度对光子晶体光纤环圈的影响

D. M. Shupe 首次提出,当一段光纤存在着时变的温度绕动时,除非这段光纤位于光纤中部,否则两束反向传播的干涉光波不会恰好同时受到扰动。这种位置不对称的环境温度变化或应力变化是通过改变折射率在两束反向传播光波之间产生一个寄生相移。即当光纤陀螺环圈中存在位置不对称点的温度扰动时,两束反向传播的光波在不同时刻经过这段光纤将产生一个非互易相移,如图 6-1 所示。这种由温度引起的非互易相移称为 Shupe 误差[2]。

Shupe 误差的主要影响是:光子晶体光纤环圈中某段光纤存在温度梯度时,如果这段光纤不在光子晶体光纤环圈的中心位置,则两束反向传播的光波经过这段光纤时将产生一个非互易相移,它与旋转引起的 Sagnac 相移无法区分,在光纤陀螺工程化应用中将产生较大的零偏误差。当环境温度变化时,光纤纤芯材料的折射率及媒质的热膨胀系数会发生改变,从而影响光波传播的相位:

$$\phi = \beta_0 nL + \beta_0 \left(\frac{\partial n}{\partial T} + n\alpha\right) \int_0^L \Delta T(z)\,\mathrm{d}z \tag{6-1}$$

式中:n 为光纤的有效折射率;$\partial n/\partial T$ 是折射率的温度系数;α 是折射率膨胀系数;$\Delta T(z)$ 表示沿光纤并且距其起始端距离为 z 处的点的温度分布变化量。

因为 $\alpha \cdot n$ 比 $\partial n/\partial T$ 小一个数量级,所以往往忽略 $\alpha \cdot n$ 的影响。

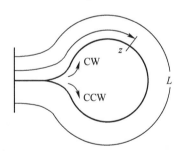

图 6-1　反向传播的光波不同时刻经过扰动点示意图

通过常规理论推导,由温度瞬态效应引起的旋转速率误差可表示为

$$\Omega_e(t) = \frac{1}{DL} \cdot n \frac{\partial n}{\partial T} \cdot \int_0^L \frac{\partial \Delta T}{\partial t}\bigg|(z,t)(L-2z)\,\mathrm{d}z \tag{6-2}$$

外界环境温度变化引起的非互易相位漂移与此段光纤上的温度变化率即温度梯度 $\partial \Delta T/\partial t$ 和与位置有关的权数 $(L-2z)$ 成正比,此点距离光子晶体光纤环圈中点越远,其因子就越大,并且当相对光纤中心位置对称的两段光纤上的温度梯度相同时,则引起的相位差相互抵消。

如第 3 章所述,时变温度梯度下三维热致旋转速率误差可以表示为

$$\Omega_e(t) = \frac{2n}{LD}\frac{\partial n}{\partial T} \cdot \left\{ \begin{array}{l} \displaystyle\sum_{i=1}^{N_{CCW}} r_i \int_0^{2\pi} \frac{\partial \Delta T}{\partial t}\Big|(r_i,\theta,z_i,t)(r_i\theta + s_{i0})\mathrm{d}\theta + \\ \displaystyle\sum_{j=1}^{N_{CW}} r_j \int_{-2\pi}^0 \frac{\partial \Delta T}{\partial t}\Big|(r_j,\theta,z_j,t)(r_j\theta - s_{j0})\mathrm{d}\theta \end{array} \right\} \tag{6-3}$$

由式(6-3)可更为直观地看出,大括号内两项由光纤环绕制方式、排纤精度以及光纤所对应的温度变化情况决定,大括号外系数 LD 由光纤环物理尺寸决定,系数 $n\,\partial n/\partial T$ 与光纤折射率性能相关。在系数 $n\,\partial n/\partial T$ 方面,实芯光子晶体光纤与传统光纤相差无几,均由石英材料代表,而空芯光子晶体光纤以空气作为光传输介质,折射率特性大为提升。可见,光纤环圈精密对称绕制仍是光子晶体光纤优势体现的前提,仍不可忽视。

采用对称绕法,例如四极、八极和十六极对称绕法,可改善光子晶体光纤环圈的抗温变能力,有效抑制 Shupe 误差,提高光子晶体光纤陀螺的温度性能。这种绕制方法需确保光子晶体光纤环圈以光纤中点严格对称,光纤环圈通常绕制层数较多,内部细微不对称的累加效应,可能使这种绕法的优势大大削弱,进而影响光子晶体光纤温度特性优势展现。在光子晶体光纤陀螺研制过程中,除了精确控制环圈绕制状态以外,同时需要针对环圈进行隔热和导热设计,合理布局光纤陀螺中的散热器件。

温度梯度效应与外界环境对光子晶体光纤环圈的热传递速率有关,热传递速率越高,热量在环圈内的积聚会越快,所产生的温度梯度效应也越大,因而降低热传递速率能够很好地抑制温度梯度效应。为了隔绝来自于外界环境的热传递,一般需要对环圈做隔热处理,尽量抑制热传递的速率,为此,可在光子晶体光纤环圈骨架上涂上绝热胶,选用陶瓷、玻璃等热传导系数小的材料制作光子晶体光纤环圈的骨架,甚至还可采用无骨架光子晶体光纤环圈设计。另外,加快光纤的热扩散速率同样可以抑制温度梯度效应,与降低热传递速率相似,该方法同样是为了避免环圈内热量的积聚,大的光纤热扩散系数能够使积聚在环圈内的热量快速地扩散出去,进而降低环境温度变化对环圈性能的影响。

6.1.2 应力对光子晶体光纤环圈的影响

应力对光子晶体光纤环圈的影响主要表现在成环时对光子晶体光纤微结构的破坏,应力不破坏光纤微结构前提下,空芯光子晶体光纤基于带隙效应导光,对外界应力不敏感,实芯光子晶体光纤中,光在石英芯中传输,无法避免弹光效应的作用,其弹光系数与传统光纤相差无异。

　　应力对实芯光子晶体光纤环圈性能产生的影响主要有扭转应力、横向应力、弯曲应力、热应力和振动应力等[3]。光纤内扭转应力的存在会使光子晶体光纤环圈偏振特性下降,在绕制光子晶体光纤环圈以前首先需要进行的工作就是退扭处理,释放掉存储在光纤中的扭转,这样可以有效减小扭转应力。随后,在一定张力控制下将一定长度的光纤按照一定规则缠绕在光纤骨架上,制成光子晶体光纤环圈,对于绕制好的环圈而言,其内部会出现一定的应力分布,外界应力会对光纤折射率等参数产生影响。当两束相干光沿相反方向在光纤中传播时,因为在不同时间内环圈上的某一部位受到同一应力效应产生的影响,而使沿顺、逆时针方向传播的两束光波之间出现非互易性相位误差,进而对 Sagnac 相移造成影响,从而对陀螺的检测精度产生影响。如前面所述,在光纤陀螺中,非互易性相位差 ϕ_s 与转速 Ω 的关系为

$$\phi_s = \frac{2\pi LD}{\lambda c}\Omega \tag{6-4}$$

式中: L 为光纤环圈长度; D 为光纤环圈直径; λ 为光源波长; c 为真空中的光速; Ω 为陀螺旋转角速度。

　　假设光子晶体光纤环圈的应力场分布函数为 $\varepsilon(l,t)$,在时间延迟 τ 内,当顺、逆时针两传输光波分别经过光纤上任意一小段 dl 时,会产生一个相位增量,其表达式为

$$d\phi_s = K_1\left[\frac{dn}{d\varepsilon} + c_s n\right]\tau\frac{\partial\varepsilon(l,t)}{\partial t}dl \tag{6-5}$$

式中: K_1 为比例系数; n 为光纤纤芯的折射率; $dn/d\varepsilon$ 为光纤纤芯折射率的应力变化; c_s 为光纤的压缩系数; τ 为延迟时间。

　　通过对整根光纤长度进行积分, L 表示光纤的总长度可以得到光纤因应力而产生的总非互易性相位差:

$$\phi_s = K_1\left[\frac{dn}{d\varepsilon} + c_s n\right]\frac{n}{c}\int_0^L\frac{\partial\varepsilon(l,t)}{\partial t}(2l - L)\,dl \tag{6-6}$$

　　考虑光子晶体光纤环圈的结构特点,我们可以假设应力仅在光子晶体光纤环圈的轴向上发生近似线性的变化,若在 $0\sim t$ 的时间内,光子晶体光纤环圈的应力变化为 $\Delta\varepsilon$,则在光子晶体光纤环圈上某一点的应力变化可以表示为

$$\varepsilon(l,t) - \varepsilon(l,0) = (l/L)\Delta\varepsilon \tag{6-7}$$

　　当 Sagnac 相移与应力所导致的非互易相移相等时,光纤陀螺的检测极限便可以确定,即

$$\Omega = \left[\frac{\mathrm{d}n}{\mathrm{d}\varepsilon} + c_s n\right]\frac{nK_1\lambda}{2\pi LD}\int_0^L \frac{\partial \varepsilon(l,t)}{\partial t}(2l - L)\mathrm{d}l \tag{6-8}$$

然后对转速进行时间积分,就得到了相应的旋转角度:

$$\int_0^t \Omega \mathrm{d}t = \left[\frac{\mathrm{d}n}{\mathrm{d}\varepsilon} + c_s n\right]\frac{nK_1\lambda}{2\pi LD}\int_0^L \frac{\partial \varepsilon(l,t)}{\partial t}\mathrm{d}t\int_0^L (2l - L)\mathrm{d}l = \left[\frac{\mathrm{d}n}{\mathrm{d}\varepsilon} + c_s n\right]\frac{nK_1\lambda\Delta\varepsilon L^2}{2\pi LD}$$

$$\tag{6-9}$$

在光子晶体光纤环圈内,横向应力对陀螺精度产生的影响与光纤应力分布的均匀性有关,光纤内应力分布得越均匀,横向应力对陀螺精度产生的影响越小。可采用对称绕法来绕制光子晶体光纤环圈同样可以抑制横向应力的影响,对称绕法的优点在于,能够使光纤中沿相反方向传播的两束相干光同时通过环圈的任意部位,也就是说 $t \to 0$ 时积分也趋近于 0,因而,大大降低了横向应力对陀螺检测精度产生的影响。此外,还需要对绕制好的光子晶体光纤环圈进行高低温温循处理,用以释放应力。在传统光纤环圈的制作过程中,环的性能还会遇到弯曲应力的影响,弯曲应力大小通常与光纤环圈的直径有关,环的直径越小,所导致的弯曲应力就会越大,然而直径过大的环圈不利于光纤陀螺的小型化,而光子晶体光纤具有弯曲不敏感性,因此,采用光子晶体光纤制作光纤陀螺环圈为解决这一问题提供了更加有利的条件。对于制作好的光子晶体光纤环圈而言,需考虑热应力和振动应力对环的影响,若光子晶体光纤环圈内热应力和振动应力的作用是严格沿光纤中心对称的,对称绕制可以有效地抑制热应力及振动应力产生的不利影响。此外,为了进一步地抑制热应力问题,光子晶体光纤环圈骨架应采用与光纤热膨胀系数匹配的材料。为了更好地抑制振动因素产生的不利影响,在绕制环圈的过程中,光子晶体光纤环圈需选用性能匹配的胶体进行填充,用以提高环圈的坚固性。

针对空芯光子晶体光纤力学特性,采用小张力精密排纤技术降低空芯光子晶体光纤受外力压迫程度。特别是在光纤换层绕制时,极易产生张力较大波动和光纤微弯,对空芯光纤产生极大伤害。通过探索空芯光子晶体光纤最小绕制张力水平,并建立绕制设备精确张力控制模型,在换层启停调整时,合理调整收纤和放纤速度以规避张力波动,设计合理的光纤跃层曲率避免空芯光纤微弯现象。

6.2 光子晶体光纤环圈绕制方法

光子晶体光纤环圈绕制是指为满足光纤陀螺工作原理及工程化需求,将一根光子晶体光纤按照一套特殊的绕环技术与绕制设备缠绕在环形工装上制成的,同时为满足陀螺振动、冲击等要求,需采用胶体对其进行固化,高精度光子晶体光纤环圈一般均采用脱骨架工艺,并对光子晶体光纤环圈进行封装。光子晶体光纤环圈制作过程涉及两种绕制:一是光子晶体光纤复绕;二是光子晶体光纤环圈绕制。

6.2.1 光子晶体光纤复绕

光纤晶体光纤复绕是指在采用光子晶体光纤进行环圈绕制之前,首先对光子晶体光纤的常规性能进行测试,并对其进行张力筛选与纤径筛查,同时对光纤存在的扭转进行退扭操作的过程。

光子晶体光纤环圈,特别是高精度环圈的成环难度大,环圈绕制周期长,成本高,在环圈绕制成环之前,对光纤晶体光纤需进行光纤长度测量、光纤内部应力测量,以及光纤偏振串音、损耗等测量。另外,在光子晶体光纤拉制、转运等过程中必然存在偏振主轴的扭转,这种扭转会导致低法拉第效应的出现,引起光纤环磁场灵敏度的变化,从而影响陀螺的精度。其中光纤拉制预制棒或光纤拉制过程中造成的光纤包层扭转,一旦光纤拉制完成将无法改变。但光纤拉制完成后由于转盘、分盘运输而导致的扭转则可通过在线退扭方法,降低其对环圈绕制过程的影响,另外在此过程中可对光纤涂覆层进行清理,降低灰尘、杂质对环圈绕制精度的影响。复绕的目标是在环圈绕制开始之前,严格控制光子晶体光纤质量,避免绕制风险。

6.2.2 光子晶体光纤环圈绕制

光子晶体光纤环圈绕制主要指将光子晶体光纤绕制在工装骨架之上的过程。该过程涉及的主要技术包括对称绕制、超低张力绕制和精密排纤。

6.2.2.1 光子晶体光纤环圈对称绕制

除了光子晶体光纤自身存在缺陷以外,影响光子晶体光纤环圈性能的主要因素是,外界温度变化导致光子晶体光纤内部折射率和应力分布发生变化,从而导致在光子晶体光纤环圈闭合回路中相向传输的两个光信号产生非互易性相位误差。通过前文光子晶体光纤环圈性能影响分析可知,采用对称绕制方法可以有效抑制温度和应力变化带来的不利影响。

对称绕法有二极对称绕制、四极对称绕制、免交叉对称绕制、八极对称绕制和十六极对称绕制等[4-14]。

二极对称绕制方法的具体缠绕过程为:光纤绕制次序示意如图 6-2 所示,其中颜色不同的圆圈代表分布环圈中点两侧的光纤,箭头方向表示环圈绕制方向。首先,取一段光纤的中点紧贴在光纤骨架内壁某一边缘的底部;然后将任意一段光纤沿顺时针(或逆时针)方向紧密缠绕在光纤骨架上,直至绕制光纤紧贴光纤骨架的另一边缘,实现该绕制方法中第一层光纤的缠绕;然后,将另外一端光纤同样沿逆时针(或顺时针)方向缠绕到光纤骨架上,直至绕制光纤紧贴光纤骨架的另一边缘,完成该绕制方法中第二层光纤的缠绕;接着,将第一层绕制结束剩余的光纤沿同一方向进行缠绕返回到第一层绕制初始位置,完成该绕制方法中第三层光纤的缠绕;最后,将第二层绕制的光纤再缠绕回到第二层绕制的初始边缘,完成该绕制方法中第四层光纤的缠绕。将剩余的光纤按照前四层绕制顺序依次缠绕到光纤骨架表面上。

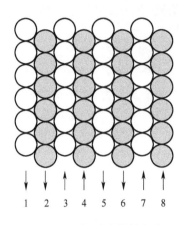

图 6-2 二极对称绕制方法

四极对称绕制方法的具体缠绕过程为:首先,取一段光纤的中点紧密贴在光纤骨架内壁的某一边缘底部;其次,将任意一端光纤按照顺时针(或逆时针)方向紧密缠绕在光纤骨架上,直至绕制光纤紧贴光纤骨架的另一边缘,实现该绕制方法中第一层光纤的缠绕;再次,将另外一端光纤按照与第一层相反的方向紧密缠绕到光纤骨架上,实现该绕制方法中第二层光纤的缠绕;接着,将第二层绕制结束后剩余的光纤按照第二层绕制方向进行缠绕直至返回到第二层绕制初始位置,实现该绕制方法中第三层光纤的绕制;最后,将第一层绕制结束剩余的光纤按照第一层绕制方向进行绕制返回到第一层绕制初始位置,完成四极对称绕制方法中第四层光纤的缠绕。将剩余的所有光纤按照前四层绕制顺序缠绕到光纤骨架表面上,其缠绕结束后的光纤绕制次序示意如图 6-3 所示。

八极对称绕制方法的具体缠绕过程为:首先,将一段光纤的中点紧密贴在光纤骨架内壁的某一边缘底部;其次,根据上述四极对称绕制方法进行光纤环前四层光纤的绕制;再次,将绕制光纤按照反四极对称绕制方法(对一层绕制顺序互换)进行后四层光纤的绕制;最后,将剩余的所有光纤按照前八层绕制方法缠绕到光纤骨架表面上,其缠绕结束后的光纤绕制次序示意如图 6-4 所示。

十六极对称绕制方法的具体缠绕过程为:首先,按照上述八极对称绕制方法进行光纤环前八层光纤的绕制;其次,将剩余的光纤按照反八极对称绕制方法(对一

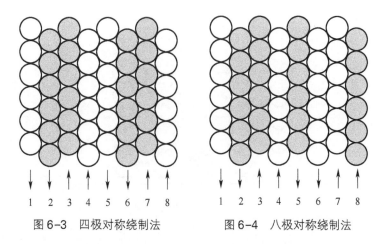

图 6-3 四极对称绕制法   图 6-4 八极对称绕制法

层绕制顺序互换)进行后八层光纤的绕制;最后,将剩余的光纤按照以上方法进行绕制直到光纤绕制全部结束,其缠绕结束后的光纤绕制次序示意如图6-5所示。

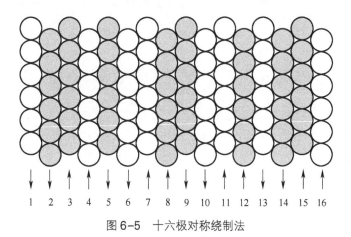

图 6-5 十六极对称绕制法

免交叉对称绕制法的具体缠绕过程为:其光纤排布次序如图6-6所示,将一段光纤的中点紧密贴在光纤骨架底部表面,并固定于距离光纤骨架两内侧边缘相等的位置处。与四极对称绕法需从绕制卡具的一端开始绕制不同,交叉绕制需从绕制卡具的中点开始绕制,如图6-7(a)所示,箭头为光纤绕制方向,图中O点为环圈中点位置。图6-7(b)为绕制第二层时,两侧光纤向中间绕制的示意图。交叉绕法的难点集中在换向交叉绕制,如图6-7(c)所示。当第三层绕制开始时,须将两侧光纤换向,绕制反向的两层。如此反复进行绕制,即可完成环圈绕制。

上述对称绕制方法对非互异性相位误差的抑制效果可通过有限元仿真分析加以对比,基于三维热致旋转速率误差表达式,建立光纤环圈温度误差离散数学模型过程如下。

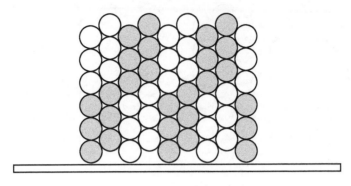

图 6-6　免交叉对称绕制法

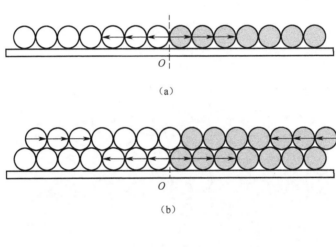

（a）

（b）

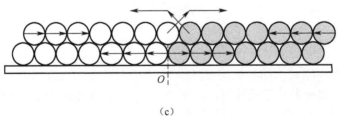

（c）

图 6-7　交叉绕制示意图

（a）交叉绕法起始绕制；（b）第二层绕制；（c）交叉绕制中的换向交叉绕制。

　　首先,建立三维光纤环圈物理模型,根据特定对称绕法下光纤各匝位置分布情况,将各匝光纤编码如图 6-8 所示,对三维光纤环圈模型进行有限元网格划分如图 6-9 所示,图中不同的颜色表示环圈中不同的材料组分(包括纤芯、内外涂覆层和环圈填充胶体等材料),随后施加温度激励等边界条件,数值仿真分析热传递过程获得每一匝光纤温度变化过程,以得到每一匝光纤的温度变化率。光纤绕制分布和与其相对应的温度变化率均已知,最后将光纤位置分布与温度变化率代入式(6-3),即可数值求解特定对称绕法的热致非互易相位误差抑制能力。基于相同的方式,亦可仿真分析光纤环圈应力致非互易相位误差抑制效果。

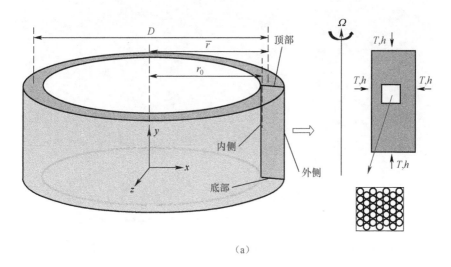

(a)

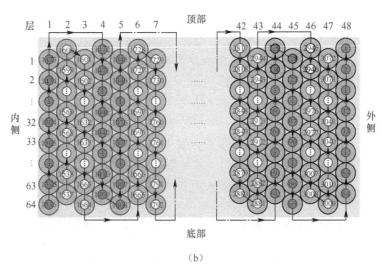

(b)

图 6-8　光纤环圈对称绕法数学模型(彩图见插页)
(a)光纤环圈及其剖面示意;(b)光纤环圈剖面中光纤绕制顺序及其编号。

　　光纤环圈对称绕制方法非互易性相位误差抑制水平对比如下:免交叉对称绕法抑制能力最好,十六极绕法、八极对称绕制方法与四极对称绕制方法抑制能力依次递减。

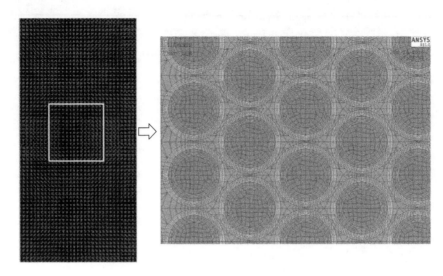

图 6-9　光纤环圈网格划分(彩图见插页)

免交叉绕制方法由于从中心位置可以分为四极对称绕制方法和反四极对称绕制方法的结合,通过免交叉绕制方法得到的光纤环从骨架的中心点所在平面分开之后,左半平面与右半平面光纤的温度变化相互抵消,但是在中间位置两段光纤都需要换层绕制,所以该绕制方法对非互易相移误差抑制增强。由于免交叉绕制方法需要保证光纤中点位置位于骨架中点所在平面,并且在每层的中点位置左右两侧都需要换层绕制,绕制过程排线精度要求更加严格,所以对绕制设备要求较高。

对四极对称绕制方法、八极对称绕制方法和十六极绕制方法的具体绕制过程比较发现:这三种对称绕制方法的内核是四极对称绕制,八极对称绕制方法是基于四极对称绕制方法和反四极对称绕制方法,在光纤环绕制过中需要前四层采用四极对称绕制方法,接下来四层则需要反四极对称绕制方法,通过每四层光纤绕制方法变化得到八极对称绕制方法,而十六极绕法由正反两个八极绕制而成,总的绕制层数必须是十六的倍数。相比十六极绕法,八极绕法有利于减小跃层导致的绕制不对称性。

各类光纤环圈对称绕制的过程中,光纤层数较多,均会频繁跃层,则下层光纤会受到当前绕制光纤的作用力,同时跃层处绕制光纤发生的微弯曲现象增强,除产生应力附加双折射以外极易削弱环圈绕制对称性,光纤跃层绕制次数的增加必然会一定程度影响光纤环圈的性能,尤其是面对温度变化该跃层区域极易产生非互易性相位误差。因此,光子晶体光纤环圈不管采用何种对称绕制方法,均需严格控制在跃层区域中高概率发生的由绕制引起的光纤内部应力突变点个数,从而有效降低光子晶体光纤环圈中的热致非互易性相位误差。此外,采用超低张力绕制技术可将下层光纤受压程度控制在合理范围内。

6.2.2.2　光子晶体光纤环圈超低张力绕制

光子晶体光纤环圈绕制过程中的超低张力绕制技术是光子晶体光纤环圈绕制的核心技术之一,主要控制参数包括光子晶体光纤环圈绕制张力大小与张力波动范围,绕制张力越大,绕制操作越容易,但过大的绕制应力会使光子晶体光纤受到较大外力影响,从而影响光子晶体光纤环圈的各项性能,甚至破坏光子晶体光纤内部的微纳结构单元。光子晶体光纤环圈绕制张力的波动大小及张力稳定性也对光子晶体光纤环圈的性能产生影响,特别是在光子晶体光纤环圈绕制启动、停止操作过程中如何保证其张力稳定性是影响光子晶体光纤环圈内部应力的关键因素,光子晶体光纤环圈绕制过程中的张力控制基本是由光子晶体光纤环圈绕制设备的张力控制精度决定。在未破坏光纤微结构前提下,在光子晶体光纤环圈绕制过程中,绕制应力过大及其不均匀程度会导致光纤环圈消光比下降。

待绕制光纤被操控至预定位置,期间伴随着扭转、弯曲、纵向张力和横向压力等受力过程。这些受力程度若不合理地控制会对光子晶体光纤产生不利的影响,进而影响成环性能。

张力控制不佳导致光纤扭转进而产生双折射效应:

$$\beta_r = 2\lambda G \phi_\tau / \pi \tag{6-10}$$

式中: λ 为波长; $G = EC/(1-\nu)$, E 为杨氏模量, C 为光弹系数, ν 为泊松比; ϕ_τ 表示扭转率。

弯曲应力引起的附加双折射效应可表示为

$$\beta_b = 0.5 C_s \frac{r^2}{R^2} \tag{6-11}$$

式中: $C_s = 0.5 k_0 n_0^3 (p_{11} - p_{12})(1 + \nu_p)$, p_{11} , p_{12} 是光纤的弹光系数, ν_p 是泊松比; r 是光纤半径; R 是环圈弯曲半径。

当光纤受到大小为 F 的径向张力缠绕在绕环工装上时,将会产生一个附加的线性双折射叠加在自由弯曲产生的双折射上,这个附加双折射 β_{tc} 是由轴对光纤产生的径向的压力产生的:

$$\beta_{tc} = C_s \frac{2 - 3\nu_p}{1 - \nu_p} \frac{r}{R} \varepsilon \tag{6-12}$$

式中: $\varepsilon = F/(\pi r^2 E)$,为沿轴向的平均张力。

不对称的横向压力产生的双折射由弹光效应引起,当光纤受到外界横向压力时,其线性双折射为

$$\beta_f = 4C_s \frac{f}{\pi r E} \tag{6-13}$$

式中：f 为线压力(单位长度上的压力)，上式适用于光纤受压后不变形的情况，当受压发生变形后，将要乘上因子 $\pi/8$。

为实现光子晶体光纤环圈的超低张力绕制，一般采用张力比例、积分、微分(Proportion Integration Differentiation，PID)控制算法，PID 控制算法是最早产生的控制算法，因为具有可靠性高、控制效果好、稳定性好以及调试方便等优点，广泛应用于工业生产过程中，是应用最广泛的控制算法。PID 控制器是一种线性的控制器，其输出是系统偏差的比例、积分以及微分的线性组合。连续 PID 控制规律的微分方程为

$$u(t) = K_p e(t) + K_1 \int_0^t e(t)\,\mathrm{d}t + K_D \frac{\mathrm{d}e(t)}{\mathrm{d}t} \tag{6-14}$$

式中：$u(t)$ 表示 PID 控制器的输出；$e(t)$ 表示 PID 控制器的输入，是系统偏差，等于给定量与输出量的差；K_p 为比例系数；K_1 为积分系统；K_D 为微分系数。

PID 控制器各环节作用如下：在比例环节中可以提升光子晶体光纤绕制超低张力控制系统的快速性，同时，在系统存在稳态误差时，可以减少稳态误差，但无法消除。积分环节可以消除稳态误差，同时可以增强张力控制系统的抗干扰能力。微分环节可以在系统偏差变化前进行修正，从而提高张力控制系统响应速度，缩短调节时间。

6.2.2.3　光子晶体光纤环圈精密排纤

在传统保偏光纤环圈中，光纤排布一般采用螺旋式排布，如图 6-10 所示。该排布方式工艺成熟，实现简单，绕制效率高，虽然会引起一定的光纤侧向应力，但传统光纤由于有石英纤芯的存在，对这类侧向应力有较好的抵抗能力，基本不会对螺旋引入额外的误差。

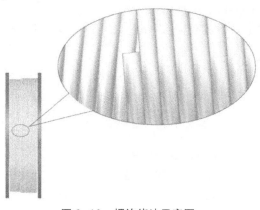

图 6-10　螺旋绕法示意图

　　光子晶体光纤对此类侧向应力十分敏感,需对光纤进行更精密的排纤,以降低因排布引起的侧向应力对光子晶体光纤微结构的影响。拟采用正交排纤技术取代传统的螺旋式排纤,实现光子晶体光纤的精密低张力排布。正交排纤方法是在传统螺旋排纤方法的基础上结合全自动光纤环圈绕制设备主轴进给方式的改变而发明的。该排布方式可以有效降低侧向应力对光纤的影响,如图 6-11 所示,每一匝的绝大部分光纤绕制过程中无侧向进给力,仅在局部区域进行光纤侧向进给,最大程度消除光纤成环过程中的侧向应力。

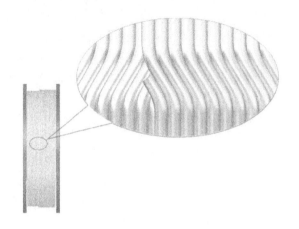

图 6-11　正交绕法示意图

　　正交绕制不但能降低绕制过程中侧向应力对光纤的影响,还能进一步降低由于非均匀侧向应力引起的光纤排布误差,进一步提升光子晶体光纤环圈的绕制排布对称性。图 6-12 为采用光子晶体光纤进行正交排布的实物环圈切片图,可见采用正交排布后环圈中光纤排布呈现整齐的"品"字形。

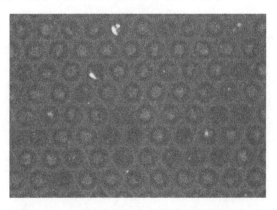

图 6-12　正交排布绕制光子晶体环圈实物图切片

6.3　光子晶体光纤环圈性能在线监测技术

高精度光子晶体光纤环圈成环绕制层数多,绕制周期长,即便采用精密机械精密辅助排纤装置及超低张力控制系统将长光纤绕制成环,大纤长光子晶体光纤环成品率仍难以保证。因为即使满足绕制成环过程对张力、排纤精度的要求,仍有一些误差影响着光子晶体光纤环圈最终的温度性能,例如纤径误差引入的微小误差,沿光纤径向的应力误差等都会随着光纤绕制长度的增加而积分放大,成为制约大尺寸环圈温度性能的主要因素。通常,环圈测试都在成环后进行,一旦检测出光纤环的温度性能无法满足要求,环圈只能降级使用或报废处理。

在环圈绕制成环过程中对光子晶体光纤环圈绕制的各项核心指标进行在线实时检测,一旦检测出问题可及时进行相应的处理,避免问题在绕环过程中进行累加。主要的监测技术手段包括分布式偏振态监测、在线高阶模式分布式检测与误差抑制技术,以及光子晶体光纤环圈温度性能监测。

6.3.1　在线分布式光纤偏振态监测方法

在光子晶体环圈绕制越纤操作等绕制过程中,如果光纤的分布式偏振态发生改变,一方面证明,在光子晶体光纤越层过程中绕制操作对光纤的偏振保持能力生产的影响;另一方面也反映了光子晶体光纤越纤精密控制过程引入的附加应力对光子晶体光纤微结构产生了影响。可根据检测的结果对越纤精密控制参数等环圈绕制参数进行实时参数调整,降低非理想操作对光子晶体光纤微结构的影响。

偏振串音检测原理如下:在光子晶体光纤环绕制时,由于附件绕制应力,受迫微弯等作用会引起光子晶体光纤微结构发生形变,引起其偏振保持能力发生衰退。即在输出端除了能够检测到 HE_{11}^x 模的功率 $P_x(l)$,在与其垂直的方向上还能检测到少量的 HE_{11}^y 模的功率 $P_y(l)$。偏振串音表示为

$$\text{CT} = 10\lg \frac{P_y(l)}{P_x(l) + P_y(l)} \tag{6-15}$$

式中:CT 表示偏振串音; $P_x(l)$、$P_y(l)$ 分别表示输出的 HE_{11}^x 模和 HE_{11}^y 模的光功率值; l 表示被测光纤的长度。

偏振串音与模耦合参量 h 有密切联系。

耦合方程:

$$\begin{cases} \mathrm{d}P_x(z) = h[P_y(z) - P_x(z)]\mathrm{d}z \\ \mathrm{d}P_y(z) = h[P_x(z) - P_y(z)]\mathrm{d}z \end{cases} \tag{6-16}$$

根据边界条件:

$$\begin{cases} P_x(0) = P_0 \\ P_y(0) = 0 \end{cases} \tag{6-17}$$

得

$$\begin{cases} P_x(z) = \dfrac{P_0}{2}(1 + e^{-2hz}) \\ P_y(z) = \dfrac{P_0}{2}(1 - e^{-2hz}) \end{cases} \tag{6-18}$$

当 $hz < 1$ 时可近似得：

$$CT \approx 10\lg \frac{P_0 hz}{P_0} = 10(\lg h + \lg z) \tag{6-19}$$

偏振串音降低光纤的偏振保持能力，导致系统偏振消光比降低，进而影响系统性能。另一方面，偏振串音现象也从一个侧面反映了光子晶体光纤各类使用过程中的工艺或技术缺陷对光子晶体光纤微结构的损伤。

利用上述原理，研制分布式偏振串音分析仪，基本功能是光纤环缺陷点精确定位以及光纤环缺陷点缺陷大小、光纤环消光比及损耗等参数的测量。图 6-13 为检测原理示意图，检测方式为：一个低相干宽带光源出射光经起偏后耦合入光纤，由于在高保偏光纤中只能传输 HE_{11}^x、HE_{11}^y 两种偏振模式，使入射偏振方向与保偏光纤的一个特征轴相同，则只有一种偏振模式被激发，且在理想情况下只有该偏振模式在光纤中传播。当光纤中某一点发生偏振串音时，一部分光能将耦合到正交的偏振态上去，形成另一种偏振模式。两种偏振模式以不同的速度沿光纤传播，从光纤出射时，将产生光程差。

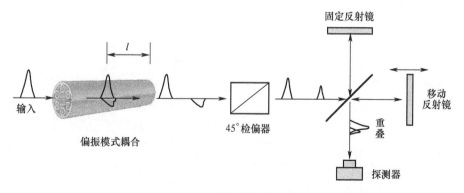

图 6-13　分布式偏振串音检测原理

对于光子晶体光纤，在光纤出射端检偏器透光轴与光纤两特征轴成 45°角，将两偏振模式等比例投影至同一偏振态。由于采用低相干光源，相干长度较小，一般在几十微米,使两波列不发生干涉。用麦克尔逊干涉仪补偿光程差,发生干涉现象。通过计算,可求得串音点位置,而根据干涉条纹的可见度,可得串音点的串音强度。

图6-14为光子晶体光纤环圈在线分布式偏振串音无损检测与误差抑制示意图,将分布式偏振串音检测系统与绕制成环过程中光子晶体光纤环圈两端尾纤进行连接,即可实现对绕制过程中分布式偏振态的实时监测。如发现越纤区微弯位置对应光子晶体光纤的偏振态发生改变,即可证明此处微弯对光子晶体光纤微结构产生影响,需及时进行参数调整。

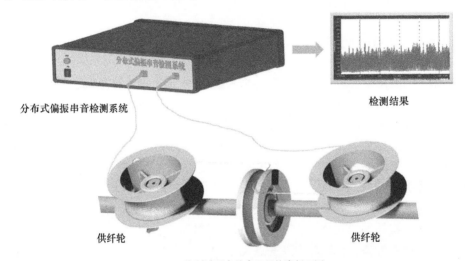

图6-14　光子晶体光纤环圈在线分布式偏振串音无损检测与误差抑制系统

图6-15为在线光子晶体光纤环圈偏振态检测与误差抑制系统开展相关实验结果,图中虚线部分为初始绕制工艺参数对光子晶体光纤微结构产生的影响,而实线部分为经过及时参数调整后,绕制操作对光纤的附加应力明显降低,圆圈位置为越纤处操作参数调整前后光纤偏振串音变化的对比。可见通过实时监测及工艺参数纠错,可及时发现绕制中的缺陷点,并进行工艺参数调整,以降低环圈绕制附加应力。另外,利用该技术同时可以对光纤绕环过程中光纤的损耗进行在线检测,及时发现对绕制过程中越纤等微弯操作对光子晶体光纤损耗的影响规律,一旦发生损耗变大的情况,便可针对性调整绕制参数,有效减少非理想操作对光子晶体光纤损耗性能及微结构损伤的影响。

6.3.2　在线高阶模式分布式检测与误差抑制技术

由光子晶体光纤的传光原理可知:光纤绕制过程中的技术参数在影响光子晶

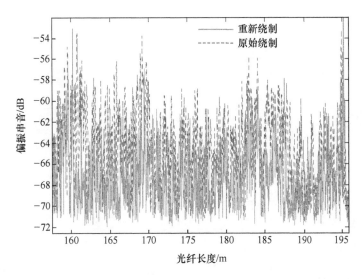

图6-15　对在线光子晶体光纤环圈进行的偏振串音检测与抑制技术(彩图见插页)

体光纤微结构的同时,也会导致光纤中相应位置的高阶模式产生变化。因此,在光纤绕制过程中对高阶模进行分布式检测可以表征光纤绕制过程中微结构发生的具体位置。为实现对光纤绕制过程中的高阶模成分进行在线精确分布式检测,将空间频谱成像技术(Spatial and Spectral Imaging,S^2-imaging)引入光子晶体光纤绕制过程中在线精确分布式检测领域。

　　该方法适用于各种模场形状的光波导,不需要模场形状符合高斯光斑近似,这是该技术与传统激光光学 M^2 表征方法的最大区别,非常适合光子晶体光纤的模场光斑。其技术原理如下:S^2-imaging 从光纤输出端的横截面上逐点采集到光谱信息,通过分析光谱的周期性条纹推导出不同相干叠加的情况,进而给出他们的功率权重。将在横截面上每一个点的位置获得的信息合并起来,就给出了整个光纤截面上两个(或多个)模式之间的传输延差、模场分布(振幅分布/相位分布),以及强度相对权重。S^2-imaging 的光路如图6-16(a)所示:宽带光源耦合进待测光纤,在耦合端可能激发多个模式,这些模式都传输到了光纤的输出端,并且在传输过程中各自保持自己的模场形貌,在输出端平面上的某一点上,不同模式都有强度贡献,相干叠加后就会在光谱仪中观察到干涉条纹及其频率周期。

　　利用 S^2-imaging 技术在 xy 平面内逐点扫描对两类光子晶体光纤进行模式纯度测量,检测结果如图6-16(b)和图6-16(c)所示,可见反谐振空芯光纤的单模性远胜于光子带隙空芯光纤。采用窄带宽高功率激光器作为光源,高像素高灵敏高速 CCD 作为接收器对光纤进行 S^2-imaging 分析,可大幅拓展待测光纤的长度,并提高测量的精度。从 0.02nm(~2.5GHz)的光谱仪分辨率变成兆赫或者 100kHz

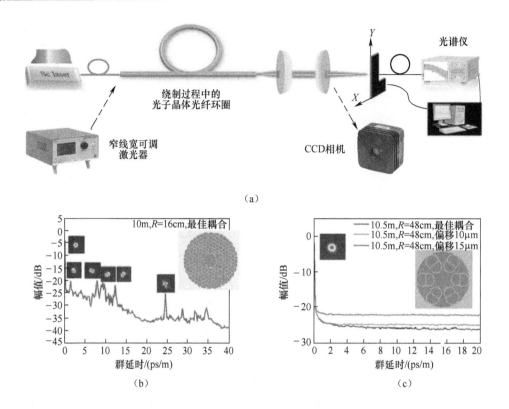

图6-16　光子晶体光纤环圈在线模式检测与误差抑制系统(彩图见插页)
(a)S²-imaging 高阶模分析装置;(b)光子带隙空芯光纤的模式纯度检测结果;
(c)反谐振空芯光纤的模式纯度检测结果。

量级线宽的扫频激光器,可以将测到的时延差量程扩大 3~4 个数量级,从而满足对公里级长光纤进行测试的要求。同时,高速 CCD 的电噪声比光电探测器更低,速度更快,可以使高阶模成分的可测量精度更高,在成像之后对其模式形状的分析也更加清晰。

在光子晶体光纤的绕制过程中,非理想工艺参数与操作在影响光纤微结构的同时会对光纤的高阶模成分产生影响,将基于空间频谱成像的光纤高阶模检测装置应用于光子晶体光纤环圈的绕制过程性能无损检测,实时监测各项绕制操作对光子晶体光纤模式纯度的影响结果,及时修正绕制技术参数,进行误差抑制,从而降低非理想操作对光纤环圈中光导模式纯度及光纤微结构的影响。

6.3.3　在线环圈温度性能检测与补偿方法

检验超高精度光子晶体光纤环圈成环技术是否有效,最终还是要考察成环后光子晶体光纤环圈的温度性能是否满足使用要求。在成环过程中对光子晶体光纤环圈的温度性能进行过程检测,在线辨别温度性能劣化趋势,及时进行补偿,则可以大幅提升光子晶体光纤环圈绕制成功率,降低研制成本,缩短研制周期。

光子晶体光纤环圈成环在线温度误差检测方法如图 6-17 所示,将成环过程中的光子晶体光纤环圈两侧尾纤引出,同时连接光子晶体光纤环圈温度误差检测系统,在环圈绕制端面安装环形加热带,施加温度激励,当环圈感应到温度变化时,按照 Shupe 误差原理可知,环圈内部会因为残余的非互易误差产生非互异性相移,通过环圈成环温度误差与检测系统,可以检测出非互易相移的大小。环圈成环温度误差检测系统内部由高精度 ASE 光源、保偏耦合器、Y 波导、探测器及解调线路组成。根据多极绕制基本原理,每绕制 4 层可对环圈进行上述测试,通过检测结果可计算出其温度误差是否发生畸变,如发生畸变,可在下一个绕制 4 层中对其进行补偿,从而达到最终结果可控的目的,提升成环成活率。

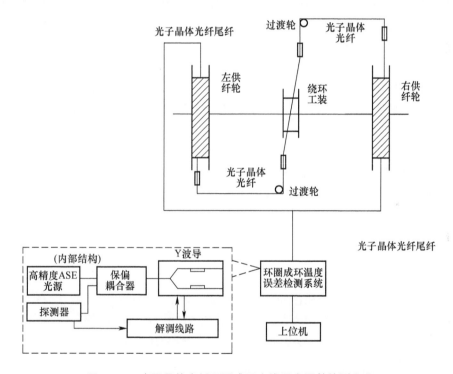

图 6-17　光子晶体光纤环圈成环在线温度误差检测方法

6.4　光子晶体光纤环圈施胶与固化方法

为保证光子晶体光纤环圈的环境适应能力尤其是力学环境性能方面的能力,

如冲击、振动、锤击等，必须对光子晶体光纤环圈在绕制过程中或绕制完成后利用合适的固化胶体对其进行施胶与固化。这项操作还能有效提升光子晶体光纤环圈的可靠性。

<h3>6.4.1　光子晶体光纤环圈施胶方法</h3>

通常，光纤环圈施胶方法有四种，分别为灌胶、带胶、涂胶和喷胶。

灌胶方法是指当光子晶体光纤环圈绕制完成后，将光子晶体光纤环圈整体浸没在流动性较好的固化胶体中，通过抽真空、再加压的方式将光子晶体光纤环圈中的气泡抽出，并使胶体填充到气泡位置的操作。光子晶体光纤环圈灌胶操作中，若存在光子晶体光纤环圈绕制张力过大、张力不均匀、绕制层数多、胶体流动性差、灌胶压力失配等现象时，会发生环圈内层填充胶体不均匀、内含"气线"等问题。通过骨架开孔、真空脱泡、胶体流动性提升、环圈绕制张力降低等方法可有效避免胶体填充不充分问题。灌胶工艺的优点是环圈施胶批次一致性高，胶体填充均匀，但对灌胶高压设备要求较高。

带胶方法是指在光子晶体光纤环圈绕制过程中，在绕制每一匝光纤的过程中利用相应的带胶装置，使固化胶体均匀包裹在光纤的外表面，该工艺实现难度较灌胶工艺大幅降低，易于实现。但在实施过程中对绕环工作环境要求较高，需谨防灰尘、杂质等非理想环境条件导致的工艺缺陷对光子晶体光纤环圈性能与可靠性的影响，并严格匹配带胶绕制速度和绕环张力等参数，尽量在绕环过程中不发生或较少发生退绕，避免胶体污染供纤轮中的待绕制光纤。

涂胶方法是指在光子晶体光纤环圈绕制过程中，每绕制完成一层光纤后，用毛刷将胶体涂覆在光纤层表面的工艺。该工艺实现最为容易，但工艺一致性较差，人为操作因素对光纤涂胶一致性、均匀性均会产生不可预计的影响，且涂胶过程中对毛刷施加的力易导致光纤层发生位移，该施胶方法不适用于高精度光子晶体光纤环圈制作。

喷胶方法是指在光子晶体光纤环圈绕制过程中采用喷胶嘴装置，将胶水均匀喷涂到已绕制完成的光纤层表面，该非接触式方法避免了涂胶操作中毛刷带来的涂胶力，相比涂胶操作，喷胶方法可提升环圈施胶均匀性。

<h3>6.4.2　光子晶体光纤环圈固化方法</h3>

根据光子晶体光纤环圈固化胶的固化方式，可以将其分为紫外光固化胶体与热固化胶体，还有紫外、热双组份固化胶体。紫外固化胶体是指采用紫外光引发固化的胶体，光子晶体光纤环圈固化用紫外胶体一般采用丙烯酸酯类紫外固化胶，其性能与光子晶体光纤外涂层用紫外固化胶体相匹配，其固化采用的设备一般为紫外固化箱，其工艺核心参数包括紫外光波长范围、紫外固化灯照度、固化时间等。

热固化胶体是指采用高温进行固化的胶体,但由于光子晶体光纤环圈采用光子晶体光纤无法耐受较高温度,因此热固化胶体的固化温度不能超过光子晶体光纤的工作极限温度,其核心工艺参数为固化温度、固化时间。顾名思义,紫外、热双组份固化胶体是采用紫外与高温均可发生固化的胶体,其在使用过程中首先紫外固化形成预定型,使光子晶体光纤环圈部分光纤快速固化保证光纤整体位置不发生改变,然后再利用高温充分固化。

6.4.3 固化胶体参数对环圈性能的影响

从热传导的角度看,通常光子晶体光纤环圈固化胶体的热导率越高,环圈温度误差的抑制效果越好,固化胶体的比热容与密度越低,环圈温度特性越好。

胶体的玻璃化转变过程是另一个影响光子晶体光纤环圈温度性能的重要参数。固化胶体的玻璃化转变是指非晶聚合物固化剂的玻璃态与高弹态之间的转变过程。其分子运动本质是链段运动发生"冻结"与"自由"的转换。在温度较低时,材料为刚性固体状,与玻璃相似,在外力作用下只会发生非常小的形变,此状态被称为玻璃态;当温度升高到一定范围后,材料的形变明显增加,并在随后的一定温度区间形变相对稳定,此状态被称为高弹态。其玻璃化对应的转变温度称为玻璃化转变温度(T_g)。在玻璃化转变温度前后,由于其协同重排的发生,固化胶体的物理性能将发生显著变化。

以某型胶体为例,其玻璃化转变前后的模量变化如图 6-18 所示,可以看到此种胶体玻璃化转变温度在 10℃ 左右,在此温度前后,胶体的模量存在较大变化。杨氏模量从将近 1000MPa 急速下降至不到 1MPa。模量在玻璃化温度附近出现峰值。

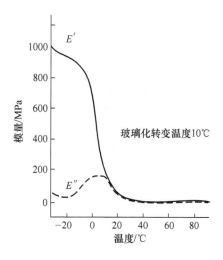

图 6-18 某固化胶体的玻璃化转变

此种极端的模量变化会对光子晶体光纤环圈性能产生巨大影响。当环圈温度达到胶体的玻璃化转变温度时,胶体的热力学参数发生巨大变化,导致环圈中的每匝光纤受到的热应力均发生突变,将产生可观的热应力致非互易相位误差。因此,固化胶体的玻璃化转变温度必须在光子晶体光纤环圈的工作温度之外。

6.5　光子晶体光纤圈脱骨、黏接和焊封方法

6.5.1　光子晶体光纤环圈脱骨方法

低精度光子晶体光纤环圈一般直接采用光子晶体光纤环圈的安装骨架作为其绕制工装进行环圈绕制与固化,但骨架材料与光子晶体光纤环圈及其固化胶体的非匹配性会引起光子晶体光纤环圈传热、热机械性能发生改变,进而影响光子晶体光纤环圈的温度性能。高精度光子晶体光纤环圈必须解决这种材料不匹配对光子晶体光纤环圈性能产生的影响,环圈脱骨技术正好可以从本质上解决该问题。采用图 6-19 所示的法兰与骨架芯可分离式绕制工装进行环圈绕制,绕制与固化完成后顺序移除法兰与骨架芯,形成无骨架环圈。

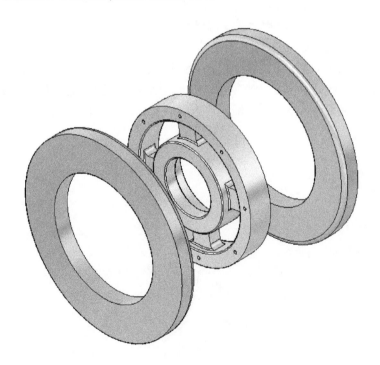

图 6-19　光子晶体光纤环圈可分离式绕制工装

6.5.2　光子晶体光纤环圈黏接方法

高精度光子晶体光纤环圈一般采用脱骨工艺将光子晶体光纤环圈与绕制工装进行分离,为满足工程应用需求,必须将光子晶体光纤环圈与环圈安置盒结构体进行黏接,通常采用的黏接方式为底面黏接,即将光子晶体光纤环圈的底面与光子晶体光纤环圈安置盒底面采用特制的结构黏接胶体进行固链。黏接强度与可靠性是影响这一操作的主要因素。

6.5.3　光子晶体光纤环圈焊封方法

根据 Shupe 误差理论知识可知,在光子晶体光纤环圈内部光纤排布结构不发生改变的前提下,环圈的温度特性与其感受到的温度梯度大小成正比。通过焊封方式将环圈金属安置盒密封,对环圈形成闭合包裹可起到匀热和隔热的作用,有助于环圈温度性能提升。同时,环圈安置盒材料一般采用磁屏蔽材料,也可起到磁屏蔽作用。环圈焊封的具体过程为,采用激光焊接的方式将已黏接环圈的安置盒与其上盖进行焊接处理,仅将光子晶体光纤环圈的两端尾纤从环圈安置盒预留纤口伸出,待与 Y 波导光路接续。

采用焊封技术的光子晶体光纤环圈可以大幅降低周围环境扰动引起的非对称温差对光子晶体光纤环圈产生的瞬态温度误差。

6.6　光子晶体光纤环圈性能检测方法

成品光子晶体光纤环圈性能检测通常包括损耗、光纤长度、分布式应力、分布式偏振串音和温度性能测试等。

光子晶体光纤环圈损耗是指光能在光子晶体光纤环圈中传输的衰减程度,即光功率损失。光子晶体光纤环圈损耗一般采用截断法或插入损耗法进行测试。光子晶体光纤环圈通过绕制、固化等工艺制作而成,因此其损耗较未绕制的光纤大,同时还需检测其在不同温度下的损耗变化情况。

光子晶体光纤环圈消光比表征了光子晶体光纤环圈的偏振保持能力,保偏光纤两个正交轴上的光功率的比值就是消光比。消光比值越高,环圈偏振保持能力越强。如光纤输入端的慢轴注入线偏振光 P_Y ,测量输出端正交方向的输出功率 P_X ,可得保偏光纤的消光比为

$$ER = 10\log \frac{P_Y}{P_X} \tag{6-20}$$

光子晶体光纤环圈消光比测试也同样需要考虑全温范围内其消光比的变化

情况。

分布式应力检测可以对光子晶体光纤环圈内部的应力水平进行测试,可观测光子晶体光纤环圈内部是否存在异常应力点。另外,对光子晶体光纤环圈进行全温的分布式应力检测还可以看出不同温度下热应力对环圈的影响,有助于填充胶体匹配性研究。

光子晶体光纤环圈中的分布式偏振交叉耦合一般采用光相干域偏振测定法(Optical Coherence Domain Polarimetry,OCPD)进行测试,区别于分布式应力测试,分布式偏振交叉耦合测试分辨率较高,可精细观察光子晶体光纤环圈内部绕制细节导致的缺陷。

上述几种检测手段属于间接参数测量,不能用来直接评价光子晶体光纤环圈的温度性能,即 Shupe 误差的大小,光纤环圈温度性能测试不可缺少。光纤环圈温度测试包括固定温度点和温度梯度情况下的环圈性能。这种方式测量的光子晶体光纤环圈温度性能与对应陀螺的温度性能具有极高的相关性,可直接评价光子晶体光纤环圈的温度性能,同时也可间接评价由该环圈构成的光子晶体光纤陀螺的温度漂移水平。如图 6-20 所示,光纤环圈温度测试系统实际上是一个干涉式闭环光纤陀螺,它由放大自发射(Amplified Spontaneous Emission,ASE)光源、耦合器、Y 波导、探测器、解调线路、上位机和温箱组成,只是把光纤环圈单独放入到高低温箱中,其他光学器件和调制解调板并未放入到设备箱中,从设备箱中伸出两根 Y 波导的尾纤与从温箱中伸出的两根光纤环圈尾纤保偏熔接,测试全温条件下输出零偏值的变化曲线,根据曲线来评价光纤环圈的温度性能。

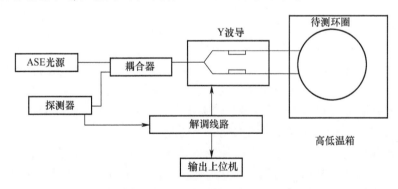

图 6-20　光子晶体光纤环圈温度性能测试系统

6.7　光子晶体光纤环圈绕制设备

光子晶体光纤环圈绕环机是光子晶体光纤环圈绕制的关键设备,绕环机的精度和功能直接影响光子晶体光纤环圈性能及生产效率。主要包括精密排纤模块、精密排纤辅助模块、低张力控制模块、换向绕制模块、图像监控模块。精密排纤模块与精密排纤辅助模块的核心功能是实现精密排布,主要技术指标为排纤定位精度和重复定位精度;低张力控制模块的核心功能是实现低张力高稳定控制,其技术指标为张力控制范围以及张力稳定性;换向绕制模块的核心功能是实现手动或自动多极对称绕法的换向,其与光纤和环圈尺寸相关;图像监控模块的核心功能是实现缠绕过程的实时图像监控,并对绕制错误报警处理,其涉及的技术指标有放大倍率和视场等。图6-21为国外高精度光纤环圈绕环机关键部分实物图。

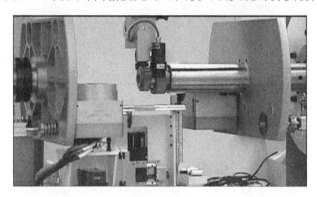

图6-21　国外光纤环圈绕环机关键部分实物图

精密排纤模块的作用是实现左右的精密定位,同时配合主轴的转动进行点动定位。供纤单元装载在和电机直连的转动轴上,能够进行正向和反向指定速度的转动,自动供纤。自动供纤需张力控制机构配合,通过调整供纤单元电机速度控制光纤供给的线速度,该线速度匹配主轴绕制环圈光纤线速度,进而实现光纤精密排布操作。

精密排纤辅助模块一般是一个能够进行左右和上下二维运动的挡纤针或压块结构。通过精密滑台点动,挡纤针或压块能够对骨架上正在绕制的光纤进行辅助定位。

低张力控制模块一般有压力传感器闭环控制方案或角度编码器加平衡杆控制方案。压力传感器闭环控制方案结构复杂,在启动停止阶段张力波动大;角度编码器加平衡杆控制方案结构简单,控制稳定性高,控制精度高,对启动停止部分张力波动抑制效果明显。

多极换向是光纤环圈绕制设备的特有功能,该功能实现的基础是绕环机具备两个独立供纤单元。为实现各种复杂的绕制方案,如四极、八极、十六极等多极化绕制,采用两个供纤单元,绕制过程中,一个供纤单元主动放纤,另一个供纤单元被动与主轴同步旋转,依据绕法两个供纤单元依序交替主动被动状态切换。自动化程度高的光子晶体光纤环圈绕环设备可实现自动多极换向功能。

图像监控模块由高倍放大摄像头组成,能够对环圈绕制过程光纤排布进行实时监控。

6.8 本 章 小 结

本章首先介绍了光子晶体光纤环圈性能主要影响因素,依据影响因素抑制机理,阐述了光子晶体环圈绕制、性能在线监测、施胶、固化、脱骨、黏接和焊接封装,以及性能测试等方法,最后概述了光子晶体光纤环圈绕制设备基本功能和相应技术指标。

 参考文献

[1] Kim H K, Digonnet M, Kino G S. Air-core photonic-bandgap fiber-optic gyroscope[J]. Journal of Lightwave Technology, 2006, 24(8):3169-3174.

[2] Shupe D M. Thermally induced nonreciprocity in the fiber-optic interferometer[J]. Applied Optics, 1980, 19(5):654-655.

[3] Kaminow I P, Ramaswamy V. Single-polarization optical fibers: Slab model[J]. Applied Physics Letters, 1979, 34(4):268-270.

[4] Chomát M. Efficient suppression of thermally induced nonreciprocity in fiber-optic Sagnac interferometers with novel double-layer winding[J]. Applied Optics, 1993, 32(13):2289-2291.

[5] Ivancevic M. Quadrupole-wound fiber optic sensing coil and method of manufacture thereof: US, US4856900 A[P]. 1989.

[6] Rahn J P. Low shupe bias fiber optic rotation sensor coil: US, US5848213 A[P]. 1998.

[7] Baron K U, Kiesel E. Rpm measuring device utilizing an optical fiber coil and winding method for making the coil: US, US4781461 A[P]. 1988.

[8] Kaliszek A W, Szafraniec B, Lange C H, et al. Low drift depolarizer for fiber optic gyroscope having legs wound in a winding pattern: US, US6211963 B1[P]. 2001.

[9] Goettsche R P, Bergh R A. Trimming of fiber optic winding and method of achieving same: US, US5528715 A[P]. 1996.

[10] Page J L, Bina D R, D Milliman. Optical fiber coil and method of winding: US, US5841932 A [P].1998-11-24.

[11] Ruffin P B. Thermally symmetric, crossover-free fiber optic sensor coils and method for winding them: US, US5781301 A[P]. 1998.

[12] Dyott R B. Reduction of the Shupe effect in fibre optic gyros: the random-wound coil[J]. Electronics Letters, 1996, 32(23):2177-2178.

[13] Bueschelberger H J, Mueller H G, Felix R, et al. Fiber optic coil for a fiber optic measuring system and method for producing the same: US,20020122643[P]. 2004-03-16.

[14] Yin S, Ruffin P B, Yu F. Fiber Optic Sensors, Second Edition[M]. BocaRaton:Crc Press, 2008.

第7章 波导–环圈直接耦合原理及技术

　　目前,干涉式光纤陀螺的宽带光源、耦合器、Y 波导调制器件和高双折射保偏光纤环圈之间的光学连接采用光纤熔接方案实现。其中,Y 波导调制器芯片首先与两根尾纤通过胶体固化方式实现光场耦合,继而将两根输出尾纤与光纤陀螺保偏光纤环相熔接,从而形成闭合环路,但其熔接点以及耦合点引入的偏振交叉耦合和背向反射是造成光纤陀螺光路中偏振误差和系统噪声的主要来源,这已成为制约其测量精度提高的因素之一。

　　光子晶体光纤陀螺的研究分为实芯光子晶体光纤和空芯光子晶体光纤。针对实芯光子晶体光纤陀螺,采用光子晶体光纤与保偏尾纤熔接的方式制作光纤陀螺组件,由于实芯光子晶体光纤与保偏光纤的偏振轴特征识别模式存在差异,普遍采用人工调整的方式进行对轴熔接,不利于提升实芯光子晶体光纤陀螺研制生产效率和保持批次一致。而针对空芯光子晶体光纤,为了保证光纤具有较低的损耗,一般空芯光纤的纤芯直径大于保偏光纤,在光纤熔接过程中存在两个问题:一是在熔接时容易导致空芯光子晶体光纤塌缩,端面受到损坏,增大光纤损耗甚至不再导光;二是空芯光子晶体光纤与保偏光纤模场严重失配,形成组件以后环圈中传输光能量并不稳定,不能保证光信号强度解调的规律性,同时还会引入较大的噪声,影响光纤陀螺的使用精度。

　　针对光子晶体光纤陀螺研究难点,尤其是空芯光子晶体光纤陀螺,将光子晶体光纤环圈与 Y 波导芯片通过直接耦合技术形成陀螺组件,省去了 Y 波导和光子晶体光纤环圈之间的两个熔接点,使波导输出通道中的偏振交叉耦合得以减弱,有利于提高系统的检测精度和可靠性。本章将从光纤陀螺的相位调制方式出发,深入分析 Y 波导相位调制基本原理,并通过对 Y 波导电光特性的研究阐释光子晶体光纤环圈与 Y 波导直接耦合系统组成及工作原理,以解决空芯光子晶体光纤陀螺在大规模生产过程中面临的关键装配问题。

7.1　光纤陀螺相位调制方式

　　根据光纤陀螺基本原理,Sagnac 干涉仪输出的干涉信号为

$$I(t) = A[1 + \cos(\phi_s)] \qquad (7-1)$$

式中：A 是干涉信号幅度；ϕ_s 是光纤环转动产生的非互易相移。

干涉信号 $I(t)$ 与转动产生的非互易相移 ϕ_s 成余弦函数关系，根据余弦函数的特点，要想直接从干涉信号中精确地测量非互易相移 ϕ_s，不仅灵敏度低，而且也无法识别相移的正负，也就无法识别光纤陀螺所测转速信号的方向。

为了能够准确地检测干涉仪的非互易相移信号，必须在光路中加入相应的调制信号或设置偏置信号，转移其静态工作点，并通过解调的方式检测干涉仪输出的非互易相移。在光路中加入调制信号的方法主要是通过 PZT 调制器或铌酸锂晶体调制器来实现。

7.1.1　PZT 相位调制技术

PTZ 压电陶瓷（锆钛酸铅）晶体（其中，P 是铅元素 Pb 的缩写，Z 是锆元素 Zr 的缩写，T 是钛元素 Ti 的缩写）是一种能在电信号作用下改变晶体结构，使其直径大小发生变化[1]。它利用 PZT 材料的逆压电效应和光纤的光弹效应实现对光纤中传输光相位的调制。采用 PZT 调制器对 Sagnac 干涉仪进行相位调制的原理是将光纤环中的一段光纤（一般为几米长）紧密地缠绕在圆环形的 PZT 调制器上。

在 PZT 调制器的两极加入调制驱动信号，这时调制信号会使环形的 PZT 产生径向胀缩，并带动缠在它上面的光纤随之产生胀缩，使绕在 PZT 环上的光纤长度产生变化，从而改变传输光通过调制器的光程和光纤内部折射率的分布。由于顺、逆时针传输的光并不在同一时刻通过 PZT 调制器，有一定时间差，因此调制信号可实现对干涉仪相位的动态调制。采用 PZT 作为相位调制器的优点是，干涉仪的光路可实现全光纤化，避免了光纤断开，而且成本极低。

采用 PZT 作为相位调制器时应当注意，PZT 的调制频率比较低，一般小于 100kHz，无法实现高频信号调制。在中、低精度的光纤陀螺系统中，光纤环长度一般为 300~400m，调制频率要达到 200~300kHz，而 PZT 调制频率接近 100kHz 时，其波形就会畸变，高、低温环境中性能退化尤其显著。另外，PZT 调制器的幅频特性较差，在使用的频带范围内有多个谐振点，产生同样的相移，在谐振点所需的调制信号幅度是远离谐振点处所需调制信号幅度的几十倍，因而无法采用 PZT 来实现多谐波信号（如方波、阶梯波等）调制，只能加入单频的正弦或余弦调制信号；再者，采用 PZT 进行相位调制时，是通过 PZT 径向的胀缩来改变缠绕在上面的光纤长度，从而来实现对干涉仪相位的调制，而这种机械的胀缩会造成光纤所受应力发生变化，进而影响保偏光纤的偏振特性，因此对于全保偏光纤型的光纤陀螺不适合采用 PZT 作为相位调制器。

从信号处理的角度来看,光纤陀螺可以分为开环和闭环两种工作方式。开环光纤陀螺采用 PZT 作为相位调制器,其性能可靠性比较低,应用于要求不高的场合。而闭环光纤陀螺具有相当好的标度因数线性度,采用 Y 波导作为相位调制器,实现闭环控制,可以很好地保证光纤陀螺的逐次开机零位重复性。另外,Y 波导的调制频率很高,可以达到 100MHz,这使得采用数字阶梯波调制进行反馈控制成为可能,因此目前大多数光纤陀螺都采用 Y 波导作为相位调制器。

7.1.2 铌酸锂晶体相位调制技术

铌酸锂(LiNbO₃)晶体相位调制器是一种较为理想的光路相位调制器[2],它是利用铌酸锂晶体制成的光波导,在铌酸锂波导两侧加入电极,调制信号通过电极改变铌酸锂晶体的电场来改变波导的折射率[3]。由调制电场导致波导中传输的光波产生的相位差为

$$\Delta\phi = \frac{\pi n_e^3 \gamma_{33} E L}{\lambda} \tag{7-2}$$

式中:E 为调制电场;n_e^3 为铌酸锂晶体主轴方向的折射率;γ_{33} 为铌酸锂晶体的电光张量系数;L 为铌酸锂晶体光波导的长度;λ 为光波波长。

调制信号可以通过改变穿过波导的电场来改变光波的相位,而且相位的变化与调制的电场强度成正比。由于在光纤环中顺、逆时针传输的光穿过波导的时间不同,有一个相对的延迟时间,因此调制信号可以实现对光相位进行动态调制的目的。

铌酸锂晶体构成的调制器是一种电光相位调制器,没有机械调制,其调制频率可达上千兆赫,而且幅频特性良好,调制电压低,因此可以利用 Y 波导实现对光路的多谐波信号(方波、阶梯波及脉冲波等)调制,这使得 Y 波导在中、高精度光纤陀螺系统中的应用越来越广泛。随着对高精度光纤陀螺的研制需要以及集成光学技术的发展,人们采用质子交换技术及铌酸锂晶体研制成 Y 型光波导耦合器,简称 Y 波导,其基本结构如图 7-1 所示。

Y 波导不仅是一个相位调制器,它集相位调制器、偏振器和光分支器为一体,又称为多功能集成光波导器件,由于其集成度高、体积小,不仅减小了光纤陀螺的体积,而且提高了陀螺的稳定性和可靠性,因此成为目前研制光子晶体光纤陀螺的核心器件。

由于在 Y 波导前端含有起偏器,具有很好的起偏特性,因此进入 Y 波导的光经过偏振器之后变为偏振光,这就要求 Y 波导与光纤对轴耦合时,采用保偏光纤,并将保偏光纤的主轴与偏振器的主轴对准耦合,尽量减小角度误差,否则

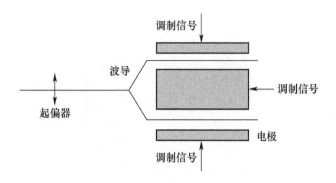

图 7-1　Y 波导基本结构

将影响传输光的偏振态,产生相位噪声。另外,Y 波导还具有分束器的作用,当光纤环中的两束光的功率差异较大时,会增大克尔效应的影响,因此要求 Y 波导的分光比应尽量接近 1 : 1。评价 Y 波导的主要技术指标包括消光比、分束比和插入损耗等。

7.2　Y 波导相位调制原理

7.2.1　铌酸锂晶体电光效应

铌酸锂光学晶体的光学性质用折射率椭球表示如下:

$$\frac{x^2}{n_x^2} + \frac{y^2}{n_y^2} + \frac{z^2}{n_z^2} = 1 \tag{7-3}$$

当给晶体加外电场时,其折射率椭球将随之发生变化[4],折射率变化与外加电场的关系可表示为

$$\Delta\left(\frac{1}{n^2}\right)_{ij} = \sum_{k}^{3} \gamma_{ij} E_k \tag{7-4}$$

式中：$E_k(k = 1,2,3)$ 为外加电场的分量；γ_{ij} 为电光张量的各个分量。

可进一步表示为

$$
\begin{bmatrix}
\Delta\left(\dfrac{1}{n^2}\right)_1 \\[2mm]
\Delta\left(\dfrac{1}{n^2}\right)_2 \\[2mm]
\Delta\left(\dfrac{1}{n^2}\right)_3 \\[2mm]
\Delta\left(\dfrac{1}{n^2}\right)_4 \\[2mm]
\Delta\left(\dfrac{1}{n^2}\right)_5 \\[2mm]
\Delta\left(\dfrac{1}{n^2}\right)_6
\end{bmatrix}
=
\begin{bmatrix}
\gamma_{11} & \gamma_{12} & \gamma_{13} \\
\gamma_{21} & \gamma_{22} & \gamma_{23} \\
\gamma_{31} & \gamma_{32} & \gamma_{33} \\
\gamma_{41} & \gamma_{42} & \gamma_{43} \\
\gamma_{51} & \gamma_{52} & \gamma_{53} \\
\gamma_{61} & \gamma_{62} & \gamma_{63}
\end{bmatrix}
\begin{bmatrix}
E_x \\
E_y \\
E_z
\end{bmatrix}
\tag{7-5}
$$

利用张量的对称性,有

$$
\Delta\left(\frac{1}{n^2}\right)_1 = \Delta\left(\frac{1}{n^2}\right)_{11}
\tag{7-6}
$$

$$
\Delta\left(\frac{1}{n^2}\right)_2 = \Delta\left(\frac{1}{n^2}\right)_{22}
\tag{7-7}
$$

$$
\Delta\left(\frac{1}{n^2}\right)_3 = \Delta\left(\frac{1}{n^2}\right)_{33}
\tag{7-8}
$$

$$
\Delta\left(\frac{1}{n^2}\right)_4 = \Delta\left(\frac{1}{n^2}\right)_{23} = \Delta\left(\frac{1}{n^2}\right)_{32}
\tag{7-9}
$$

$$
\Delta\left(\frac{1}{n^2}\right)_5 = \Delta\left(\frac{1}{n^2}\right)_{13} = \Delta\left(\frac{1}{n^2}\right)_{31}
\tag{7-10}
$$

$$
\Delta\left(\frac{1}{n^2}\right)_6 = \Delta\left(\frac{1}{n^2}\right)_{12} = \Delta\left(\frac{1}{n^2}\right)_{21}
\tag{7-11}
$$

在外加电场时,由于折射率的变化,折射率椭球方程变为

$$
\Delta\left(\frac{1}{n^2}\right)_{11} x^2 + \Delta\left(\frac{1}{n^2}\right)_{22} y^2 + \Delta\left(\frac{1}{n^2}\right)_{33} z^2 + 2\Delta\left(\frac{1}{n^2}\right)_{23} yz +
$$

$$
2\Delta\left(\frac{1}{n^2}\right)_{13} xz + 2\Delta\left(\frac{1}{n^2}\right)_{12} xy = 1
\tag{7-12}
$$

将折射率变化表达式代入式(7-12)可得外加电场时折射率椭球的表达式为

$$
\left[\left(\frac{1}{n^2}\right)_{11} + \gamma_{11}E_x + \gamma_{12}E_y + \gamma_{13}E_z\right]x^2 + \left[\left(\frac{1}{n^2}\right)_{22} + \gamma_{21}E_x + \gamma_{22}E_y + \gamma_{23}E_z\right]y^2 +
$$

$$\left[\left(\frac{1}{n^2}\right)_{33} + \gamma_{31}E_x + \gamma_{32}E_y + \gamma_{33}E_z\right]z^2 + 2\left[\gamma_{41}E_x + \gamma_{42}E_y + \gamma_{43}E_z\right]yz +$$

$$2\left[\gamma_{51}E_x + \gamma_{52}E_y + \gamma_{53}E_z\right]xz + 2\left[\gamma_{61}E_x + \gamma_{62}E_y + \gamma_{63}E_z\right]xy = 1 \quad (7-13)$$

晶体是具有对称性的,电光张量矩阵中的元素多数取零,不为零的元素有的是相等的。铌酸锂晶体具有良好的电光效应,并且在光学上是负单轴晶体,因此常用其作为电光调制晶体。在室温条件下,光轴为 z 轴,则其电光张量矩阵可以表示为

$$\begin{bmatrix} 0 & -\gamma_{22} & \gamma_{13} \\ 0 & \gamma_{22} & \gamma_{13} \\ 0 & 0 & \gamma_{33} \\ 0 & \gamma_{51} & 0 \\ \gamma_{51} & 0 & 0 \\ -\gamma_{22} & 0 & 0 \end{bmatrix} \quad (7-14)$$

无外加电场时,其折射率椭球方程为

$$\frac{x^2}{n_0^2} + \frac{y^2}{n_0^2} + \frac{z^2}{n_e^2} = 1 \quad (7-15)$$

在 z 方向加调制电场 E 时,$E_z = E, E_x = E_y = 0$,此时外加电场后的折射率椭球方程为

$$\left[\left(\frac{1}{n^2}\right)_{11} + \gamma_{13}E\right]x^2 + \left[\left(\frac{1}{n^2}\right)_{22} + \gamma_{23}E\right]y^2 + \left[\left(\frac{1}{n^2}\right)_{33} + \gamma_{33}E\right]z^2 = 1$$

$$(7-16)$$

可以看出,外加调制电场 E 之后,折射率椭球的主轴系统未发生变化,即其主轴长度发生了变化,此时折射率椭球的半轴长度可表示为

$$\Delta n_x = -\frac{1}{2}n_0^3\gamma_{13}E \quad (7-17)$$

$$\Delta n_y = -\frac{1}{2}n_0^3\gamma_{23}E \quad (7-18)$$

$$\Delta n_z = -\frac{1}{2}n_e^3\gamma_{33}E \quad (7-19)$$

各方向的折射率变为

$$n_x = n_0 - \frac{1}{2}n_0^3\gamma_{13}E \quad (7-20)$$

$$n_y = n_0 - \frac{1}{2}n_0^3\gamma_{23}E \quad (7-21)$$

$$n_z = n_e - \frac{1}{2}n_e^3\gamma_{33}E \quad (7-22)$$

利用 LiNbO$_3$ 晶体的电光效应，Y 波导通过外加电场改变晶体折射率从而调节通过晶体的光波相位达到相位调制器的目的。

7.2.2 Y 波导调制基本原理

采用某方向的"切"表示晶体基片的取向，即晶体的某一轴向垂直于晶体的表面，例如 x 切、y 切和 z 切。目前常用的 Y 波导铌酸锂晶体基片的取向大多采用 x 切，y 传播，x 轴垂直于晶体的表面，y 轴垂直于图的截面，z 轴为非寻常光轴，而外加电场 E_d 与 z 轴平行，如图 7-2 所示。

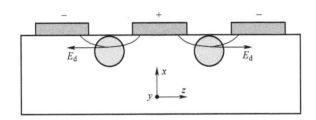

图 7-2　x 切 y 方向传播的 Y 波导电极结构

当在电极上外加调制电压时，晶体折射率会发生改变，改变后的折射率可表示为

$$\Delta n_z = \Delta n_e = -\frac{1}{2}n_e\gamma_{33}E_d \tag{7-23}$$

式中：E_d 为外加的调制电压形成的电场。

为了解决外加电压与光波电场不均匀的问题，引入场-模重叠因子 Γ[5]，折射率的改变可以进一步表示为

$$\Delta n_e = \frac{n_e^3\gamma_{33}V\Gamma}{2G} \tag{7-24}$$

式中：G 为两电极间的距离；Γ 为电场与光场的交叠积分。

当外加电场电极长度为 L 时，波导的相位变化为

$$\Gamma\Delta\phi = \Delta\beta L = \frac{n_e^3\gamma_{33}V\Gamma L\pi}{G\lambda} \tag{7-25}$$

在光子晶体光纤陀螺设计时，Y 波导调制电极为推挽结构，经过 Y 波导以后两束光的相位差为

$$\Delta\phi = \phi_a - \phi_b = \frac{n_e^3\gamma_{33}\pi}{\lambda}\left(\frac{L_aV_a\Gamma_a}{G_a} - \frac{L_bV_b\Gamma_b}{G_b}\right) \tag{7-26}$$

由于电极具有公共端，外加的调制电场方向相反，则

$$L_a = L_b = L \tag{7-27}$$

$$V_b = -V_a = -V \tag{7-28}$$

当 $G_a = G_b = G, \Gamma_a = \Gamma_b = \Gamma$ 时,两束光的相位差为

$$\Delta\phi = \frac{2n_e^3\gamma_{33}V\Gamma L\pi}{G\lambda} \tag{7-29}$$

当 $\Delta\phi = \pi$ 时,调制电压为半波电压,有

$$V_\pi = \frac{G\lambda}{2n_e^3\gamma_{33}\Gamma L} \tag{7-30}$$

Y 波导的半波电压与光的波长有关,也与其本身的参数有关,如电极间的距离 G、非常光折射率 n_e、电光系数 γ_{33}、电极长度 L 等[6]。通过调整波导制作工艺,优化 Y 波导输出端与光纤端面的对接,可以使耦合损耗达到最小。同时,通过优化设计电极结构,使 Y 波导调制的半波电压不断降低。

7.3 波导-环圈直接耦合机理分析及仿真方法

波导-环圈直接耦合技术能够提升光子晶体光纤陀螺性能,影响波导-环圈耦合连接精度与难度的主要指标是插入损耗和 1dB 失配容差,根据损耗产生的机理可将插入损耗分为菲涅尔反射损耗、对准偏差损耗和模式失配损耗等。1dB 失配容差是衡量光学耦合系统的一个重要指标,也是解决耦合封装问题的一个重要判据,所谓 1dB 失配容差就是当两对接的波导/光纤端面存在轴向、横向和角度偏移时,耦合效率从最大值下降 1dB 所对应的位错偏移量或偏角。通常情况下,光波导器件的尺寸小,输出模场半径小,同时非圆分布,与光子晶体光纤的近高斯场相比,两者的模场匹配度很差。

7.3.1 直接耦合损耗分析

1. 菲涅尔反射损耗

端面菲涅尔反射是指光波导与光纤连接界面处,由于界面两边折射率的不同而引起的光学反射造成的损耗。在光纤与波导连接处,波导和光纤的折射率不同就会产生菲涅尔反射;就算两对接的光纤与波导的材料相同,但两对接的光纤与波导端面的间隙材料折射率不同也将会产生菲涅尔反射。比如,光波导与光纤连接处是用活动连接器连接,两者之间存在空气间隙,空气折射率显然要比光纤和光波导的要小,因此,空气间隙与光波导和光纤的端面处都存在菲涅尔反射。由此可见,光通过光纤传入到波导中(或由光波导传输到光纤中),在这个过程当中存在两次菲涅尔反射损耗。耦合端面菲涅尔反射引起的损耗可由菲涅尔公式确定:

$$\Gamma_{frenel} = -10\log \frac{4n_0 n_1}{(n_0 + n_1)^2} \tag{7-31}$$

2. 对准偏差损耗

对准偏差损耗是由于波导中心与光子晶体光纤纤芯存在横向、轴向和角度偏移所引起的损耗,对准偏差损耗一方面是因为对准精度不够,另一方面是因为波导-光纤对准容差太小造成的。如果对准容差大,就算对准时存在一点偏移也不致使损耗大幅衰减。对准偏差的三种情况如图 7-3 所示。

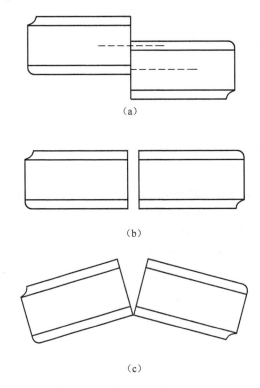

（a）

（b）

（c）

图 7-3　波导-环圈直接耦合对接偏差的三种情况
（a）侧向偏移;（b）纵向偏移;（c）角度偏移。

3. 模场失配损耗

模场失配损耗是由波导与光子晶体光纤自身尺寸结构决定,可以通过设计各种锥形波导端面或插入衍射元件等方式来尽可能地使波导输出模场与光纤模场匹配。考虑模场失配损耗的前提是光纤与波导之间是理想对准,即不存在对准偏差损耗和菲涅尔反射损耗。两模场中心对准情况下的模场失配损耗可表示为

$$POI = \frac{\left| \iint \phi_f(x,y) \phi_\omega^*(x,y) \, \mathrm{d}x\mathrm{d}y \right|^2}{\iint |\phi_f(x,y)|^2 \mathrm{d}x\mathrm{d}y \iint |\phi_\omega(x,y)|^2 \mathrm{d}x\mathrm{d}y} \tag{7-32}$$

式中：$\phi_\omega(x,y)$ 为光波导的输出模场分布；$\phi_f(x,y)$ 为光纤的模场分布，一般情况下光子晶体光纤基模的模场分布近似为高斯型：

$$E_f(x,y,z) = A_L \exp\left(-\frac{x^2}{a^2} - \frac{y^2}{b^2}\right) \exp(-jkz) \tag{7-33}$$

式中：a、b 分别为椭圆两方向的轴半径。

当两模场在 x、y 方向存在对准偏移量 d_x、d_y 时，两者的模场耦合效率可表示为

$$POI = \frac{\left| \iint \phi_f(x,y) \phi_\omega^*(x-d_x,y-d_y) \, \mathrm{d}x\mathrm{d}y \right|^2}{\iint |\phi_f(x,y)|^2 \mathrm{d}x\mathrm{d}y \iint |\phi_\omega(x,y)|^2 \mathrm{d}x\mathrm{d}y} \tag{7-34}$$

在波导-环圈直接耦合过程中，菲涅尔反射损耗和对准偏差损耗可以通过设计高对准容差的耦合方式得到控制，因此模式匹配损耗成为插入损耗的主要因素，波导与光纤间的光耦合效率由波导-光纤两模场的交叠积分确定。

7.3.2 直接耦合理论计算方法

波导-环圈直接耦合过程复杂，难以实现解析解，采用光束传播法对直接耦合过程中的光场演化过程进行理论分析计算，首先在光束传播方向上取一小段步长，利用初始条件求解该步长的光场，利用得到的光场作为计算下一步光场的初始条件，如此递推计算到波导末端，最终得到波导中不同位置的光场分布。光束传播法分为傍轴标量场 BPM、矢量场 BPM、广角 BPM[7-8]。

1. 傍轴标量场 BPM

傍轴条件下的标量场可以将时间和空间部分分离开，即 $E(x,y,z,t) = \phi(x,y,z)\mathrm{e}^{-\mathrm{i}\omega t}$，空间部分 $\phi(x,y,z)$ 满足亥姆霍兹方程。

$$\frac{\partial^2 \phi}{\partial y^2} + \frac{\partial^2 \phi}{\partial z^2} + k(x,y,z)^2 \phi = 0 \tag{7-35}$$

式中：$k(x,y,z) = k_0 n(x,y,z)$ 是依赖于空间坐标的波数；$k_0 = 2\pi/\lambda$ 为自由空间的波数。

$n(x,y,z)$ 为计算域内折射率分布，上述的亥姆霍兹方程除了假设为标量场外，整个方程仍然是精确的。由于电磁波是傍轴，因此 $\phi(x,y,z)$ 沿 z 轴方向变化

最快,可以将 $\phi(x,y,z)$ 分离成关于变量 z 快速变化的因子 $ze^{i\bar{k}z}$ 与渐变场 $u(x,y,z)$ 的乘积。

$$\phi(x,y,z) = u(x,y,z)\,e^{i\bar{k}z} \tag{7-36}$$

式中: $\bar{k}$ 是参考波数,反映场 $\phi(x,y,z)$ 的平均变化的常量。

参考波数 $\bar{k}$ 又可表示为参数折射率的函数 $\bar{k} = k_0\bar{n}$,代入亥姆霍兹方程可以得到渐变场方程式:

$$\frac{\partial^2 u}{\partial z^2} + 2i\bar{k}\frac{\partial u}{\partial z} + \frac{\partial^2 u}{\partial x^2} + \frac{\partial^2 u}{\partial y^2} + (k^2 - \bar{k}^2)u = 0 \tag{7-37}$$

当光束传播方向与 z 轴方向的夹角较小时, $u(x,y,z)$ 关于 z 的变化缓慢,可以忽略第一项,则可得光场三维演化过程中最基本的 BPM 方程表达式为

$$\frac{\partial u}{\partial z} = \frac{i}{2\bar{k}}\left(\frac{\partial^2 u}{\partial x^2} + \frac{\partial^2 u}{\partial y^2} + (k^2 - \bar{k}^2)u\right) \tag{7-38}$$

根据已知场分布的平面 n 和未知场分布的平面 $n+1$ 之间的关系式为

$$\frac{u_i^{n+1} - u_i^n}{\Delta z} = \frac{i}{2\bar{k}}\left(\frac{\delta^2}{\Delta x^2} + (k^2(x_i, Z_{n+1/2}) - \bar{k}^2)\right)\frac{u_i^{n+1} + u_i^n}{\Delta z} \tag{7-39}$$

式中: u_i^n 表示网格格点上的渐变场; n 表示 z 方向上的步长数; i 表示横向 x 方向的网格数,在直角坐标系下 $x = i\Delta x, z = n\Delta z, \delta^2$ 为标准的二阶差分算符。

$$\delta^2 u_i = u_{i+1} + u_{i-1} - 2u_i \tag{7-40}$$

$$z_{n+1/2} = z_n + \Delta z/2 \tag{7-41}$$

2. 矢量场 BPM

在波导–环圈的光场直接耦合过程中,光场分布存在方向性,采用矢量场 BPM 方法能够更加精确地分析光场的矢量变化过程,将渐变场分量用耦合方程表示为

$$\begin{cases} \dfrac{\partial u_x}{\partial z} = A_{xx}u_x + A_{xy}u_y \\ \dfrac{\partial u_y}{\partial z} = A_{yx}u_x + A_{yy}u_y \end{cases} \tag{7-42}$$

式中: u_x 、 u_y 为渐变场 $u(x,y,z)$ 的分量; A_{xx} 、 A_{xy} 、 A_{yx} 、 A_{yy} 为偏微分算符,可分别表示为

$$
\begin{cases}
A_{xx}u_x = \dfrac{i}{2\overline{k}}\left\{\dfrac{\partial}{\partial x}\left[\dfrac{1}{n^2}\dfrac{\partial}{\partial x}(n^2 u_x)\right] + \dfrac{\partial^2}{\partial y^2}u_x + (k^2 - \overline{k}^2)u_x\right\} \\[4mm]
A_{yy}u_y = \dfrac{i}{2\overline{k}}\left\{\dfrac{\partial}{\partial y}\left[\dfrac{1}{n^2}\dfrac{\partial}{\partial y}(n^2 u_y)\right] + \dfrac{\partial^2}{\partial x^2}u_y + (k^2 - \overline{k}^2)u_y\right\} \\[4mm]
\qquad A_{yx}u_x = \dfrac{i}{2\overline{k}}\left\{\dfrac{\partial}{\partial y}\left[\dfrac{1}{n^2}\dfrac{\partial}{\partial x}(n^2 u_x)\right] + \dfrac{\partial^2}{\partial x\,\partial y}u_x\right\} \\[4mm]
\qquad A_{xy}u_y = \dfrac{i}{2\overline{k}}\left\{\dfrac{\partial}{\partial x}\left[\dfrac{1}{n^2}\dfrac{\partial}{\partial y}(n^2 u_y)\right] + \dfrac{\partial^2}{\partial x\,\partial y}u_y\right\}
\end{cases} \tag{7-43}
$$

偏微分算符 A_{xx}、A_{xy} 将界面上因不同边界条件对光偏振态的影响考虑进去,并反映到光的传播常数、弯曲损耗等特性上,而 A_{yx}、A_{yy} 则将几何特性,如横截面上的角或倾斜度等影响反映到光的偏振耦合和混合模式上。

3. 广角 BPM

在标量傍轴 BPM 方程中忽略了关于 z 的二阶偏导数 $\partial^2 u/\partial z^2$,在广角情况中,该项不可忽略,渐变场方程式可进一步表示为

$$
\frac{\partial u}{\partial z} - \frac{i}{2\overline{k}}\frac{\partial^2 u}{\partial z^2} = \frac{i}{2\overline{k}}\left(\frac{\partial^2 u}{\partial x^2} + \frac{\partial^2 u}{\partial y^2} + (k^2 - \overline{k}^2)u\right) \tag{7-44}
$$

定义算子 P 为

$$
P = \left[(k^2 - \overline{k}^2) + \frac{\partial^2}{\partial x^2} + \frac{\partial^2}{\partial y^2}\right] \tag{7-45}
$$

则渐变场方程式为

$$
\frac{\partial u}{\partial z} - \frac{i}{2\overline{k}}\frac{\partial^2 u}{\partial z^2} = \frac{iP}{2\overline{k}}u \tag{7-46}
$$

进一步整理可得:

$$
\frac{\partial u}{\partial z} = \frac{\dfrac{iP}{2\overline{k}}}{1 - \dfrac{i}{2\overline{k}}\dfrac{\partial^2}{\partial z^2}}u \tag{7-47}
$$

可以推导出递推关系式为

$$
\left.\frac{\partial u}{\partial z}\right|_{n} = \frac{\dfrac{iP}{2\overline{k}}}{1 - \dfrac{i}{2\overline{k}}\dfrac{\partial}{\partial z}\bigg|_{n-1}}u \tag{7-48}
$$

分析上述递推关系式,可得传递函数为

$$
\frac{\partial u}{\partial z} = \frac{iN_m(P)}{D_n(P)}u \tag{7-49}
$$

式中：$N_m(P)$、$D_n(P)$ 为关于 P 的多项式，可以得出：

$$\frac{iP/2\overline{k}}{1-\dfrac{i}{2\overline{k}}\dfrac{iN_m(P)}{D_n(P)}} = \frac{iN_m(P)}{D_n(P)} \tag{7-50}$$

整理后可得：

$$\left[\frac{N_m(P)}{D_n(P)}\right]^2 + 2\overline{k}\,\frac{N_m(P)}{D_n(P)} - P = 0 \tag{7-51}$$

7.3.3 模场求解与边界条件分析

以二维标量场为例，设输入场为 $\phi_{in}(x)$，输入场可分解为波导/光子晶体光纤传导模式的线性叠加和辐射模的积分之和，为了简化计数，去掉辐射模的积分项，将输入场表示为光子晶体光纤传导模式的线性叠加，表示如下：

$$\phi_{in}(x) = \sum_m c_m \phi_m(x) \tag{7-52}$$

两边同乘传播因子得 $\phi(x,z)$ 的表达式为

$$\phi(x,z) = \sum_m c_m \phi_m(x)\,e^{i\beta_m z} \tag{7-53}$$

一般的求解过程让输入场沿波导传播无限长的距离，最后仍能在波导内稳定传输的场为该波导的模场，令 $z' = iz$，则可表示为

$$\phi(x,z') = \sum_m c_m \phi(x)\,e^{\beta_m z'} \tag{7-54}$$

波导的基模（$m=0$）拥有最大的传播常数，场的总能量也主要集中在基模，因此基模对应的指数部位也最大。随着 z' 增大，模式之间发生竞争，基模的增长速率最快，传播常数可表示为

$$\beta^2 = \frac{\displaystyle\int \phi^* \left(\frac{\partial^2 \phi}{\partial x^2} + k^2 \phi\right) dx}{\displaystyle\int \phi^* \phi\,dx} \tag{7-55}$$

大于 0 阶的模场可以通过一个正交化再减去低阶模场得到，通过上述虚位移的大致求解过程，可以清晰地认识到虚位移法求解波导模场的有效性。通常讨论的电磁场计算域，理论上都是广阔无边界的空间内的传播行为，事实上往往只要知道小范围内电磁场的传播行为即可，这就涉及有界空间问题。而有界空间必然会引入边界的处理、初始条件的设定等一系列问题，统称为边界条件。在 BPM 方法中，实际常用的边界条件有透明边界条件（Transparent Boundary Condition，TBC）、吸收边界条件（Absorbing Boundary Condition，ABC）、完美匹配层（Perfect Match Layer，PML）。透明边界条件即在边界附近近似为平面波导电磁场能量在边界区

域内呈指数衰减,禁止电磁场返回影响计算结果,该边界条件与具体问题无关,具有普适性;吸收边界条件是在边界处插入吸收区域,须根据具体问题设置选择适当参数才能得到精确的解;而完美匹配层发展稍晚,它是在计算区域外加一层电导率各向异性介质层,通过选择合适的电导率使流出边界的场尽可能完全匹配,致使反射场尽可能小,从而得到十分理想的效果。

7.4　端面直接耦合模型及技术实现

7.4.1　Y波导与光子晶体光纤端面模场仿真

　　Y波导的数值模型构建如图7-4所示,光能量从单端输入时将激发一定的光传导模式,经过Y波导的传输和分束,光场模式发生相应的变化,并直接与光子晶体光纤发生耦合,从而演化成光纤传输模式在光子晶体光纤环圈中传导。

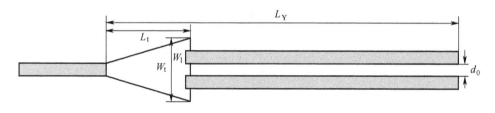

图7-4　Y波导数值模型结构

　　采用BPM软件对Y波导单端激发光模场分布进行理论分析,二维、三维光场分布如图7-5所示,其横向模场分布为椭圆形,近似为厄米高斯分布[9]。

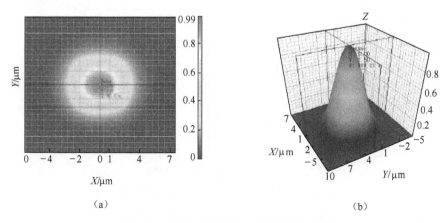

（a）

（b）

图7-5　Y波导单端光场分布(彩图见插页)
（a)二维光场分布;（b)三维光场分布。

在 Y 波导的两分束端,光场分布与两分束端之间的距离 d_0 直接相关,很明显,当 $d_0 = 0$ 时,耦合进两分束端的光能量最高,基于 BPM 软件模拟的 Y 波导两分束端光场分布与分束端距离 d_0 的关系如图 7-6 所示。两分束端间距 d_0 越大,输出模场半径越大,模场的双峰越明显,双峰间距拉得越远。光经过 Y 波导以后单端口与双端口的光场分布如图 7-7 所示。

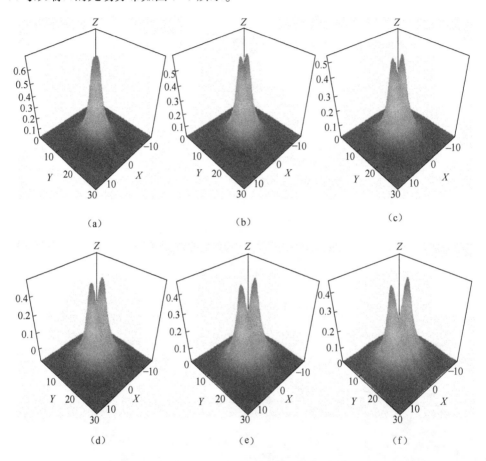

图 7-6 Y 波导分束端三维光场分布与分束端间距的关系(彩图见插页)
(a) $d_0 = 0.5\mu m$;(b) $d_0 = 1\mu m$;(c) $d_0 = 1.5\mu m$;
(d) $d_0 = 2\mu m$;(e) $d_0 = 2.5\mu m$;(f) $d_0 = 3\mu m$。

当光能量从 Y 波导直接耦合至光子晶体光纤时,将在光纤纤芯激发起传输模式,其模场分布如图 7-8 所示,光子晶体光纤模场为圆对称分布,呈高斯型,在纤芯处能量最高,至包层边缘位置能量降至最低。光子晶体光纤与 Y 波导分束端模场的耦合效应随分束端间距的变化关系如图 7-9 所示,当 $d_0 = 4\mu m$ 附近时,耦合效率最大,可达 95% 以上。

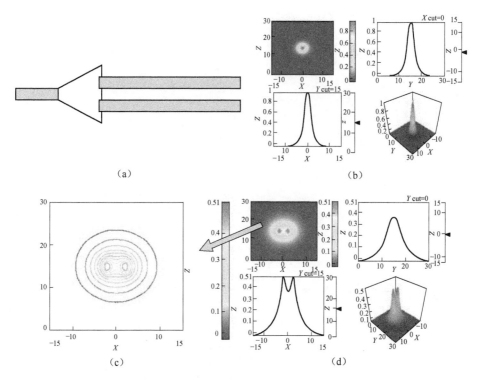

（a）

（b）

（c）

（d）

图7-7 光能量经过Y波导传输的模场分布变化（彩图见插页）

（a）Y波导传光示意图；（b）单端口模场；（c）模场横向分布；（d）分束端模场。

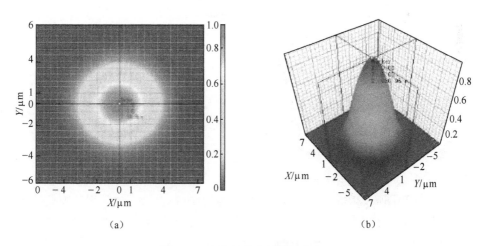

（a）

（b）

图7-8 光子晶体光纤模场分布

（a）二维模场分布；（b）三维模场分布。

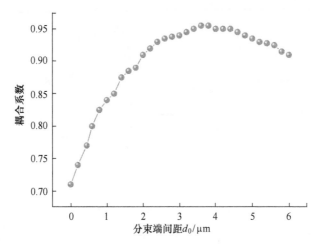

图 7-9　Y 波导分束端与光子晶体光纤耦合效率随间距的变化关系

7.4.2　波导–光子晶体光纤环圈直接耦合技术实现

将 Y 波导芯片与光子晶体光纤环圈直接对准耦合形成敏感组件可避免因熔接不理想而引入的偏振交叉耦合和背向反射等噪声影响,已成为国外高精度光纤陀螺系统普遍采用的光路方案。光纤陀螺波导–环圈偏振对轴需求如图 7-10 所示,耦合点 1 和耦合点 2 均需要分别对准处理,波导芯片与环圈尾纤对接时,光路形成闭合回路,一般采用光学特征参数监测或者直波导辅助对准两种技术手段完成高精度对准耦合。

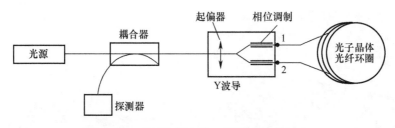

图 7-10　光纤陀螺波导–环圈偏振对轴需求

1. 光学特征参数监测技术

为了实现图 7-10 所示的耦合点 1 的偏振对轴处理,可预先利用工装夹具将耦合点 2 处的光纤环圈尾纤固定并与消光比测试仪连接,其等效光路如图 7-11 所示,调整耦合点 1 处的波导环圈相对位置,当消光比测试仪上的数值最大时,此时耦合点 1 处的偏振方向与起偏器方向之间的角度差为 0,表明完成耦合点 1 处的偏振对轴。

图 7-11　光纤陀螺波导-环圈耦合点 1 的偏振对轴等效光路

完成耦合点 1 处的偏振对轴和紫外固化以后,耦合点 2 处的偏振对轴光路可等效于图 7-12 所示,其琼斯矩阵建模可表示为

$$\begin{pmatrix} E_{x\text{-out}} \\ E_{y\text{-out}} \end{pmatrix} = \begin{pmatrix} 1-\alpha_2 & \alpha_2 \\ \alpha_2 & 1-\alpha_2 \end{pmatrix} \begin{pmatrix} \cos^2\theta & \sin^2\theta \\ \sin^2\theta & \cos^2\theta \end{pmatrix} \begin{pmatrix} 1-\alpha_1 & \alpha_1 \\ \alpha_1 & 1-\alpha_1 \end{pmatrix} \begin{pmatrix} E_{x\text{-in}} \\ E_{y\text{-in}} \end{pmatrix} \qquad (7\text{-}56)$$

式中: α_1、α_2 分别为耦合点 2 前后的光路损耗; θ 为耦合点 2 偏振方向与起偏器偏振方向之间的角度差。

对轴后回到起偏器的消光比为

$$\varepsilon = 10\log\left(\frac{1+(1-2\alpha_1)(1-2\alpha_2)\cos2\theta}{1-(1-2\alpha_1)(1-2\alpha_2)\cos2\theta}\right) \qquad (7\text{-}57)$$

调整耦合点 2 处的波导环圈相对位置,使消光比最大时,完成耦合点 2 处的偏振对轴。

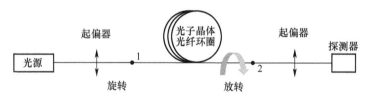

图 7-12　光纤陀螺波导-环圈耦合点 2 的偏振对轴等效光路

2. 直波导辅助对准技术

除了光学特征参数监测技术之外,波导-环圈之间的直接耦合也可以通过两根直波导辅助对准完成,首先通过光刻、退火质子交换、蒸发和电镀等工艺制作图 7-13 所示 Y 波导芯片,并对芯片输入输出端面进行斜 10° 研磨抛光,形成待耦合芯片。同时在 Y 波导芯片的工作波导(Y 分支波导)两侧各设置 1 根用于辅助对准的直波导,直波导的引入不影响 Y 波导的功能特性。为了与标准的硅 V 槽阵列相兼容,芯片输出端各波导中心间距 x 取 $250\mu m$,高精度光刻工艺可将波导中间距误差控制在 $0.1\mu m$ 以内[10],Y 波导芯片输出侧端面结构示意如图 7-14 所示。

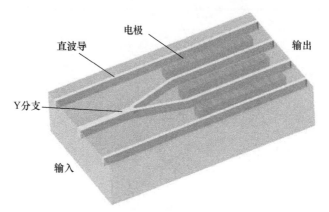

图 7-13 Y 波导芯片与辅助耦合用直波导结构集成示意图

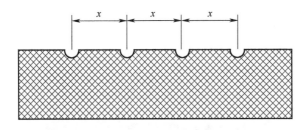

图 7-14 Y 波导芯片输出侧端面示意图

其次,采用光刻、湿法腐蚀工艺制作图 7-15 中所示的硅 V 槽阵列,要求各 V 槽依次与 Y 波导芯片输出侧光波导相对应[11]。如图 7-15 所示,将用于辅助对准的尾纤和光子晶体光纤环的两尾纤安装固定于 V 槽中,要求光子晶体光纤环尾纤的工作轴向平行或垂直于硅 V 槽的某一基准面(图 7-15 中光子晶体光纤的慢轴方向垂直于硅 V 槽阵列的上表面)。两相邻 V 槽中心间距为 250μm,对 V 槽阵列端面进行斜 15°研磨抛光,形成待耦合的光子晶体光纤环圈组件。

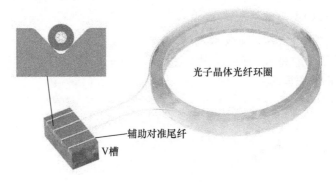

图 7-15 光子晶体光纤环圈直接耦合预制件

由于 V 槽以阵列方式制作,槽深及槽间距要求十分精准,通过在显微镜下精密装配工艺,可将组件中各光纤几何中心在垂直方向的同心度和水平方向中心间距误差控制在 $0.5\mu m$ 以内,选定工作轴向与硅 V 槽基准面的误差在 $1.5°$ 以内。光子晶体光纤环圈组件输出侧端面示意如图 7-16 所示。

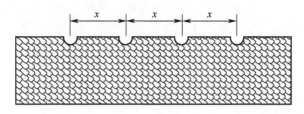

图 7-16 光子晶体光纤环圈输出侧端面示意图

最后,基于精密六维位移台(x、y、z 方向平移分辨率为 10nm,θ_x、θ_y、θ_z 方向旋转分辨率为 4 arcsec)实现光纤环组件与 Y 波导芯片对准耦合,具体耦合过程分三个步骤:第一步,通过阵列耦合方式实现输入尾纤与 Y 波导芯片的对准;第二步,通过监测光子晶体光纤环圈组件两辅助尾纤的出纤功率,实现 Y 波导芯片与光子晶体光纤环圈组件的对准,要求两辅助尾纤的出纤功率同时达到最大,如图 7-17 所示;第三步,分别在输入、输出耦合点滴入适量快速紫外固化胶,待其均匀填充芯片-光纤组件端面后,采用紫外固化光源辐照耦合点,实现光子晶体光纤组件与 Y 波导芯片的牢固黏接固定,形成直接耦合的波导-环圈陀螺组件,从而避免光子晶体光纤熔接操作。

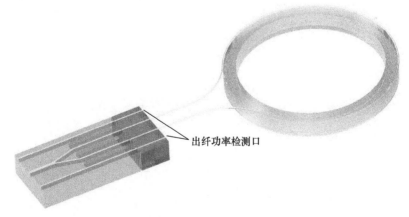

出纤功率检测口

图 7-17 Y 波导与光子晶体光纤环圈直接耦合示意图

7.4.3 波导-环圈直接耦合对准容差分析

Y 波导芯片是以 x 切 y 传铌酸锂晶片为衬底材料,通过光刻、退火质子交换、蒸发、电镀等工艺形成 Y 分支光波导和推挽调制电极。其光波导具有单偏振特性,即只能传输电矢量方向平行于晶片 z 切方向的 TE 模。在 7.3.1 节中,分析了光子晶体光纤与退火质子交换铌酸锂光波导之间连接损耗,模场失配损耗、端面菲涅耳反射损耗和对准偏差损耗三部分组成。模场失配损耗主要取决于波导和保偏光纤的模场匹配度;端面菲涅耳反射损耗可通过斜耦合结构抑制,选取铌酸锂光波导芯片端面 10°倾角和光纤端面 15°倾角的组合,可将背向反射减少到 60~70dB 以上;对准偏差损耗由横向位错损耗、纵向间距损耗、轴向角度损耗构成。

　　Y 波导与光子晶体光纤对接结构中,共有 5 个自由度,分别是横向位错 x 和 y 方向,纵向间距 Z,分别绕 x、y 轴的旋转角 α 和 β。两者的耦合效率 η 通过模场交叠积分计算得出:

$$\eta = \frac{\left| \int_{-\infty}^{\infty} \varphi_1(x,y)\varphi_2(x,y)\,\mathrm{d}x\mathrm{d}y \right|^2}{\int_{-\infty}^{\infty} |\varphi_1(x,y)|^2 \mathrm{d}x\mathrm{d}y \int_{-\infty}^{\infty} |\varphi_2(x,y)|^2 \mathrm{d}x\mathrm{d}y} \qquad (7-58)$$

式中:$\varphi_1(x,y)$ 为光子晶体光纤模场分布函数;$\varphi_2(x,y)$ 为 Y 波导模场分布函数。

　　对光子晶体光纤与退火质子交换铌酸锂光波导之间的连接损耗进行近似计算发现,横向位错和角度偏差对功率损耗的影响较大。实际对准过程中,为了实现优于 1.0dB 的耦合附加损耗,轴向角度偏差需要控制在±0.5°范围内,横向位移偏差应控制在±0.2μm 范围内,纵向间距应控制在 2μm 以内。

　　由于退火质子交换铌酸锂光波导工作于 TE 模单偏振状态[12],在与光子晶体光纤对接时,需要确保其偏振方向与光子晶体光纤选定的工作轴向一致,以实现低的尾纤偏振串音。如图 7-18 所示,设光子晶体光纤的工作轴向(快轴)与 Y 波导的 TE 模方向成夹角 θ,则尾纤偏振串音 K_p 可表示为

$$K_p = 10\lg(P_2/P_1) = 10\lg(\tan^2\theta) \qquad (7-59)$$

式中:P_2 为光子晶体光纤尾纤慢轴输出光功率,$P_2 = P_0\sin^2\theta$;P_1 为光子晶体光纤尾纤快轴输出光功率,$P_1 = P_0\cos^2\theta$;P_0 为 Y 波导输出偏振光功率。

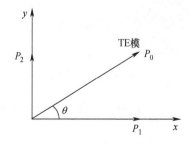

图 7-18　Y 波导与光子晶体光纤偏振对轴示意图

要确保尾纤偏振串音 K_p 优于 $-30dB$,则要求偏振轴向对准偏差角 θ 不能大于 $1.8°$,实际工艺中需要尽可能使光子晶体光纤的工作轴向平行或垂直于选定的基准面[13]。

7.5 本 章 小 结

本章首先对 PZT 和 Y 波导两种光纤陀螺相位调制方法进行了介绍,通过比较得出 Y 波导作为相位调制器的优势;其次对 Y 波导相位调制器的工作原理做了详细分析,重点介绍了铌酸锂的电光效应,进而说明 Y 波导的工作原理;再次对波导-环圈直接耦合损耗的机理进行了分析和分类,并对降低各类损耗的措施和方法进行了讨论,确定了影响耦合损耗的主要因素所在;最后对波导-环圈直接耦合过程中的光场变化进行了理论仿真并阐释了直接耦合技术实现方法。

 参考文献

[1] Alferness R C. Waveguide electroptical modulators[J]. IEEE Transactions on Microwave Theory and Techniques, 1982, 30(8): 1121-137.

[2] Minford W J, Korotky S K, Alferness R C. Low-loss Ti:LiNbO3 waveguide bends at λ = 1.3μm [J]. IEEE Journal of Quantum Electronics, 1982, 18(10):1802-1806.

[3] Liu P L. LiNbO3waveguide modulator with 1.2μm thick electrodes fabricated by lift-off technique [J]. IEEE Journal of Quantum Electronics, 1982, 18(10):1780-1782.

[4] Noguchi K, Mitomi O, Miyazawa H, et al. A Broadband Ti:LiNbO3 optical modulator with a ridge structure[J]. Journal of Lightwave Technology, 1995, 13(6):1164-1168.

[5] Balatsky A V, Fransson J, D Mozyrsky, et al. STM NMR and nuclear spin noise[J]. Physical Review B Condensed Matter, 2006, 73(18):184429.1-184429.7.

[6] Sleator T, Weinfurter H. Realizable Universal Quantum Logic Gates[J]. Physical Review Letters, 1995, 74(20):4087-4090.

[7] Huang W P, Xu C L. Simulation of three-dimensional optical waveguides by a full-vector beam propagation method[J]. IEEE Journal of Quantum Electronics, 1993, 29(10):2639-2649.

[8] Chiou Y P, Chang H C. Complementary operators method as the absorbing boundary condition for the beam propagation method[J]. IEEE Photonics Technology Letters, 1998, 10(7):976-978.

[9] Vohra S T, Mickelson A R, Asher S E. Diffusion characteristics and waveguiding properties of proton-exchanged and annealed LiNbO₃ channel waveguides[J]. Journal of Applied Physics, 1989, 66(11):5161-5174.

[10] R. Holly, Kurt Hingerl, Robert Merz, et al. Fabrication of silicon 3D taper structures for optical fibre to chip interface[J]. Microelectronic Engineering, 2007, 84: 1248-1251.

[11] Laere F V, Roelkens G, Ayre M, et al. Compact and Highly Efficient Grating Couplers Between Optical Fiber and Nanophotonic Waveguides[J]. Journal of Lightwave Technology, 2007, 25: 151-156.

[12] Saini S S, Hu Y. Lossless 1×2 optical switch monolithically integrated on a passive active resonant coupler (PARC) platform[J]. IEEE Photonics Technology Letters, 2000, 12(7): 840-842.

[13] Sure A, Dillon T, Murakowski J, et al. Fabrication and characterization of three-dimensional silicon tapers[J]. Optics Express, 2003, 11(26):3555-3561.

第8章 光子晶体光纤陀螺光源技术

新型光源的提出和优化在光子晶体光纤陀螺的研制过程中扮演了重要角色，是保障陀螺正常工作并满足功能特性指标的关键元器件。光子晶体光纤陀螺光源必须满足以下几个条件：①工作波长位于光纤的低损耗传输窗口；②光的相干长度短，即具有较宽的光谱宽度，以降低相干背向散射、偏振交叉耦合以及非线性光学Kerr效应等引起的寄生干涉；③输出光功率较高且稳定，以提高陀螺信噪比；④平均波长稳定性好，以实现标度因数的稳定性；⑤可靠性高，以提升陀螺运转稳定性。目前光子晶体光纤陀螺使用的光源包括宽带光源（带宽40nm左右）和窄线宽半导体激光器光源（线宽40GHz左右），其中宽带光源包括超辐射发光二极管（SLD）光源和掺铒光子晶体光纤光源。

超辐射发光二极管光源是光子自发辐射被单程受激放大的半导体光源，具有较高的输出功率、窄的光束发散角和宽输出光谱，SLD光源主要分为830nm和1310nm两个波段，主要应用于中低精度的光子晶体光纤陀螺。掺铒光子晶体光纤光源输出光波长位于1550nm附近，具有功率高、平均波长稳定性好的优点，广泛应用于高精度光纤陀螺。宽带光源降低了Kerr效应、相干背向散射以及相干偏振噪声，推动了光纤陀螺的发展，但是基于宽带光源的光纤陀螺仍然存在一些问题，限制了其在飞机、舰船惯性导航以及其他需要高性能领域的广泛应用。首先宽带光源存在较大的相对强度噪声[1]，远大于散粒噪声，导致光纤陀螺实际使用精度远逊于散粒噪声极限，虽然可采取一定的强度噪声抑制措施，但是会增强陀螺的复杂性和成本；其次，宽带光源的平均波长稳定性还有待进一步提高，导致长航时应用时光纤陀螺的标度因素稳定性不足，降低了光纤陀螺在飞机、舰船惯性应用市场与激光陀螺的竞争力。

基于宽带光源的不足，在光子晶体光纤陀螺的研究过程中，窄线宽半导体激光器光源得到关注和深入探讨，半导体激光器价格低廉，易于实现小型化，带温控的半导体激光器波长稳定性优于1×10^{-6}，相比于宽带光源，可将光纤陀螺的标度因数稳定性提高1个数量级以上，并且半导体激光器光源还具有很小的相对强度噪声，有潜力提高光纤陀螺精度。

8.1 超辐射发光二极管光源

在光纤通信技术、激光技术以及光电子技术的推动下,光纤陀螺宽带光源技术得到长足的发展,促使光纤陀螺形成不同精度档次的产品,一般包括超辐射发光二极管(SLD)光源和掺铒光纤光源,其中,中低精度的光纤陀螺普遍搭载的是 SLD 光源,广泛应用于战术导弹、无人机等领域,而高精度光纤陀螺普遍采用掺铒光纤光源,主要应用于航天飞行器的精密定向系统、GPS/INS 系统、平台罗经和潜艇导航系统等。

8.1.1 超辐射发光二极管光源基本定义

光与物质之间的作用,实质上是组成物质的微观粒子中的电子吸收光子或者辐射光子的过程,在抽象的微观模型中,每个粒子的能带都是由一系列能级来表征的,根据量子力学的相关理论,任一时刻电子以一定概率的形式处在某一能级相对应的状态(或称为某一个能级)。单个电子在与外界的光子相互作用时会在其两个能级之间发生跃迁,相应地吸收光子或者辐射光子,光子的能量定义为 ΔE ,为两个能级之间的能量差,频率为 $\nu = \Delta E/h$ (h 为普朗克常量)。在这个过程中会发生以下三种物理现象:

(1) 电子的受激吸收。在正常状态下物质中的电子处于较低能级时,会受到外界的激发,当吸收了光子的能量时会跃迁到的较高能级,增加的能量与被吸收的光子能量相等,同时光子消失。

(2) 电子的自发辐射。电子在较高能级的状态并不是一个稳定状态,而是被称为激发态,当存在较低能级时电子会以一定的概率从高能级向低能级跃迁,同时辐射出一定能量的光子。

(3) 电子的受激辐射。当光子以一个固定的频率入射时,会引发电子以一定的概率从高能级跃迁到低能级,同时产生一个与外来光子各种特性都相同的光子,比如频率、偏振态等,在这个过程中更多光子的产生则代表着光信号的放大。

激光的概念是"受激辐射的光放大",其基本过程可以简要总结如下:由于在组成物质的原子外部存在着大量的电子,电子在与外界进行能量交换后从低能级跃迁到高能级的激发态,再次从激发态回到低能级时所释放的能量会以光子的形式放出并形成光子束,此过程不断循环,光子数量不断增多最终形成了激光,而根据其出射光性质的不同大体可以分为三种类型的器件。

(1) 半导体激光二极管(LD)。LD 的出射光会经过半导体器件内部的振荡和选模过程,具有较强的相干性和极窄的光谱特性。LD 的这种特性可用于特定波长的输出光,比如光纤通信中的 1310nm 和 1550nm 两个低损耗窗口用来实现远距离光通信传输,同时 LD 还具有较高的功率输出,可用于激光武器、激光测距、激光切割等方面。

（2）发光二极管（LED）。LED 的出射光不经过器件内部的振荡与选模过程,因此具有较宽的光谱与较低的功率,又由于其功率容易饱和,相比于传统照明设备有着较低的功耗,因此 LED 被广泛应用于日常照明、光学显示、医疗器件等方面。

（3）超辐射发光二极管（SLD）。不同于 LD 与 LED,SLD 是介于 LD 和 LED 之间的一种半导体光电器件。其发光原理是在电流强激发下的定向辐射现象,当外界电流激发密度足够高时,半导体内部的光子受激放大,同时发光强度也急剧增加,光谱宽度由宽变窄,又由于 SLD 中加入了抑制振荡与选模的设计,因此 SLD 的超辐射发光是一种非相干光源（或称为短相干、低相干）。

8.1.2　超辐射发光二极管光源性能对比

三种超辐射发光二极管光源的发光原理和发射光波特性存在一定的差异,其发光特点如图 8-1 所示,激光二极管光源发射的为长相干光,发光二极管发射的为非相干光,超辐射发光二极管发射的为短相干光。通过将激光二极管的有源区解理面一端设置为全反射,另一端设置为部分反射,从而在激光二极管中建立光谐振结构,利用多重反射导致某一窄带波长光的谐振效应,类似于驻波现象的谐振选模作用,产生的光谱带宽较窄,发射出高相干光,同时由于光放大路程倍增,导致激光二极管光源具有输出功率大（通常可达数百 mW）、谱宽窄（通常小于 1nm）的特点。激光二极管光源相干长度长,会给光纤陀螺环形光路引发很大的光散射噪声,一般不采用激光二极管作为光纤陀螺光源使用。

发光二极管（LED）的有源区解理面两端都不具有反射功能,无法形成谐振腔,发出的光为自发辐射,具有光谱宽（850nm、1310nm 和 1550nm 发光二极管光源光谱宽度分别为 30～40nm、70～80nm 和 90～110nm）、光谱调制度低、工作温度范围宽、价格低的特点,由于 LED 的输出光功率低（100mA 工作电流下,单模尾纤输出功率 10～40μW）,一般也不适用于中高精度光纤陀螺使用。

超辐射发光二极管是一种具有单程光增益的半导体光源,其有源区解理面两端也没有反射介质,输出光波为单程放大的受激辐射,其输出光特性一般介于激光二极管与发光二极管之间,输出光为短相干光,同时光功率远大于发光二极管光源。超辐射发光二极管通常具有较宽的光谱（30～40nm）,光谱调制度小于 10%,输出光功率一般可达数百微瓦。

光纤陀螺需要弱相干光源来抑制寄生干涉和光纤非线性效应等引起的误差,因此具有高相干性的激光二极管光源不能作为陀螺光源使用,发光二极管光源功率较低,只能应用于低精度光纤陀螺。同时,超辐射发光二极管光源光束发散角与激光二极管光源相近而小于发光二极管光源,适合与单模或保偏光纤耦合,广泛应

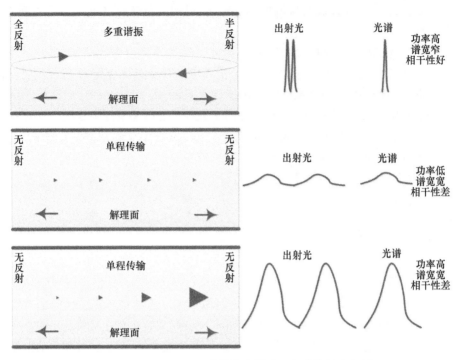

图 8-1　LD、LED、SLD 光源发光原理及光谱特征示意图

用于中低精度光纤陀螺。

8.1.3　超辐射发光二极管光源在光纤陀螺中的应用

　　目前,SLD 光源驱动电路主要由恒流源、自动温度控制电路和保护电路构成。基于对光源出纤功率和驱动电流关系的实验,SLD 输出光功率随注入电流的增加而增加。要使光源的输出功率恒定,驱动电流的精度必须与输出功率的精度在同一数量级或者更高,所以要用精密恒流源驱动 SLD 光源。此外,环境温度对光源内部结温的影响非常大,即使 SLD 光源工作在恒温的环境中,由于有一部分注入SLD 的电功率在结区转换为热能耗散掉,从而使结温升高,也会引起 SLD 输出光功率变化,所以应该采用自动温控电路来稳定结温。温控电路通过温度传感器温敏电阻的反馈来控制制冷器工作,达到温度恒定。恒流源虽然可以保证 SLD 工作在阈值范围内,但由于外界各种影响,电路中往往会产生脉冲尖峰,尤其在加电启动时电冲击很强。这些过载都会造成 SLD 的击穿和损害,因此在驱动电路中必须加上慢启动及脉冲和过载保护电路。

　　超辐射发光二极管光源主要应用于早期光纤陀螺,出射光采用部分偏振光或者完全偏振光。由于 SLD 光源的发散角较大,导致不能很好地耦合进光纤中,因此输出功率不足,这很大程度限制了光纤陀螺的精度,同时 SLD 光源的使用寿命有限,对器件使用寿命要求高的应用场景下,SLD 光源不再适用,此外 SLD 光源对温度变化敏感,环境适应性差,这是半导体材料的固有问题。大多数的超辐射发光二极管平均波长变化较大,如果要稳定 SLD 光源的波长,需要把温度控制在0.01℃以内,这无疑会增加光源复杂度和成本。温度对超辐射发光二极管波长影响较大,而光纤陀螺的标度因数由光源的平均波长标定,这意味着温度变化会带来较大的旋转速率检测误差。

目前,高精度光纤陀螺普遍采用宽带稀土掺杂光纤光源,其优势相比 SLD 光源非常明显。它能够与光纤陀螺敏感光纤环圈有效地耦合,输出相对较高的功率,提高了系统的信噪比。不仅如此,宽带稀土掺杂光纤光源提供了比 SLD 光源更持久的使用寿命。稀土掺杂光纤光源谱宽较大,有助于减小非线性光学 Kerr 效应和背向散射等引起的寄生干涉,由于相对强度噪声与光谱宽度成反比,所以增大光谱宽度能降低相对强度噪声的影响,提高系统的信噪比和降低角度随机游走。此外,稀土掺杂光纤光源的中心波长稳定性要比 SLD 光源强得多,采用稀土掺杂光纤光源很容易达到几个 ppm 的波长稳定性,这意味着对光源温度控制的精度不用像 SLD 光源那样严格。

8.2　掺铒光子晶体光纤光源

掺铒光纤光源是光纤陀螺领域应用最为广泛的宽带光源,而掺铒光子晶体光纤光源与传统掺铒光纤光源的主要不同点在于增益光纤采用了掺铒光子晶体光纤。传统掺铒光纤仅由纤芯和包层组成,而掺铒光子晶体光纤的包层结构更复杂,其端面的结构如图 8-2 所示,掺铒光子晶体光纤包层由 7 层空气孔组成,空气孔直径约 2μm,孔间距约为 4μm。纤芯为掺杂铒离子的二氧化硅实芯,模场直径约4.34μm。光子晶体光纤纤芯的掺杂工艺与传统光纤类似,铒离子掺杂质量分数约为 0.1%,为了避免铒离子的团簇效应,纤芯中额外掺杂了铝离子,铝离子的摩尔分数一般为 2.3%,由于铝离子是宇航辐射过程中的主要"着色"离子之一,因此掺铒光子晶体光纤中掺杂铝离子的摩尔分数控制为 1.1%。光子晶体光纤可以减少杂质离子(为改变包层与纤芯折射率差)的掺杂而降低相关缺陷引起的"色心"浓度,在空间宇航应用时具有显著优势。

掺铒光子晶体光纤光源发出宽谱光的过程本质上是放大的自发辐射(Amplified Spontaneous Emission,ASE),掺铒光子晶体光纤光源与掺铒光纤放大器具有相似的工作原理,光源结构的三个要素是:①受激辐射介质;②能量源;③无源传导器件。受激辐射介质就是指具有一定掺杂浓度的掺铒光子晶体光纤,可受激吸收以及自发或受激辐射,实现能级跃迁;能量源就是泵浦源,能够提供泵浦光,也

图 8-2　掺铒光子晶体光纤端面结构图

就是为铒离子受激吸收的能级跃迁过程提供能量；由于一般泵浦源发射出的泵浦光与掺铒光子晶体光纤自发辐射产生的辐射光波长不尽相同，需要无源传导器件进行分光，波分复用器起到的就是波分复用的作用。

8.2.1　掺铒光子晶体光纤放大原理

掺铒光子晶体光纤的活性离子为铒离子[3-4]，当铒离子与石英光纤结合时，它们的每个能态被分裂为许多密切相关的能态，也称为能带。原子物理学认为，物质与电磁波的相互作用中，原子的能级状态可能有吸收、自发辐射、受激辐射三种。假设初始时处于基本能级状态 E_1，在吸收光子能量之后，原子的能级状态变为受激状态 E_2，吸收的光子能量恰好等于两个能级之间的能量差，即 $hv = E_2 - E_1$。类似地，如果初始时原子已经处于受激能级状态 E_2，然而这并不是一个稳定的状态。自发辐射是指在没有任何外部作用下，原子的能级状态转换为基本能级状态 E_1。从高能级向低能级变换时，将释放出光子，其能量等于原子两种状态能级之差，即 $hv = E_2 - E_1$。

受激辐射是指在外界辐射的作用下，恢复到基本状态，同时发射出光子，光子的能量为 $hv = E_2 - E$。受激辐射的特征是：原子发射出第二个光子和激发原子状态改变的第一个光子具有完全一致的物理特性。两者具有同样的频率、相位、偏振以及传播方向。产生受激辐射的同时，也将产生吸收光子的变换，为了加强受激辐射，激发出来的光子数量必须超过被吸收的光子数量。处于热力学平衡的原子物理系统中，吸收的光子数目大于发射的光子数目，因此在光束通过物质时，光强将会衰减。为了使光束通过介质时能得到增强，必须建立能级状态不平衡的原子系统，即引入外部能量。这种外部输入的"激励"，可以是光学方法、电学方法或其他方法。

假设粒子的密度为 N，该物理量表征了单位体积内粒子的总个数。假设在单位体积的所有粒子中，处于低能级态的粒子总数为 N_1，那么由于仅存在两个能级，则在单位体积内经过受激吸收跃迁过程处于高能级态的粒子总数为

$$N_2 = N - N_1 \tag{8-1}$$

由物理学基本原理可知，一般情况下能级分布呈金字塔形，即低能级态粒子数大于高能级态粒子数，这样才是一个比较稳定的能级结构分布。但经过受激吸收跃迁后，可能存在 $N_2 > N_1$ 的情况，这种情况称为粒子反转。只要泵浦吸收概率高于辐射和无辐射弛豫概率，就能实现粒子反转。在热平衡状态时，玻尔兹曼统计分布描述了基态和激发态能级粒子数为

$$\frac{N_2}{N_1} = \frac{f_2}{f_1} \mathrm{e}^{-\frac{(E_1-E_2)}{k_b T}} \tag{8-2}$$

式中：k_b 是波尔兹曼常数；f_1、f_2 是两能级态的统计权重。

为了实现放大的光输出，必须实现粒子数反转，即铒离子 Er^{3+} 中高能级上的电子数目大于低能级上的电子数目，或者说多数电子处于高能级的铒离子数目大于多数电子处于低能级的铒离子数目，这需要泵浦光的激发作用。通常采用的泵浦方式为 980nm 波长间接泵浦或者采用 1480nm 波长直接泵浦。1480nm 比 980nm 更接近信号光的波长，所以 1480nm 泵浦能够提供更高的输出功率。但是 1480nm 泵浦需要更长的掺铒光子晶体光纤，且和 1550nm 波长的复用较 980nm 波长困难，所以目前在掺铒光子晶体光纤光源中更多采用 980nm 泵浦。在 980nm 波长泵浦的掺铒光子晶体光纤中，电子经过泵浦吸收跃迁到泵浦态，泵浦态的寿命较短，大约为 7s，受激电子将以非辐射状态衰变到上激射态，上激射态寿命相对较长，约为 10ms。电子上激射态跃迁到下激射态，该回迁过程伴随自辐射荧光产生。该荧光存在三种主要形式。

（1）低泵浦功率。粒子密度满足 $N_2 < N_1$，即基态粒子数大于激发态粒子数，符合能级分布准则，此时掺铒光子晶体光纤仅存在自发辐射荧光。

（2）中泵浦功率。泵浦功率逐渐加强，当出现粒子反转时，即 $N_2 > N_1$，基态粒子数小于激发态粒子数，由于两种能级的粒子存在极强的相互作用，粒子能级回迁发光呈现共性，即单个粒子的随机性较强的自发辐射逐渐失去优势，而这些单个粒子趋向于多粒子协作进行受激辐射，而由于协作累积作用，这种放大的自发辐射具有放大作用，该种多粒子协调一致的辐射光称为超荧光。

（3）高泵浦功率。泵浦功率进一步加强，并且出现反射谐振过程，辐射出因自激振荡而出现的窄带激光，因此在进行光路设计时，需对尾纤进行特定角度切除，防止端面反射形成谐振自激。

铒离子的泵浦能级结构如图 8-3 所示,在 980nm 泵浦光对掺铒光子晶体光纤进行泵浦时,低能级态(基态) $^4I_{15/2}$ 会受激吸收,上升到高能级态 $^4I_{11/2}$ 上,该能级态粒子存在的时间非常短暂,一般会以无辐射跃迁的形式下降到激光能级态 $^4I_{13/2}$,而处在该能级态的铒离子会以辐射跃迁的形式回迁到基态 $^4I_{15/2}$ 辐射输出信号光。处于基态 $^4I_{15/2}$ 的铒离子也可以受 1480nm 泵浦光直接受激辐射至能级态 $^4I_{13/2}$,因此在 980nm 泵浦光的泵浦条件下,掺铒光子晶体光纤光源是一个三能级系统。实际能级跃迁过程中,一般伴随有铒离子的能级态展宽,所以铒离子并不产生单频光,而是在 1530nm 附近,形成具有一定波长范围的宽谱光。而除了上述的几种能级跃迁方式,980nm 泵浦光还参与了其他能级态跃迁,不过由于这些经过 980nm 泵浦后跃迁的高能级态很大部分都会以非辐射跃迁的方式回迁至低能级,实际上处于该能级态的粒子数非常少。

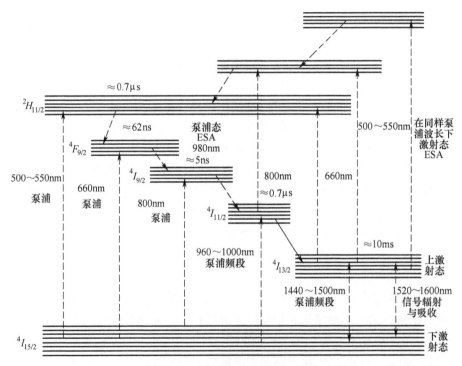

图 8-3　铒离子泵浦能级结构图

掺铒光子晶体光纤光源是一个典型的三能级系统,伴随有自发辐射与受激辐射过程,可将三能级系统进行抽象,得到掺铒光子晶体光纤光源能级示意图,如图 8-4 所示。

$N_i(i=1,2,3,4)$ 表示处于该能级的铒离子浓度,依次表示基态能级 $^4I_{15/2}$,激发态能级 $^4I_{13/2}$,抽运高能级态 $^4I_{11/2}$ 以及合并抽象后的 $^4F_{7/2}$ 能级态和 $^4H_{11/2}$ 能

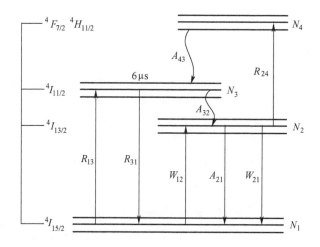

图8-4 掺铒光子晶体光纤光源三能级系统示意图

级态的铒离子浓度。利用三能级系统速率方程对掺铒光子晶体光纤光源建立分析模型:

$$\frac{\mathrm{d}N_1}{\mathrm{d}t} = A_{21}N_2 + W_{12}N_2 - W_{12}N_1 - R(N_1 - N_3) \tag{8-3}$$

$$\frac{\mathrm{d}N_2}{\mathrm{d}t} = A_{32}N_3 - A_{21}N_2 - W_{21}N_2 + W_{12}N_1 - R'(N_2 - N_4) \tag{8-4}$$

$$\frac{\mathrm{d}N_3}{\mathrm{d}t} = -A_{32}N_3 + A_{43}N_4 + R(N_1 - N_3) \tag{8-5}$$

$$\frac{\mathrm{d}N_4}{\mathrm{d}t} = -A_{43}N_4 + R'(N_2 - N_4) \tag{8-6}$$

式中: A_{ij} 是能级态间进行自发辐射以及发生弛豫现象的概率; W_{ij} 是能级态间受激跃迁几率的大小; R 是由能级态 $^4I_{15/2}$ 向能级态 $^4I_{11/2}$ 泵浦速率; R' 是由能级态 $^4I_{13/2}$ 向合并抽象能级态的吸收速率。

当掺铒光子晶体光纤光源工作于稳态时,其内部处于一种动态平衡的状态,即在各个能级态的的铒离子浓度为常量,也就是说,上述微分方程等于零。由此可知,稳态时,上述方程有如下关系成立:

$$A_{21}N_2 + W_{12}N_2 - W_{12}N_1 - R(N_1 - N_3) = 0 \tag{8-7}$$

$$A_{32}N_3 - A_{21}N_2 - W_{21}N_2 + W_{12}N_1 - R'(N_2 - N_4) = 0 \tag{8-8}$$

$$-A_{32}N_3 + A_{43}N_4 + R(N_1 - N_3) = 0 \tag{8-9}$$

$$- A_{43}N_4 + R'(N_2 - N_4) = 0 \qquad (8\text{-}10)$$

求解稳态时的方程组,可以得到在各个能级态的铒离子浓度为

$$N_1 = \rho \frac{[1 + W_{21}\tau + R'\tau(1 - \kappa)](1 + \varepsilon R\tau) - R''\tau}{[1 + W_{21}\tau + R'\tau(1 - \kappa)](1 + 2\varepsilon R\tau) + (1 + \kappa)[(1 + \varepsilon R\tau)W_{12}\tau + R\tau] + R''\tau(\varepsilon W_{21}\tau - 1)}$$

$$(8\text{-}11)$$

$$N_2 = \rho \frac{R\tau W_{12}\tau(1 + \varepsilon R\tau)}{[1 + W_{21}\tau + R'\tau(1 - \kappa)](1 + 2\varepsilon R\tau) + (1 + \kappa)[(1 + \varepsilon R\tau)W_{12}\tau + R\tau] + R''\tau(\varepsilon W_{21}\tau - 1)}$$

$$(8\text{-}12)$$

$$N_3 = \rho \frac{[1 + W_{21}\tau + R'\tau(1 - \kappa)]\varepsilon R\tau + \varepsilon R'\tau}{[1 + W_{21}\tau + R'\tau(1 - \kappa)](1 + 2\varepsilon R\tau) + (1 + \kappa)[(1 + \varepsilon R\tau)W_{12}\tau + R\tau] + R''\tau(\varepsilon W_{21}\tau - 1)}$$

$$(8\text{-}13)$$

$$N_4 = \rho \frac{\kappa[R\tau + W_{12}\tau(1 + \varepsilon R\tau)]}{[1 + W_{21}\tau + R'\tau(1 - \kappa)](1 + 2\varepsilon R\tau) + (1 + \kappa)[(1 + \varepsilon R\tau)W_{12}\tau + R\tau] + R''\tau(\varepsilon W_{21}\tau - 1)}$$

$$(8\text{-}14)$$

式中:$\rho = \sum_{i=1}^{4} N_i$;$\tau = 1/A_{21}$;$\varepsilon = A_{21}/A_{32}$;$\kappa = \dfrac{R'}{A_{43} + R'}$;$R'' = \dfrac{R'}{1 + R'/A_{43}}$。

由于非辐射跃迁发生的时间约为微妙级别,其远远快于受激辐射和受激吸收等能级跃迁过程,因此有如下表达式成立:

$$A_{21}/A_{32} \ll 1 \qquad (8\text{-}15)$$

$$R'/A_{43} \ll 1 \qquad (8\text{-}16)$$

据此,可将微分方程的解进一步简化为

$$N_1 = \rho \frac{1 + W_{21}\tau}{1 + (W_{21} + W_{12})\tau + R\tau} \qquad (8\text{-}17)$$

$$N_2 = \rho \frac{R\tau + W_{12}\tau}{1 + (W_{21} + W_{12})\tau + R\tau} \qquad (8\text{-}18)$$

$$N_3 = N_4 = 0 \qquad (8\text{-}19)$$

基于以上简化分析可以看出,铒离子主要分布在基态 $^4I_{15/2}$ 和激光能级态 $^4I_{13/2}$;抽运高能级态 $^4I_{11/2}$ 以及合并抽象后的能级态 $^4F_{7/2}$ 和能级态 $^4H_{11/2}$,铒离子的分布非常少。之后进一步可通过光波导传递微分方程、辐照方程得到超荧光功率和泵浦功率方程,并根据掺铒光子晶体光纤光源的具体结构得到方程的边界条件[2]。

8.2.2 掺铒光子晶体光纤光源基本结构

掺铒光子晶体光纤光源的组成部件一般包括泵浦光源、一定长度的掺铒光子晶体光纤、耦合器(可以采用光纤定向耦合器,或波分复用器 WDM)。980nm 泵浦光束通过耦合器进入掺铒光子晶体光纤,在掺铒光子晶体光纤中激发产生波长为1550nm 的光束,并通过耦合器输出。掺铒光子晶体光纤光源有多种结构,根据泵浦光和自发辐射传播方向是否相同可以分为前向自发辐射结构和后向自发辐射结构。前向自发辐射从泵浦端的相对端输出;后向自发辐射从泵浦端输出。根据掺铒光子晶体光纤两端的反射情况可以分为单程结构和双程结构,具有两个非反射端的称为单程结构,具有一个反射端的称为双程结构。典型的结构有单通后向、单通前向、双通后向、双通前向四种,如图 8-5 所示。其中泵源发出 980nm 泵浦光用于激发掺铒光子晶体光纤;波分复用器,对泵浦光和激发光进行波长复用;掺铒光子晶体光纤,增益光纤;法拉第旋转镜,起到波长选择以及发射的作用;隔离器,用于防止返回光对于源光路的影响;增益滤波器,起到对输出光的谱型控制与平坦作用。

如果光纤两个端面都是非反射端面,则称该结构为单通结构。从泵浦输入端的相对端输出的光是前向放大的自发辐射(ASE)产生的,这种结构称为单通前向结构。单通前向结构是将泵浦光直接注入掺铒光子晶体光纤中,在掺铒光纤中沿向前、向后两个方向产生放大的自发辐射信号,前向的自发辐射光经掺铒光子晶体光纤放大后输出,经隔离器后直接进入光纤陀螺,后向的 ASE 为无用光。单通前向结构的输出光与泵浦光是同向的,这种结构利用的是掺铒光子晶体光纤中前向放大的自发辐射,后向放大的自发辐射没有有效的利用,因此单通前向结构光源最大的缺点是输出功率低,当光纤长度较长时,光纤输出的泵浦光十分微弱。单通前向结构的一个缺点是由于泵浦光和光纤陀螺都会产生光反馈,这种反馈耦合进光纤中会形成谐振腔,使输出光谱变窄,因此在光纤陀螺的应用中一般不采用这种结构。

从泵浦输入端输出的为后向 ASE 光,这种结构称为单通后向结构。这种结构采用一个波分复用器将泵浦光注入掺铒光子晶体光纤中,同样在向前、向后两个方向上产生放大的自发辐射信号。后向的 ASE 经波分复用器和隔离器后进入光纤陀螺,前向 ASE 光没有被利用,为无用光。这种结构光源的特点是输出光和泵浦光传播大的方向相反,可以避免光反馈引起的附加噪声,光反馈引起的稳定性问题对它影响最小,完全可以忽略。并且理论和实际证明,对于单通后向结构光源,通过选取适当的掺铒光子晶体光纤长度,光源的平均波长对大范围内的泵浦功率变化不敏感,从而呈现出较高稳定性。

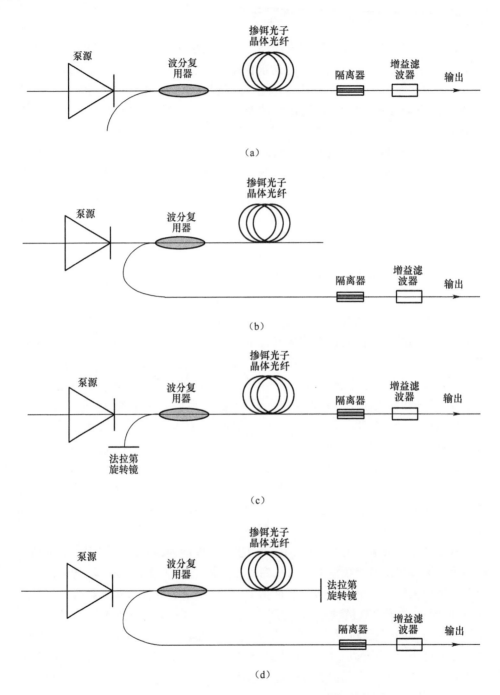

图 8-5 掺铒光子晶体光纤光源四种基本光路结构
(a)单通前向;(b)单通后向;(c)双通前向;(d)双通后向。

如果光纤端面有一端是非反射性的,而另一端是对中心波长附近呈现高反射性,则称为双通结构。从泵浦输入端输出的为后向 ASE 光,而从泵浦相对端输出的为前向 ASE 光,这种结构称为双通结构。对于双通前向结构的光源,反射镜在泵浦光的输入端,采用波分复用器将泵浦光注入到掺铒光子晶体光纤中,沿向前、向后两个方向产生了向前和向后的 ASE 光,由于反射镜的存在,使得向后的 ASE 光反射之后再次通过掺铒光子晶体光纤放大并与前向 ASE 叠加,从而形成更高功率的前向 ASE 光输出,经隔离器后进入光纤陀螺。已有研究表明,双通前向结构的波长稳定性不如双通后向结构。

对于双通后向结构的光源,反射镜在泵浦光的相对输入端,该结构采用波分复用器将泵浦光注入到掺铒光子晶体光纤中,沿向前、向后两个方向产生了向前和向后的 ASE 光,由于反射镜的存在,使得向前的 ASE 光反射之后再次通过掺铒光子晶体光纤放大并与后向 ASE 叠加,从而形成更高功率的前向 ASE 光输出,经隔离器后进入光纤陀螺。经过研究发现,这种结构的光源具有良好的波长稳定性。

8.2.3　掺铒光子晶体光纤光源光谱演化及分析

掺铒光子晶体光纤光源内部传输的光分为前后向传输信号光(ASE 信号) 光波、泵浦光波以及经过 980nm 泵浦铒离子由能级态 $^4I_{11/2}$ 回迁至基态 $^4I_{15/2}$ 时辐射出的波长为 520nm 绿光。其中信号光向前 $P_s^+(z,\nu_{s,i})$ 、向后 $P_s^-(z,\nu_{s,i})$ 和泵浦光的演变可表示为

$$\frac{dP_s^\pm(z,\nu_{s,i})}{dz} = \pm \left[\gamma_s(z,\nu_{s,i})P_s^\pm(z,\nu_{s,i}) + \gamma_{es}(z,\nu_{s,i})2h\nu_{s,i}\left(\frac{\Delta\nu_h}{n}\right) \right]$$

(8-20)

$$\frac{dP_{p,m}(z,\nu_p)}{dz} = -\nu_{P,m}(z,\nu_p)P_{p,m}(z,\nu_p)$$

(8-21)

而绿光向前 $P_{gr}^+(z,\nu_{gr})$ 和向后 $P_{gr}^-(z,\nu_{gr})$ 的演变可表示为

$$\frac{dP_{gr}^\pm(z,\nu_{gr})}{dz} = \pm \left[\gamma_{sgr}(z,\nu_{gr})P_{gr}^\pm(z) + \gamma_{egr}(z,\nu_{gr})2n_{gr}h\nu_{gr}\Delta\nu_{gr} \right]$$

(8-22)

其中: z 是掺铒光子晶体光纤中光场分布距泵浦输入端的径向位置; $\nu_{s,i}$ 是第 i 段光谱的光谱频率; ν_p 是泵浦光的频率; ν_{gr} 是绿光的频率; $\Delta\nu_h$ 、$\Delta\nu_{gr}$ 是信号光均匀线宽和绿光的线宽;

其他系数定义为

$$\gamma_s(z,\nu_{s,i}) = \frac{A_c}{A_{shp}}\left[\sigma_e(\nu_{s,i})n_u(z) - \sigma_a(\nu_{s,i})n_1(z) \right]$$

(8-23)

$$\gamma_{es}(z,\nu_{s,i}) = \frac{A_c}{A_{shp}}\left[\sigma_e(\nu_{s,i})n_u(z) \right]$$

(8-24)

$$\nu_{p,m}(z,\nu_P) = \frac{A_c}{A_{p,m}}[\sigma_{pa}(\nu_P)n_1(z) - \sigma_{pe}(\nu_P)n_p(z) + \sigma_{esap}(\nu_P)n_p(z)]$$
$$(8-25)$$

$$\gamma_{sgr}(z,\nu_{gr}) = \frac{A_c}{A_{gr}}[\sigma_{egr}(\nu_{gr})n_{gr}(z) - \sigma_{agr}(\nu_{gr})n_1(z)] \qquad (8-26)$$

$$\gamma_{egr}(z,\nu_{gr}) = \frac{A_c}{A_{gr}}[\sigma_{gr}(\nu_{gr})n_{gr}(z)] \qquad (8-27)$$

式中：A_c 是纤芯面积；A_{shp} 是信号光模场面积；$\sigma_e(\nu_s)$、$\sigma_a(\nu_s)$ 分别为信号光辐射平面和信号光吸收平面；$\sigma_{esap}(\nu_p)$ 为泵浦态 ESA 截面；$\sigma_{egr}(\nu_{gr})$ 和 $\sigma_{agr}(\nu_{gr})$ 分别为绿光辐射和吸收截面。

$$n_1(z) = N_d \frac{K_1(z)}{K_2(z) + K_3(z)} \qquad (8-28)$$

$$n_p(z) = N_d \frac{K_3(z)}{K_2(z) + K_3(z)} \qquad (8-29)$$

$$n_u(z) = N_d - n_1(z) - n_p(z) \qquad (8-30)$$

$$n_{gr}(z) \approx n_p(z)\left[\frac{P_{p0}(z)}{I_{esap}(\nu_p)A_{p0}} + \frac{P_{pl}(z)}{I_{esap}(\nu_p)A_{pl}}\right] \qquad (8-31)$$

$$K_1(z) = \left[1 + \sum_{i=1}^{n}\frac{P_s(z,\nu_{s,i})}{I_{sesat}(\nu_{s,i})A_{shp}}\right]\left[1 + \left(\frac{P_{p0}(z)}{I_{uesat}(\nu_p)A_{p0}} + \frac{P_{pl}(z)}{I_{uesat}(\nu_p)A_{pl}}\right)\right]$$
$$(8-32)$$

$$K_2(z) = \left[1 + \left(\frac{P_{p0}(z)}{I_{uesat}(\nu_p)A_{p0}} + \frac{P_{pl}(z)}{I_{uesat}(\nu_p)A_{pl}}\right)\right]$$
$$\left[1 + \sum_{i=1}^{n}\frac{P_s(z,\nu_{s,i})}{I_{sesat},i(\nu_{s,i})A_{shp}}\right] + \left(\frac{P_{p0}(z)}{P_{pasat}(\nu_p)A_{p0}} + \frac{P_{pl}(z)}{I_{pasat}(\nu_p)A_{pl}}\right) \qquad (8-33)$$

$$K_3(z) = \left[1 + \sum_{i=1}^{n}\frac{P_s(z,\nu_{s,i})}{I_{sesat,i}(\nu_{s,i})A_{shp}}\right]\left[\left(\frac{P_{p0}(z)}{I_{uesat}(\nu_p)A_{p0}} + \frac{P_{pl}(z)}{I_{uesat}(\nu_p)A_{pl}}\right)\right]$$
$$(8-34)$$

$$P_s(z,\nu_{s,i}) = P_s^+(z,\nu_{s,i}) + P_s^-(z,\nu_{s,i}) \qquad (8-35)$$

$$I_{ssat}(\nu_s) = \frac{h\nu_s}{\tau_u[\sigma_e(\nu_s) + \sigma_a(\nu_s)]} \qquad (8-36)$$

$$I_{sesat}(\nu_s) = \frac{h\nu_s}{\tau_u\sigma_e(\nu_s)} \qquad (8-37)$$

$$I_{pasat}(\nu_p) = \frac{h\nu_p}{\tau_u\sigma_{pa}(\nu_p)} \qquad (8-38)$$

$$I_{\text{uesat}}(\nu_{\text{p}}) = \frac{h\nu_{\text{p}}}{\tau_{\text{p}}\sigma_{\text{pe}}(\nu_{\text{p}})} \tag{8-39}$$

$$I_{\text{uasat}}(\nu_{\text{p}}) = \frac{h\nu_{\text{p}}}{\tau_{\text{p}}\sigma_{\text{pa}}(\nu_{\text{p}})} \tag{8-40}$$

$$I_{\text{uasat}}(\nu_{\text{p}}) = \frac{h\nu_{\text{p}}}{\tau_{\text{gr}}\sigma_{\text{esap}}(\nu_{\text{p}})} \tag{8-41}$$

通过上述演变方程可以计算 ASE 光信号在光纤中各个物理位置上的物理参数,从而对掺铒光子晶体光纤光源的中心波长、输出功率、输出带宽等光纤陀螺应用关键参数进行仿真和设计,并基于理论设计开展光源器件研究,以满足高精度光纤陀螺应用场景需求。

8.2.4　掺铒光子晶体光纤光源主要性能指标

掺铒光子晶体光纤光源的主要性能指标包括平均波长、平均波长稳定性、光谱宽度和输出功率,一般通过调整泵浦功率、泵浦波长、光源结构以及铒纤长度来控制。此外,光纤的关键技术指标如掺杂浓度、掺杂分布、模场分布和掺杂成分等都会对掺铒光子晶体光纤光源性能产生影响。

（1）光源平均波长。

平均波长是光纤陀螺用掺铒光子晶体光纤光源的重要性能指标,一般决定了光纤陀螺标度因数的稳定性。平均波长以功率谱密度作为加权因子,对信号光波长作加权平均计算,一般定义为

$$\overline{\lambda} = \frac{\sum_{i=1}^{n} P(\lambda_i)\lambda_i}{\sum_{i=1}^{n} P(\lambda_i)} \tag{8-42}$$

式中:光谱被分成 n 段;$P(\lambda_i)$ 为第 i 段光谱对应的功率;$\Delta\lambda(\lambda_i)$ 为第 i 段光谱对应的宽度;λ_i 为第 i 段光谱对应的平均波长。

（2）平均波长稳定性。

掺铒光子晶体光纤光源的平均波长稳定性取决于泵浦功率、泵浦波长、光纤长度、工作温度以及光源结构,其中主要因素是环境温度的变化率。平均波长的温度稳定性可定义为

$$\frac{\text{d}\overline{\lambda}}{\text{d}T} = \frac{\partial\overline{\lambda}}{\partial T} + \left(\frac{\partial\overline{\lambda}}{\partial P_{\text{p}}}\right)\left(\frac{\partial P_{\text{p}}}{\partial T}\right) + \left(\frac{\partial\overline{\lambda}}{\partial P_{\text{p}}}\right)\left(\frac{\partial\lambda_{\text{p}}}{\partial T}\right) \tag{8-43}$$

式中: P_{p} 为泵浦功率;λ_{p} 为泵浦波长;T 为温度。

式(8-43)第一项是由掺铒光子晶体光纤温度特性导致的固有平均波长变化,

第二项和第三项分别是泵浦功率和泵浦波长导致的平均波长变化。第一项通过优化掺铒光子晶体光纤的性能来减小,第二项和第三项则需要对掺铒光子晶体光纤光源的结构进行优化设计和参数控制来减小或消除。

(3) 光源输出光谱宽度。

光源输出光谱宽度的增加有利于减少光纤陀螺中的瑞利散射误差和 Kerr 效应误差,并提高光纤陀螺标定因子的稳定性。掺铒光子晶体光纤光源的典型光谱呈现不规则形状,对于非高斯形状分布的光谱宽度通常用功率谱密度的平方作为加权因子进行计算,一般定义为

$$\Delta\lambda = \frac{\left[\sum_{i=1}^{n} P(\lambda_i)\Delta\lambda(\lambda_i)\right]^2}{\sum_{i=1}^{n} P^2(\lambda_i)\Delta\lambda(\lambda_i)} \qquad (8\text{-}44)$$

(4) 光源的输出功率。

掺铒光子晶体光纤光源的输出功率影响光纤陀螺的信噪比,提高光功率有助于光纤陀螺信噪比的提高,但是输出功率过高会造成光纤陀螺环境温度升高从而影响光纤陀螺运转稳定性,同时高功率光源对技术手段要求较高。输出功率一般定义为

$$P = \int P(\lambda)\mathrm{d}(\lambda) \qquad (8\text{-}45)$$

随着泵浦功率的增加,输出功率起初缓慢增加,随后 ASE 占主导地位,输出功率呈指数关系增加,最后趋于饱和,此时输出功率与泵浦功率呈线性关系。泵浦功率较高时,掺铒光子晶体光纤光源的转换效率 η 定义为线性输出范围内的斜率:

$$\eta = g\frac{h\gamma_s}{h\gamma_p} \qquad (8\text{-}46)$$

式中:$h\gamma_s$ 和 $h\gamma_p$ 分别为信号光和泵浦光的光子能量;g 为量子效率。

对于双通掺铒光子晶体光纤光源,$g=1$,此时泵浦效率很高,每个被吸收的泵浦光子都被转换成一个信号光光子。而对于单程掺铒光子晶体光纤光源,$g=0.5$,这是由于沿向前和向后两个方向产生同样数量的光子,从而造成单通光源泵浦效率降低。

8.2.5 典型的掺铒光子晶体光纤光源光谱及影响因素

掺铒光子晶体光纤的长度对光源光谱形状、光谱宽度以及输出功率都有直接影响,图 8-6 所示为 120mW 泵浦功率作用下,采用不同掺铒光子晶体光纤长度以后光源的输出光谱仿真结果。当掺铒光子晶体光纤长度为 12m 时,光源输出以 1530nm 波长的自发辐射光为主,1560nm 自发辐射光强度较小,受到明显抑制;当

掺铒光子晶体光纤长度为 20m 时,输出光中 1530nm 和 1560nm 波长的自发辐射光能量相当;而当掺铒光子晶体光纤长度为 25m 时,输出光则以 1560nm 自发辐射光为主,1530nm 自发辐射光强度较小,受到明显抑制。在掺铒光子晶体光纤光源设计过程中,通过灵活控制铒纤长度可以对光源中心波长进行选择,从而将掺铒光子晶体光纤光源的中心波长控制在光纤低损耗传输窗口。

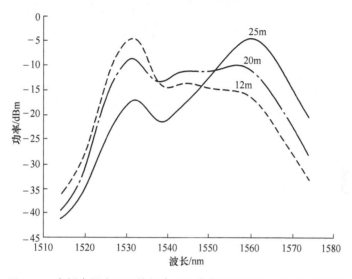

图 8-6　光纤光源在不同掺铒光子晶体光纤长度下的输出光谱仿真

掺铒光子晶体光纤光源的输出光谱除了受到铒纤长度的影响,还跟泵浦功率有关[5-7],图 8-7 所示为掺铒光子晶体光纤光源输出功率与铒纤长度及泵浦功率的仿真设计,在铒纤长度一定的情况下,输出功率随着泵浦功率增加而变大。而当泵浦功率一定时,掺铒光子晶体光纤光源输出功率随着铒纤长度增加呈现先增大、再减小的趋势。

通常情况下,当泵浦功率为 80mW 时,最佳铒纤长度为 18m;当泵浦功率为 100mW 时,最佳铒纤长度为 18.5m;当泵浦功率为 120mW 时,最佳铒纤长度为 19m;当泵浦功率为 140mW 时,最佳铒纤长度为 19.5m;当泵浦功率为 160mW 时,最佳铒纤长度为 20m。相应的输出功率分别为 29.5mW、37.5mW、47mW、55mW 和 63mW。

泵浦功率和泵浦波长对光源平均波长的影响关系如图 8-8 所示,当泵浦波长一定时,随着泵浦功率增加,光源平均波长减小,而当泵浦功率一定时,随着泵浦波长增加,光源平均波长先减小后增大,存在一极小值。值得一提的是极值点位置与泵浦功率无关,即当泵浦功率分别为 80mW、120mW 以及 160mW 时,光源平均波长的最小值均位于泵浦波长 978.5nm 附近。此外,此极值点位置也与掺铒光子晶体光纤的长度无关[8-12]。

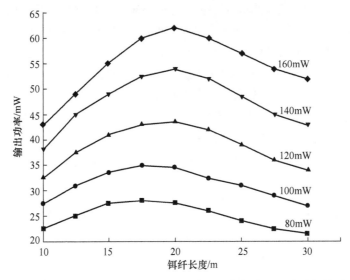

图 8-7　掺铒光子晶体光纤光源输出功率与铒纤长度及泵浦功率的关系

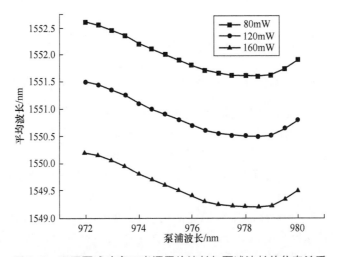

图 8-8　不同泵浦功率下光源平均波长与泵浦波长的仿真关系

　　目前,光纤陀螺用掺铒光纤光源典型参数为:输出功率一般均大于5mW,谱宽大于30nm,平均波长稳定性优于1ppm/℃,全温功率稳定性不高于5%。这些指标可以基本满足高精度光纤陀螺对光源的应用需求,但是由于掺铒光子晶体光纤光源存在的固有不足,如平均波长稳定性差、相对强度噪声大等,在高精度长航时惯性导航应用时仍然需要进一步研究和改进,而利用窄带激光器取代掺铒光子晶体光纤光源成为解决这些问题的一种途径。

8.3 窄带光纤激光器光源

窄带光纤激光器具有波长稳定、强度噪声低、转换效率高、结构紧凑、易于集成以及成本低廉等优点,在科研、工业和国防等领域有着广阔的应用前景,可以提高激光雷达的探测距离、水听器的声压分辨率以及减小相干光通信系统的误码率,而通过展宽激光线宽来抑制受激布里渊散射,可以实现更高功率的激光输出。在光子晶体光纤陀螺研究领域,将窄带光纤激光器展宽以后可以在保持平均波长稳定性和低强度噪声等优点的同时消除传统光纤陀螺中高相干激光光源引起的相干瑞利散射、Kerr 效应、相干偏振噪声和漂移、法拉第效应等引起的相位误差,从而提高光纤陀螺的精度和标度因数稳定性。因此窄带光纤激光器线宽展宽技术是激光器应用于光子晶体光纤陀螺的关键技术[13-14]。

8.3.1 窄带光纤激光器分类

光纤激光器可通过不同腔结构来实现窄带输出,主要包括超短线形腔、环形腔和扭曲模腔等结构。由于激光空间烧孔效应的存在,激光腔内可能起振的纵模数量增加,导致激光器处于多纵模的输出状态,激光线宽被严重展宽。因此,要获得窄带激光,首先需要消除激光的空间烧孔效应。通过消除空间烧孔效应,光纤激光器可实现窄线宽激光输出。超短线形腔是一种驻波场谐振腔。为了能在腔内形成稳定的驻波振荡,激光的频率 ν 和腔长 L 需要满足:

$$\nu = m \frac{c}{2nL} \tag{8-47}$$

式中: m 为正整数,代表纵模阶数; n 为光纤折射率。

激光腔内的纵模频率间隔 $\Delta\nu$ 可表示为

$$\Delta\nu = \frac{c}{2nL} \tag{8-48}$$

激光器的纵模间隔与腔长成反比,通过缩小激光腔长,增大纵模频率间隔,使在光栅有效反射谱范围内只存在单一纵模,从而实现窄带激光输出。

(1) 超短线形腔光纤激光器。

超短线形腔包括 DBR 和 DFB 两种结构,前者是把光栅熔接在增益介质两端,后者则是把光栅直接刻写在增益光纤上。DFB 光纤激光器的典型结构如图 8-9 所示,DFB 光纤激光器的谐振腔是在增益光纤上写入布拉格光栅,从而实现光反馈和波长选择。980nm 的半导体激光器经过波分复用器对激光器进行泵浦。在激光器输出端熔接上光纤隔离器来消除激光的菲涅尔反射。

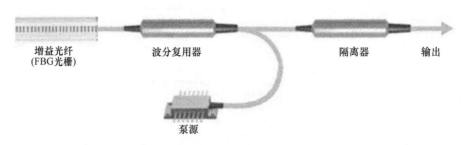

增益光纤
(FBG光栅)   波分复用器   隔离器   输出

泵源

图 8-9   DFB 光纤激光器典型结构图

（2）环形腔光纤激光器。

环形腔是一种行波谐振腔。激光在腔内以行波的方式传播，克服了线形腔中由驻波引起的模式竞争，从而消除空间烧孔效应。环形腔激光器的典型结构如图 8-10 所示。与线形腔激光器不同，环形腔激光器中不需要反射镜构成谐振腔，激光在由波分复用器、增益光纤、隔离器、滤波器和耦合器构成的光纤环内不断循环，其中一部分激光从耦合器的一个端口输出。环形腔的腔长较长，在外界振动的干扰下，激光在腔内的模式不稳定，容易产生跳模，因此需要使用选频器件来抑制跳模，实现稳定的窄带激光输出。

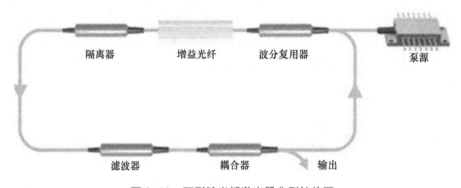

隔离器   增益光纤   波分复用器   泵源

滤波器   耦合器   输出

图 8-10   环形腔光纤激光器典型结构图

（3）扭曲模结构光纤激光器。

扭曲模光纤激光器的典型结构如图 8-11 所示。其中，在激光器宽带光栅、窄带光栅和增益介质之间各有一个四分之一波片（QW），两个玻片的快轴相互垂直。激光以正交圆偏振的方式在增益介质之间来回振荡。此时，激光能量沿着增益介质轴向均匀分布，从而消除空间烧孔效应。

8.3.2   光纤激光器线宽控制机理

在光纤激光器中，激光的光场分布可以表示为

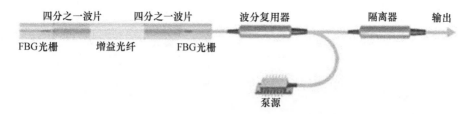

图 8-11　扭曲模光纤激光器典型结构图

$$E(t) = E_0 \exp\left(\mathrm{i}\omega_0 t + \varphi(t) \right) \tag{8-49}$$

式中：ω_0 为激光器中心频率。

由于窄带激光器输出功率稳定，激光光场振幅表示为 E_0，激光器的功率谱密度表示为

$$G(w) = 4R_e \int_0^\infty \mathrm{e}^{-\mathrm{i}\omega t} < E(t)E(0) > \mathrm{d}t \tag{8-50}$$

式中：$< E(t)E(0) >$ 表示电场的自相关函数，代入电场表达式，$G(\omega)$ 可更改为

$$G(\omega) = 4\int_0^\infty \cos(\omega t) < \cos(\omega_0 t + \varphi(t))\cos(\varphi(0)) > \mathrm{d}t$$

$$= \int_0^\infty \cos(\omega t - \omega_0 t) < \cos(\varphi(t) - \varphi(0)) >$$

$$+ \sin(\omega t - \omega_0 t) < \sin(\varphi(t) - \varphi(0)) > \mathrm{d}t$$

$$= R_e \int_0^\infty \exp[\mathrm{i}(\omega - \omega_0)t < \exp\left(\mathrm{i}\Delta\varphi(t) \right) >]\mathrm{d}t \tag{8-51}$$

式中：$\Delta\varphi(t) = \varphi(t) - \varphi(0)$，一般遵循高斯分布，此时

$$< \exp\left(\mathrm{i}\varphi(t) \right) > = \exp\left(-0.5 < \Delta\varphi(t)^2 > \right) \tag{8-52}$$

由此可得：

$$G(\omega) = R_e \int_0^\infty \exp[\mathrm{i}(\omega - \omega_0)t - \frac{1}{2} < \Delta\varphi(t)^2 >]\mathrm{d}t \tag{8-53}$$

在 $< \Delta\varphi(t)^2 > = (2\pi\Delta f) \times t = \omega_L \times t$ 时，$G(\omega)$ 的解析式为

$$G(\omega) = R_e \int_0^\infty \exp[\mathrm{i}(\omega - \omega_0)t - \omega_L \times t]\mathrm{d}t = \frac{\Delta f}{2\pi} \times \frac{1}{(\nu - \nu_0)^2 + hf^2/4}$$

$$\tag{8-54}$$

则激光器线宽可表示为

$$\Delta f = \frac{R}{4I}(1 + \alpha^2) \tag{8-55}$$

式中：$R = \dfrac{R_s}{h\nu_s AV_g}$ 约为 10^{22}；α 为光纤衰减系数。

（1）调频线宽展宽机理。

光频率为 f_0 的激光器，在调制信号作用下频率偏移量为 $\Delta\nu$，经过调制后的激光光场分布为

$$E(t) = E_0 \exp\left\{ i\left[2\pi f_0 t - \left(\frac{\Delta\nu}{f_m} \cos(2\pi f_m t + \varphi_0) \right) + \varphi_t \right] \right\} \tag{8-56}$$

其拍频信号可表示为

$$I_1 + I_2 + 2I_1 I_2 \left\{ J_0(C) + 2\sum_{n=1}^{\infty} J_{2n}(C) \cos\left[2\pi 2n f_m \left(t + \frac{\tau}{2} \right) + 2n\varphi_0 \right] \right\}$$

$$\cos\psi(t) - 2I_1 I_2 \left\{ 2\sum_{n=1}^{\infty} J_{2n-1}(C) \sin\left[2\pi(2n-1) f_m \left(t + \frac{\tau}{2} \right) + \right.\right.$$

$$\left.\left. (2n-1)\varphi_0 \right] \right\} \sin\psi(t) \tag{8-57}$$

式中：$C = 2\dfrac{\Delta\nu}{f_m} \sin\left(\pi f_m \dfrac{n\Delta L}{c} \right)$；$\psi(t) = 2\pi f_c t + 2\pi f_0 t + \varphi(t+\tau) - \varphi(t)$；$C$ 是相位调制深度，是影响线宽调频展宽的关键参数，展宽后的激光器功率密度谱可表示为

$$S(f) = \sum_{-\infty}^{\infty} J_q(C) \delta(f - q f_m) \cdot S_0(f) \tag{8-58}$$

其中：$S_0(f)$ 为激光器未经频率调制的功率密度谱，激光器经过调制后的功率密度谱是原功率密度谱与 δ 函数的卷积。利用频域卷积将 $S_0(f)$ 扩频到 f_m 及其谐波频率处，并且各个载波信号的强度为 $J_q(C)$。C 越大，$S(f)$ 的边带阶数会随之增加，从而增大线宽展宽的幅度。

（2）噪声注入线宽展宽机理。

激光的频率噪声谱密度为 $S_n(f)$，激光光场 $E(t) = E_0 \exp[i(2\pi\nu_0 t + \varphi(t))]$，则激光的自相关函数和激光功率谱密度可分别表示为

$$\Gamma(\tau) = E_0^2 e^{i2\pi\nu_0\tau} e^{-2\int_0^{\infty} S_n(f) \frac{\sin^2(\pi f\tau)}{f^2} df} \tag{8-59}$$

$$S_E(v) = 2\int_{-\infty}^{\infty} e^{-i2\pi\nu\tau} \Gamma_E(\tau) d\tau \tag{8-60}$$

据此,可以得到激光器在自注入前后的线宽关系为

$$\Delta f = \frac{\Delta f_0}{\left[1 + \sqrt{1 + \alpha^2}\beta\kappa\tau_c\cos\left(\omega\tau_c + \tan^{-1}\alpha\right)\right]^2} \tag{8-61}$$

自注入锁定激光器的线宽与外腔的延时时间 τ_c 有关,因此可以通过改变外腔长度来实现对输出激光线宽的控制;经过自注入锁定后,激光中心频率会发生变化,因此可以通过自注入锁定对激光器进行调频,实现激光线宽的调频展宽;自注入锁定激光器线宽和环境噪声修正因子 β 有关,因此可以通过注入噪声来控制激光器的线宽。

8.3.3 基于相位调制的激光器线宽增宽技术

激光器线宽增宽技术一般包括内调制和外调制两种。其中,内调制方式(比如激光扫频)虽然能够实现线宽加宽,但激光器波长稳定性会劣化,从而降低光纤陀螺标度因数稳定性。通常采用外调制方式对激光器的线宽进行加宽,外调制器件主要包括电光相位调制器和声光相位调制器,电光相位调制器基于 LiNbO$_3$ 芯片,一般是利用电光晶体的线性泡克尔斯效应,通过外加电场改变波导折射率实现相位调制(其折射率的改变和所加电场的大小成正比),相位调制对平均波长没有影响,保持了窄带激光器固有的波长稳定性。另外,外调制获得的激光线宽与激光器固有线宽无关,仅受调制器带宽限制,而行波电极的 LiNbO$_3$ 电光相位调制器的调制带宽可达 10GHz 以上,远超过任何激光器的固有线宽。因而,外调制方式可实现有效的激光器线宽增宽。

(1)高斯白噪声相位调制技术。

高斯白噪声相位调制技术是利用高斯白噪声信号驱动相位调制器,继而实现对激光器线宽的调制。高斯白噪声相位调制引起的光场涨落功率谱密度 $S_{\text{white}}(\nu) = |a_{\text{white}}(\nu)|^2$,其分布形式仍为高斯型,具体可表达为

$$S_{\text{white}}(\nu) = \frac{1}{\sqrt{2\pi}\,\sigma}e^{-\frac{(\nu-\nu_0)^2}{2\sigma^2}} \tag{8-62}$$

式中:S_0 为高斯型噪声谱的系数,与施加白噪声相位调制的射频噪声信号功率有关;σ 与射频白噪声信号功率的谱宽有关,进而与高斯型白噪声相位调制引起的光场涨落的功率谱的线宽有关。

$$\sigma \leqslant \frac{\Delta\nu_{\text{EOM}}}{2} \tag{8-63}$$

式中:$\Delta\nu_{\text{EOM}}$ 为电光调制器的调制带宽。

经过调制后的激光器输出功率谱密度为 $S_{\text{out}}(\nu) = S_{\text{laser}}(\nu) \cdot S_{\text{white}}(\nu)$。在不施加调制情况下,激光器输出谱为典型窄线宽洛仑兹谱;当射频噪声信号功率较小

时,经过调制的激光器输出谱呈现为光载波的窄线宽与宽的高斯谱的叠加;只要射频噪声信号功率足够强,高斯白噪声相位调制可以完全抑制光载波,经过调制的激光器输出谱具有加宽的高斯型功率谱特征。

(2)伪随机位序列相位调制技术。

伪随机位序列由按 50% 概率随机选取的"0""1"值的位序列组成,当伪随机序列的数据量足够大时可认为是随机位序列。由伪随机位序列构成的相位阶跃序列可以写为

$$\varphi_{\text{PRBS}}(t) = \frac{\varphi_0}{2} \sum_{n=-\infty}^{\infty} a_n P(t - nT) = \sum_{n=-\infty}^{\infty} \varphi_n(t) \tag{8-64}$$

式中:$P(t)$ 是门脉冲形状;T 是位周期;φ_0 是峰峰相位阶跃;a_n 是随机变量,以等概率取值 ± 1。$\varphi_n(t)$ 可以表示为

$$\varphi_n(t) = \frac{\varphi_0}{2} a_n P(t - nT) = \begin{cases} \frac{\varphi_0}{2} a_n(n-1), & T < t < nT \\ 0, & \text{其余数值} \end{cases} \tag{8-65}$$

伪随机位序列相位调制引起的光场涨落功率谱密度为

$$S_{\text{m}}(\nu) = S_{\text{PRBS}}(\nu) = \frac{1}{2}(1 + \cos\varphi_0)\delta(\nu - \nu_0) + \frac{T}{2}(1 - \cos\varphi_0) \cdot \text{sinc}^2[nT(\nu - \nu_0)] \tag{8-66}$$

伪随机位序列相位调制激光场涨落的功率谱有 2 个分量,其相对强度由调制振幅 φ_0 决定,相互转化,第一个分量对激光器载波的谱型进行复制,第二个分量对激光器线宽加宽。伪随机位序列相位调制激光输出谱的自相关函数存在大量周期性的次峰,即二阶次相干峰,引起一定量的相位白噪声,会影响光纤陀螺的精度。

(3)正弦相位调制技术。

正弦相位调制技术原理上最为简单,调制函数 $\varphi_{\text{m}}(t) = \varphi_0\sin(2\pi\nu_{\text{m}}t)$,其中 ν_{m} 是调制频率,φ_0 是相位调制振幅,由调制器驱动电压和调制器半波电压决定,根据 Jacobi-Anger 展开式:

$$e^{jz\sin\theta} = \sum_{k=-\infty}^{\infty} J_k(z) \cdot e^{jk\theta} \tag{8-67}$$

正弦相位调制引起的光场涨落功率谱密度可表示为

$$S_{\text{m}}(\nu) = |a\sin(\nu)|^2 \tag{8-68}$$

其中:$a\sin(\nu) = \int_{-\infty}^{\infty} e^{j\varphi_0\sin(2\pi\nu_{\text{m}}t)} \cdot e^{-j2\pi\nu t}dt$。

经过调制后激光器输出的功率谱密度可表示为

$$S_{\text{out}}(\nu) = \sum_{k=-\infty}^{\infty} \left\{ J_k^2(\varphi_0) \frac{\dfrac{2}{\pi \Delta \nu_{\text{laser}}}}{1 + \left[\dfrac{2}{\Delta \nu_{\text{laser}}} (\nu - k\nu_{\text{m}} - \nu_0) \right]^2} \right\} \qquad (8-69)$$

当正弦调制频率远大于激光器固有线宽时,相位调制使激光器输出谱在光载波频率两侧产生若干边带,使得部分光载波固有能量向边带转移,从而抑制光载波,每个边带都是对激光器固有线型的复制。

8.3.4 激光器线宽相位调制对陀螺噪声的影响

窄带激光器作为陀螺光源的噪声受瑞利背向散射限制,漂移受偏振交叉耦合限制,两者都与激光器线宽的平方根成反比。此外,光纤陀螺的信噪比还与探测器接收信号的光强平方根成正比,因此,可以用光纤陀螺的信噪比评估展宽激光器线宽抑制光纤陀螺噪声的效果,决定输入信号可恢复和再现的程度[15]。

假定为归一化光功率,在没有相位调制时,窄带激光器光源驱动的光纤陀螺信噪比 η_0 正比于 $\sqrt{\Delta \nu_{\text{laser}}}$。在施加相位调制时,激光器输出功率谱既存在光载波 a,又存在加宽分量 b。若加宽分量的线宽为 $\Delta \nu_{\text{broad}}$,此时光纤陀螺的信噪比 η_{m} 正比于 $\sqrt{a\Delta \nu_{\text{laser}} + b\Delta \nu_{\text{broad}}}$。一般而言,线宽加宽的抑噪效果 $\eta = \eta_{\text{m}}/\eta_0$ 可表示为

$$\eta \propto \sqrt{\frac{a\Delta \nu_{\text{laser}} + b\Delta \nu_{\text{broad}}}{\Delta \nu_{\text{laser}}}} = \sqrt{a + b\frac{\Delta \nu_{\text{broad}}}{\Delta \nu_{\text{laser}}}} \qquad (8-70)$$

当光载波得到完全抑制时,$\eta \propto \sqrt{\Delta \nu_{\text{broad}}/\nu_{\text{laser}}}$。对于正弦相位调制,功率谱由光载波和离散的边带组成,由于边带的占空比较小,等效的线宽加宽是有限的。有效边带数量与正弦调制深度成正比,但是由于正弦调制深度不能无限大,因此采用正弦相位调制抑制背向散射噪声的效果是有限的。

对于随机位序列相位调制,考虑理想的 $\varphi_0 = \pi$,此时 $\Delta \nu_{\text{broad}} = \nu_{\text{PRBS}} = 1/T$。抑噪效果 $\eta = \sqrt{\nu_{\text{PRBS}}/\Delta \nu_{\text{laser}}}$。随机位序列相位调制的比特率受电光调制器的调制带宽 $\Delta \nu_{\text{EOM}}$ 和光载波抑制程度限制。随机位序列相位调制前后的激光器驱动光源噪声比可表示为

$$\frac{\sigma_{\text{PRBS}}}{\sigma_0} = \sqrt{\left(\frac{1 + \cos\varphi_0}{2}\right)^2 + \left(\frac{1 - \cos\varphi_0}{2}\right)^2 \cdot \left(1 + \left(\frac{\nu_{\text{PRBS}}}{\Delta \nu_{\text{laser}}}\right)^2\right)^{-\frac{1}{2}}} \qquad (8-71)$$

当 $\varphi_0 = \pi, \nu_{\text{PRBS}} \gg \Delta \nu_{\text{laser}}$ 时,随机位序列相位调制的噪声抑制 $\eta = \sigma_0/\sigma_{\text{PRBS}} = \sqrt{\nu_{\text{PRBS}}/\Delta \nu_{\text{laser}}}$。与随机位序列相位调制技术类似,理想的高斯白噪声相位调制激光器输出最大线宽同样受电光相位调制器的调制带宽 $\Delta \nu_{\text{EOM}}$ 限制,但是其相干

函数无二阶次相干峰分量,更能提升陀螺性能。

8.4 光源对光子晶体光纤陀螺性能的影响

光源的光学特性与光纤陀螺的性能密切相关,尤其是光源谱宽、中心波长和输出功率。

8.4.1 光源谱宽对陀螺性能的影响

(1) 谱宽对输出光强度的影响。

干涉型光纤陀螺应用宽谱光源来抑制多种噪声,光路中受背向散射、Kerr 效应等光路噪声的影响,宽谱光源相干长度较短,有助于降低这些光路噪声的影响。光源光谱宽度用功率的平方加权计算,可表示为

$$\Delta\lambda = \frac{\left[\sum P(\lambda_i)\Delta\lambda_i\right]^2}{\sum P^2(\lambda_i)\Delta\lambda_i} \tag{8-72}$$

式中:$\Delta\lambda_i$ 为第 i 段光谱宽度;$P(\lambda_i)$ 为光谱中第 i 段采样点对应的功率。

干涉型光纤陀螺输出与光谱宽度有关,输出信号可表示为

$$I(\Delta L) = \int_{-\infty}^{\infty} i(k)\left[1 + \cos(k\Delta L)\right]\mathrm{d}k \tag{8-73}$$

式中:$k = 2\pi\lambda$;$\int_{-\infty}^{\infty} i(k)\mathrm{d}k$ 为输入光强;ΔL 为输入光程差;$i(k)$ 为光谱密度。

光源理想的光谱谱型为高斯型,光谱密度为

$$i(k) = \frac{1}{\sqrt{\pi}\Delta k}\exp\left[-\left(\frac{k-k_0}{\Delta k}\right)^2\right] \tag{8-74}$$

根据广义积分公式:

$$\int_{-\infty}^{\infty} \cos bx \cdot \exp(-ax^2)\mathrm{d}x = \sqrt{\frac{\pi}{a}}\exp\left(-\frac{b^2}{4a}\right) \tag{8-75}$$

当光谱线型为高斯型时,光纤陀螺输出光信号强度为

$$I(\Delta L) = I_0\left[1 + \cos\left(\frac{2\pi\Delta L}{\lambda}\right)\right] \cdot \exp\left(-\frac{\pi^2\Delta L^2}{L_c^2}\right) \tag{8-76}$$

光源的谱型会影响输出的干涉光强,但是光源谱宽并非越大越好,光源谱宽过宽时将会影响陀螺标度因数的线性度,还会加大偏振化噪声等。

（2）谱宽对 Kerr 效应误差的影响。

空芯光子晶体光纤固有的传输特性对 Kerr 效应抑制明显,在实芯光子晶体光纤中,当光源输出光功率增加到一定程度时,光纤折射率会产生扰动,形成 Kerr 效应,由 Kerr 效应造成的光纤纤芯折射率变化为

$$\sigma_I = \frac{\chi_e |E|^2}{2n} \tag{8-77}$$

式中:χ_e 为极化系数;E 为电场强度;n 为纤芯折射率。Kerr 效应引起的折射率变化为

$$\begin{cases} \delta_{n1} = \dfrac{\chi_e(|E_1|^2 + 2|E_2|^2)}{2n} \\[3mm] \delta_{n2} = \dfrac{\chi_e(|E_2|^2 + 2|E_1|^2)}{2n} \end{cases} \tag{8-78}$$

式中:E_1 为顺时针光;E_2 为逆时针光。

假设二者的偏振态一样,则其折射率差为

$$\delta_n = \delta_{n1} - \delta_{n2} = \frac{\chi_e(|E_2|^2 - |E_1|^2)}{2n} \tag{8-79}$$

若二者不相干,则其折射率变化存在一致性:

$$\delta_{n1} = \delta_{n2} = \frac{\chi_e(|E_2|^2 + |E_1|^2)}{2n} \tag{8-80}$$

此时二者的光程差为 0,由于 Kerr 效应引起的相位差为

$$\Delta\phi_K = \frac{2\pi}{\lambda} \cdot L_c \cdot \delta_n \tag{8-81}$$

相干长度与输出光谱宽成反比,故光谱谱宽越宽,由 Kerr 效应引起的输出相位差越小。

（3）谱宽对瑞利散射误差的影响。

光在光纤中传输时产生背向散射,会增加光纤陀螺光路噪声。定义背向散射光强与总的散射光强之比为恢复因子 S,输入光强 I_0 时,背向散射光强 I_{bs} 为

$$I_{bs} = I_0(1 - 10^{-\alpha_R L/10})S \tag{8-82}$$

式中:L 为光纤长度;α_R 为瑞利散射引起的光纤损耗。

由于背向散射光强引起的误差噪声较小,可以近似为

$$\frac{I_{bs}}{I_0} = \frac{\alpha_R L S \ln 10}{10} \tag{8-83}$$

背向散射与输入光波振幅比为

$$\frac{E_{bs}}{E_0} = \sqrt{\frac{I_{bs}}{I_0}} \tag{8-84}$$

式中：E_{bs} 为背向散射光波振幅；E_0 为输入光波振幅。

由于瑞利背向散射是随机分布的,将在光纤陀螺中引起寄生误差,瑞利背向散射引起的相位误差为

$$\phi_E = \arctan\left[\frac{E_0 \cdot E_{bs}[\sin(\phi_0 - \phi_{bs}) + \sin(\phi_0 - \phi'_{bs})]}{2E_0^2 + E_0 \cdot E_{bs}[\cos(\phi_0 - \phi_{bs}) + \cos(\phi_0 - \phi'_{bs})]}\right] \ll \sqrt{\frac{I_{bs}}{I_0}} \tag{8-85}$$

当采用宽带掺铒光子晶体光纤光源时,有:

$$\frac{I_{bs}}{I_0} = \frac{\alpha_R L_c S \ln 10}{10} \tag{8-86}$$

其中,背向散射的相干散射光会引起光强误差,标准偏差为

$$\sigma_{I_c} \approx \alpha_R S I_0 (LL_c)^{1/2} \tag{8-87}$$

由于相干长度与谱宽关系式为

$$L_c = \frac{\bar{\lambda}^2}{\Delta\lambda} \tag{8-88}$$

式中：$\bar{\lambda}$ 为掺铒光子晶体光纤光源的光谱平均波长；$\Delta\lambda$ 为光谱谱宽。

故瑞利背向散射引起的相位误差可以进一步表达为

$$\phi_E \approx \frac{E_{bs}}{E_0} = \sqrt{\frac{I_{bs}}{I_0}} \approx \sqrt{\frac{\alpha_R \bar{\lambda}^2 S \ln 10}{10\Delta\lambda}} \tag{8-89}$$

$$\sigma_{I_c} \approx \alpha_R S I_0 \bar{\lambda}\left(\frac{L}{\Delta\lambda}\right)^{1/2} \tag{8-90}$$

在光纤陀螺光路中,由瑞利散射和散射强度产生的误差,都与光源输出光谱谱宽的平方根成反比。

8.4.2 光功率变化对陀螺性能的影响

(1) 光功率对光纤陀螺调制状态的影响。

光纤陀螺四状态方波调制通过采用四个调制状态量($\pi + \varphi$、φ、0、π),每个偏置量的作用时间为 $\tau/2$,产生的四个偏置相移差可表示为

$$\Delta\phi_m(t) = \phi_m(t) - \phi_m(t - \tau) \tag{8-91}$$

$\Delta\phi_m(t)$ 分别为 $\pi + \varphi$、$-(\pi - \varphi)$、$-(\pi + \varphi)$、$\pi - \varphi$,输出信号光强为

$$I = I_0[1 + \cos(\phi_s + \phi_{FB} + \Delta\phi_m)] \tag{8-92}$$

式中:I_0 为光强;ϕ_s 为 Sagnac 相移;ϕ_{FB} 为反馈相移;$\Delta\phi_m$ 为偏置调制相移。

在第一个 $\tau/2$ 时间内,信号输出为

$$I_1 = I_0[1 + \cos(\phi_s + \phi_{FB} + \pi + \varphi)] = I_0[1 - \cos(\phi_s + \phi_{FB} + \varphi)]$$
(8-93)

在第一个 $\tau/2$ 时间内,信号输出为

$$I_1 = I_0[1 + \cos(\phi_s + \phi_{FB} - \pi + \phi)] = I_0[1 - \cos(\phi_s + \phi_{FB} + \phi)]$$
(8-94)

在调制周期 τ 时间内,信号输出为

$$I' = I_1 + I_2 = 2I_0[1 - \cos(\phi_s + \phi_{FB} + \varphi)]$$
(8-95)

在第二个 τ 时间内,信号输出为

$$I'' = I_3 + I_4 = 2I_0[1 - \cos(\phi_s + \phi_{FB} - \varphi)]$$
(8-96)

由于 $\phi_s + \phi_{FB} = 0$,则干涉信号为

$$I' - I'' = 2I_0(1 - \cos\varphi)$$
(8-97)

在相邻两个时间周期 τ 内,干涉误差信号为

$$\Delta I = I' - I'' = 2I_0[\cos(\phi_s + \phi_{FB} - \varphi) - \cos(\phi_s + \phi_{FB} + \varphi)]$$
$$= -4I_0\sin(\phi_s + \phi_{FB})\sin\varphi$$
(8-98)

由此可见,光纤陀螺输出误差信号与光强 I_0 有关,只有当 $\phi_s + \phi_{FB} = 0$ 时,光纤陀螺系统达到稳定状态,能够准确反映角速率信息。

(2) 光功率对光纤陀螺偏置调制的影响。

干涉型光纤陀螺信号输出强度为

$$I = K_0 I_0[1 + \cos(\phi_s)]$$
(8-99)

方波偏置调制方案中方波的正负半周期信号输出强度分别为

$$I_1 = K_0 I_0[1 - \sin(\phi_s)]$$
(8-100)

$$I_2 = K_0 I_0[1 + \sin(\phi_s)]$$
(8-101)

式中:K_0 为比例系数;I_0 为初始光强;ϕ_s 为 Sagnac 相移。

角速率较小时,$\sin(\phi_s) \approx \phi_s$,正负半周期信号相差为

$$I = -2K_0 I_0 \phi_s$$
(8-102)

根据 Sagnac 效应:

$$\phi_s = \frac{2\pi LD}{\lambda_c}\Omega$$
(8-103)

标度因数可表示为

$$K_s(\lambda) = \frac{2\pi LD}{\lambda_c}$$
(8-104)

则正负半周期信号相差可进一步表示为

$$I = -2K_0 I_0 \frac{2\pi LD}{\lambda_c} \Omega = K(I_0) K_s(\lambda) \Omega \qquad (8-105)$$

由此可见,光源输出功率 I_0 的不稳定性将影响光纤陀螺的灵敏度和精度。

(3)光功率对 Kerr 效应的影响。

Kerr 效应引起的相位差可表示为

$$\Delta\phi_{Kerr} = \frac{2\pi}{\lambda} L_c \delta_n \qquad (8-106)$$

式中: L_c 为光源相干长度; δ_n 为折射率差。

空芯光子晶体光纤 δ_n 可忽略,对于实芯光子晶体光纤:

$$\delta_n = \Delta P \times 2 \times 10^{-15} \qquad (8-107)$$

ΔP 为光功率差,由 Kerr 效应引起的非互易相移为

$$\Delta\phi_{Kerr} = \frac{2\pi}{\lambda} L_c \Delta P \times 2 \times 10^{-15} \qquad (8-108)$$

则由 Kerr 效应引起的非互易相移对应的转速为

$$\Delta\Omega = \frac{\lambda_c}{2\pi LD} \Delta\phi_{Kerr} \qquad (8-109)$$

误差相移与 ΔP 呈线性关系为

$$\Delta\phi_{Kerr} = \frac{2\pi}{\lambda} L_c \Delta P \times 2 \times 10^{-15} \qquad (8-110)$$

因此,在实芯光子晶体光纤陀螺中,通过增强光源输出光功率的稳定性可以减小 Kerr 效应引起的非互易相移误差。

8.4.3 波长稳定性对陀螺性能的影响

光源中心波长对光纤陀螺的影响体现在陀螺标度因数稳定性上。标度因数是光纤陀螺的一个重要性能指标,标度因数越大,光纤陀螺敏感角速度的能力就越强。根据 Sagnac 效应,干涉相移与标度的关系为

$$\phi_s = \frac{2\pi LD}{\lambda_c} \Omega = K_s \Omega \qquad (8-111)$$

式中: λ 为光源波长; K_s 为光纤陀螺标度因数。

光纤陀螺标度因数的固有误差与光纤环面积 LD 以及光源的波长 λ 有关。

对于采用 Y 波导作为调制器的光纤陀螺,光源平均波长的影响机理与信号的处理机制有关。对 Y 波导施加驱动电压 V_d,电压调制引起 Y 波导折射率发生变化,从而引起光程的变化,产生反馈相位 ϕ_{FB} 以抵消旋转引起的 Sagnac 相位差为

$$\phi_{FB} = 2\pi \frac{\Delta L_{FB}}{\lambda} \qquad (8-112)$$

式中: $\Delta L_{FB} = -n_e^3\gamma_{33}L_{eff}V_d/G$, n_e 为波导的折射率, γ_{33} 为铌酸锂晶体的电光系数, L_{eff} 为波导的有效长度, G 为电极间距。

实际上对于采用"数字阶梯波"技术的闭环光纤陀螺来说, $\phi_{FB} = -\phi_s$,这就是说驱动电压产生等量的相位差补偿旋转引起的相位差。

全数字闭环光纤陀螺中必须进行 2π 复位, 2π 复位与波长有关。当波长发生变化时,即 $\Delta\lambda/\lambda = \epsilon'$ 时,Sagnac 相移变为 $\phi_s(1-\epsilon')$,则反馈相位变为 $\phi_{FB}(1-\epsilon')$, 2π 复位变为 $(\phi_{FB}-2\pi)(1-\epsilon')$ 。

因此,光源的平均波长稳定性与光子晶体光纤陀螺标度因数特性和反馈相位相关,相比掺铒光子晶体光纤光源,窄带光纤激光器在陀螺标度因数稳定性和 2π 复位误差抑制方面更具有优势。

8.4.4 相对强度噪声对陀螺性能的影响

光纤陀螺光源中不相关的频率分量间随机拍频造成相对强度噪声(RIN),该噪声与光强成正比为

$$\sigma_{RIN}^2 = \bar{i}^2 B_e \tau_c \tag{8-113}$$

式中: $\bar{i}$ 为平均电流; B_e 为测量带宽; τ_c 为相干时间。

RIN 介于波色-爱因斯坦光电分布和泊松光电分布之间,其光功率表达式可以写为

$$\frac{\sigma_{RIN}}{B_e} = I\sqrt{\tau_c} = I\sqrt{\frac{\lambda^2}{c\Delta\lambda}} \tag{8-114}$$

式中: $\Delta\lambda$ 为光谱宽度。

由此可知,当 I 较大时,RIN 将会变得明显,在大功率掺铒光子晶体光纤光源驱动的光纤陀螺中,RIN 是重要噪声源。

8.5 本 章 小 结

本章对光子晶体光纤陀螺光源技术进行了简要介绍,分析了超辐射发光光源、掺铒光子晶体光纤光源、窄带激光器光源的基本原理和结构特点,并详细阐述了宽带掺铒光子晶体光纤光源和窄带激光器光源的优点和不足,在面向不同应用场合时可以根据实际需求采取相应的光源技术,以提升光子晶体光纤陀螺性能,推进光子晶体光纤陀螺技术发展。

参考文献

[1] Lee T P, Burrus C, Miller B. A stripe-geometry double-heterostructure amplified spontaneous emission diode[J]. IEEE Journal of Quantum Electronics,2003, 9(8): 820-828.

[2] Franco P, Midrio M, Tozzato A,et al. Characterization and optimization criteria for filterless erbium-doped fiber lasers [J]. Opt. Soc. Am. B, 1994, 11(6): 1090-1097.

[3] Murat Yucel,Fatih V Celebi,H Haldun Goktas. RETRACTED—Simple and efficient ANN model proposed for the temperature dependence of EDFA gain based on experimental results[J]. Optics & Laser Technology, 2013, 45(1):488-494.

[4] Gujral J, Goel V. Analysis of Augmented Gain EDFA Systems using Single and Multi-wavelength Sources[J]. International Journal of Computer Applications, 2012, 47(4):15-21.

[5] Wysocki P F, Digonnet M J F, Kim B Y. Wavelength stability of a high-output, broadband, Er-doped superfluorescent fiber source pumped near 980nm[J]. Optics letters, 1991, 16(12): 961-963.

[6] Wysocki P F, Digonnet M J F, Kim B Y, et al. Characteristics of erbium-doped superfluorescent fiber sources for interferometric sensor applications [J]. Journal of Lightwave Technology, 1994, 12(3): 550-567.

[7] Hall D C, Burns W K, Moeller R P. High-stability Er^{3+}-doped superfluorescent fiber sources [J]. Journal of Lightwave Technology, 1995, 13(7): 1452-1460.

[8] Paschotta R, Nilsson J, Tropper A C, et al. Efficient superfluorescent light sources with broad bandwidth [J]. IEEE Journal of Selected Topics in Quantum Electronics, 1997, 3(4): 1097-1099.

[9] Park H G, Lim K A, Chin Y J, et al. Feedback effects in erbium-doped fiber amplifier/source for open-loop fiber-optic gyroscope [J]. Journal of Lightwave Technology,1997, 15(8): 1587-1593.

[10] Falquier D G, Digonnet M J F, Shaw H J. A polarization-stable Er-doped superfluorescentfiber source including a Faraday rotator mirror [J]. IEEE Photonics Technology Letters , 2000, 12 (11): 1465-1467.

[11] Huang W C, Wai P K A, Tam H Y, et al. One-stage erbium ASE source with 80nm bandwidth and low ripples [J]. Electronics Letters, 2002, 38(17): 1.

[12] Park H G, Digonnet M, Kino G. Er-doped superfluorescent fiber source with a±0.5-ppm long-term mean-wavelength stability [J]. Journal of lightwave technology, 2003, 21(12): 3427.

[13] Chamoun J, Digonnet M J F. Aircraft-navigation-grade laser-driven FOG with Gaussian-noise phase modulation [J]. Optics Letters, 2017, 42(8): 1600-1603.

[14] Therice A. Morris,Michel J F. Digonnet. Broadened-laser-driven polarization maintaining hollow-core fiber optic gyroscope [J]. Journal of Lightwave Technology, 2019, 23(3): 131-136.

[15] Chamoun J N. A laser-driven fiber-optic gyroscope for inertial navigation of aircraft[D]. Ph. D. dissertation, Dept. App. Phys. , Stanford University, Stanford, CA, USA, 2016:23-27.

第9章　光子晶体光纤陀螺调制解调技术

光子晶体光纤陀螺根据其信号处理电路是否有反馈环节可以分为开环光纤陀螺和闭环光纤陀螺两种,这两种信号处理方案均可通过模拟电路或者数字电路来实现。通过相位偏置可以实现光纤陀螺的正弦响应,得到较好的零偏性能[1]。但是开环光纤陀螺对输入角速率的响应是周期性与非线性的,输入角速率大时,标度因数非线性大,陀螺的最大测量角速度小,因此开环方案仅适合于低精度光纤陀螺。

在中高精度光子晶体陀螺中,要求光子晶体光纤陀螺在整个动态范围内都具有很好的精度和精确稳定的线性标度因数。实现该要求的方法是采用闭环检测方案,构成闭环光子晶体光纤陀螺[2]。按照信号处理电路的类型,有模拟闭环光子晶体光纤陀螺和数字闭环光子晶体光纤陀螺两种。目前,主流的方案是数字闭环方案,本章介绍数字闭环光子晶体光纤陀螺技术,重点对数字闭环电路的实现技术进行讨论。

9.1　闭环光子晶体光纤陀螺的构成与特点

数字闭环光纤陀螺的结构如图 9-1 所示,主要包括光路和电路两部分[3]。光路部分包括光源、耦合器、多功能集成光路、光子晶体光纤环圈和探测器。其中,光源在中低精度光子晶体光纤陀螺中采用超辐射发光二极管来降低尺寸与成本,在高精度陀螺中采用掺铒光纤光源提高陀螺精度。多功能集成光路又称 Y 波导,集成了起偏器、分束器和相位调制器的功能。探测器起到光电转换及放大的作用,其实际电路可以等效为 PIN 光电二极管和一个跨组放大器。

电路部分包括前置滤波与放大器、模数转换器、逻辑电路、数模转换器、运算放大器等。数字逻辑电路通常采用现场可编程逻辑门阵列(FPGA),用于角速率的解调、阶梯波的生成、偏置调制信号生成、增益误差信号调制及数据输出。反馈调节电路将数字阶梯波和偏置相位结合后通过数模转换器和放大

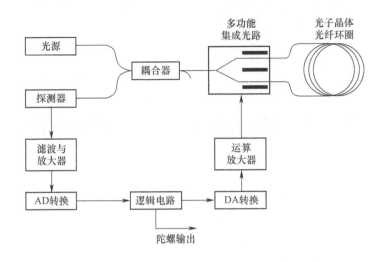

图 9-1 数字闭环光纤陀螺的构成

器后作为驱动电压反馈到 Y 波导。数模转换器与 FPGA 内的数字信号结合实现了数字相位斜坡技术。对于标度因数性能要求高的场合,电路中还需要第二闭环反馈电路来控制反馈通道中的增益误差,使得光子晶体光纤陀螺的工作性能更加稳定。

9.2 全数字闭环检测方案

全数字闭环检测方案实际上是方波调制和阶梯波调制组合的方案,即在相位调制器上同时施加偏置相移为 $\pm\pi/2$ 的方波和反馈阶梯波[4]。方波的作用是使光纤陀螺的固有响应正弦波产生 $\pm\pi/2$ 的相移,数字反馈阶梯波作用是产生非互易补偿相移 $\Delta\phi_F$,用来抵消 Sagnac 相移 $\Delta\phi_s$。

9.2.1 方波调制原理

在闭环干涉式光子晶体光纤陀螺方波偏置调制方案中,如图 9-2(a)所示,调制信号 $V_m(t)$ 是周期为 2τ,幅值为 $V_{\pi/2}$ 的方波信号(τ 为光波在光纤线圈中的传播时间),两束光波在不同时间受到相位调制 $\phi_m(t)$,如图 9-2(b)、图 9-2(c)所示。

$$\phi_m(t) = \begin{cases} \pi/2, 2m\tau \leqslant t \leqslant (2m+1)\tau \\ 0, (2m+1)\tau \leqslant t \leqslant 2(m+1)\tau \end{cases} \qquad (9-1)$$

则方波在两束光波之间产生相位差 $\Delta\phi_m(t)$ 为(图9-2 (d))

$$\Delta\phi_m(t) = \phi_m(t) - \phi_m(t-\tau) = \begin{cases} \pi/2, 2m\tau \leq t \leq (2m+1)\tau \\ -\pi/2(2m+1), \tau \leq t \leq 2(m+1)\tau \end{cases}$$

$$(9-2)$$

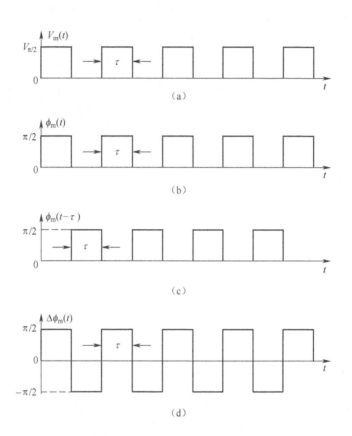

图9-2　方波偏置调制信号

(a)调制信号;(b)一束光波受到的相位调制;(c)另一束光波受到的相位调制;
(d)两束光波之间的相位差。

在方波调制方案中,如果不考虑补偿相移,即开环控制的情况,则在方波的正半周输出光功率为

$$I\left(\phi_s, \frac{\pi}{2}\right) = I_0\left[1 + \cos\left(\phi_s + \frac{\pi}{2}\right)\right] \qquad (9-3)$$

在方波的负半周期输出光功率为

$$I\left(\phi_{s}, -\frac{\pi}{2}\right) = I_0\left[1 + \cos\left(\phi_s - \frac{\pi}{2}\right)\right] \tag{9-4}$$

当陀螺静止时,输出波形是一条直线,如图9-3所示,此时有 $\phi_s = 0$,方波在两个相邻半周期给出相同的信号:

$$I\left(\phi_s, \frac{\pi}{2}\right) = I\left(\phi_s, -\frac{\pi}{2}\right) = I_0\left(1 + \cos\frac{\pi}{2}\right) = I_0 \tag{9-5}$$

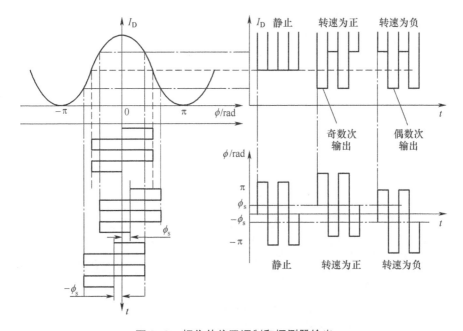

图9-3　相位的偏置调制和探测器输出

当陀螺旋转时,偏置点发生移动,输出是一个与调制波同频率的方波信号:

$$I\left(\phi_s, \frac{\pi}{2}\right) = I_0\left[1 + \cos\left(\phi_s + \frac{\pi}{2}\right)\right] = I_0(1 - \sin\phi_s) \tag{9-6}$$

$$I\left(\phi_s, -\frac{\pi}{2}\right) = I_0\left[1 + \cos\left(\phi_s - \frac{\pi}{2}\right)\right] = I_0(1 + \sin\phi_s) \tag{9-7}$$

方波输出信号的相邻两个半周期的差值为

$$\Delta I = I_0\left[1 + \cos\left(\phi_s - \frac{\pi}{2}\right)\right] - I_0\left[1 + \cos\left(\phi_s + \frac{\pi}{2}\right)\right]$$

$$= I_0(1 + \sin\phi_s) - I_0(1 + \sin\phi_s) = 2I_0\sin\phi_s \tag{9-8}$$

由式(9-8)可以看出, ΔI 是 Sagnac 相移的正弦函数。只要分别检测出偏置方波相邻两个半周期内输出的干涉光强信号,并将二者相减得到 ΔI ,就可以得出光子晶体光纤陀螺旋转产生的 Sagnac 相移 ϕ_s。除此之外,在低转速情况下,产生的 Sagnac 相移较小,因而 $\sin \phi_s \approx \phi_s$,则可得:

$$\Delta I \approx 2I_0 \phi_s \approx \frac{4\pi LD}{\lambda_c} I_0 \Omega \tag{9-9}$$

由式(9-9)可以看出,ΔI 与陀螺转动角速率 Ω 呈近似线性关系。因此,加入调制信号,可以消除干涉仪光功率响应与 Sagnac 相移之间余弦函数非线性的影响,使输出检测在转速接近零时的灵敏度最高,并且能够反映出陀螺的转速方向。采用方波相位调制法产生偏置相位还有一个突出的优点,即偏置相位调制波形总是以零为中心,施加到陀螺上,在方波调制周期的两个相邻半周期上,光纤陀螺交替工作在 $\pm\pi/2$ 点上,静态时不会产生任何零位偏移。因此方波调制技术是目前被广泛应用的偏置技术。

为降低探测器的输出噪声,通常采用模数转换器对探测器输出的模拟信号进行多点采样。假设方波前后半周期内的采样点数为 n,则每个方波周期内采样点为 $2n$,且采样点信号可以表示为 $D_i(i = 1,2,3,\cdots,2n)$,则解调得到的陀螺开环输出为

$$\Delta D = \Big(\sum_{i=1}^{n} D_i - \sum_{i=n+1}^{2n} D_i \Big) \tag{9-10}$$

9.2.2 阶梯波反馈相位调制原理

光子晶体光纤陀螺固有响应的输出与输入是非线性关系的余弦函数,需要引入补偿相移来减小其输出的非线性误差,同时增大其动态范围。通常采用闭环反馈的方法,即引入一个反馈相位移 ϕ_{FB},ϕ_{FB} 与旋转引起的 Sagnac 相移 ϕ_s 大小相等,符号相反。ϕ_{FB} 既可以作为用于抵消 Sagnac 相移 ϕ_s 的补偿相移,始终保持总的相位差在零相位附近,从而获得最高的检测灵敏度,还可以作为光子晶体光纤陀螺的输出信号,指示其转动速度的大小及方向。光子晶体光纤陀螺的转动方向在相对短的时间内不会发生变化,所以补偿相移的方向也不变,只是随着时间的延长而增加,映射到实际电路中是一个随时间不断累加的模拟斜坡电压。因此通过在调制器上施加控制电压即可在实际电路中实现补偿相移,由相位调制原理可知,反馈相移 ϕ_{FB} 与控制电压存在如下关系:

$$\phi_{FB}(t) = K_{fp}(V_f(t) - V_f(t - \tau)) = K_{fp}\Delta V_f(t) \tag{9-11}$$

阶梯波调制电路包括相位调制器和数字阶梯波发生电路两部分,反馈误差信号在数字阶梯波发生电路中的累加结果,经 D/A 电路转换成电压信号施加到相位调制器上,产生补偿相移 ϕ_{FB}。

在光路中,相位调制器并不是对称设置的,这使得沿着相反方向传播的两束光通过调制器的时间存在一个时间差 τ,因而两束光的相位存在相位差 $\Delta\phi_f(t)$,且

两束光相位差不变,理想的调制光相位如图 9-4(a)所示,数字阶梯波 $\phi_f(t)$ 是由一系列幅值小、持续时间等于光子晶体光纤线圈传输时间的 τ 相位台阶构成。由于无限升高的阶梯波不能实现,实际调制时利用光干涉的 2π 周期特性,阶梯波调制相位达到 2π 时自动复位到零相位,如图 9-4(b)所示。相反方向传播的两束光之间的相位差如图 9-4(c)中的实线所示,复位时的相位差与理想波形具有相同效果,如图 9-4(c)虚线所示。在电路中,2π 复位可通过 D/A 转换器溢出,自动产生同步复位,不会产生任何标度因数误差,易于实现且不需要增加额外的电路或复杂的算法。

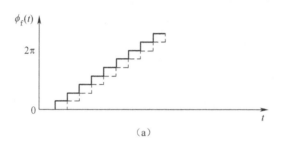

(a)

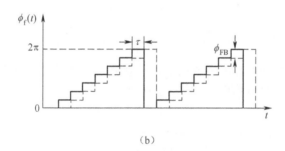

(b)

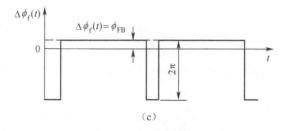

(c)

图 9-4　阶梯反馈调制信号和反馈相位差

(a) 理想的调制光相位;(b)2π 自动复位;(c)两束光的相位差。

　　设两束反方向传播的光波因阶梯波调制而产生的附加相移为 $\phi_f(t)$ 和 $\phi_f(t-\tau)$,其相位差为

$$\Delta\phi_{\mathrm{f}}(t) = \phi_{\mathrm{f}}(t) - \phi_{\mathrm{f}}(t - \tau) = \begin{cases} \phi_{\mathrm{FB}} \\ \phi_{\mathrm{FB}} - 2\pi \end{cases} \qquad (9\text{-}12)$$

由式(9-9)可得:

$$\Delta I = 2I_0 \sin(\phi_{\mathrm{s}} + \phi_{\mathrm{FB}}) \qquad (9\text{-}13)$$

由式(9-13)可以看出保持 $\Delta I \approx 0$,即有 $\phi_{\mathrm{s}} + \phi_{\mathrm{FB}} \approx 0$;当 $\Delta I \neq 0$ 时,可测量 ΔI,作为伺服回路的反馈信号,来控制阶梯波发生器,改变阶梯波的阶梯高度,从而改变相移 ϕ_{FB}(复位阶段的相移仍为 $\phi_{\mathrm{FB}} - 2\pi$),使 ϕ_{FB} 恰好能抵消 Sagnac 相移 ϕ_{s},从而使 $\Delta I \approx 0$。这样就完成了光子晶体光纤陀螺的闭环反馈控制。由式(9-10)可知 Sagnac 相移 ϕ_{s} 和陀螺的转速之间呈线性关系,因此当陀螺的反馈控制系统达到平衡时,其阶梯波的阶梯高度和陀螺旋转角速率成正比。因此可以将阶梯高度作为陀螺的输出信号,指示其旋转角速率。此时,由于 $\phi_{\mathrm{s}} + \phi_{\mathrm{FB}} \approx 0$,因此有:

$$\Delta I = 2I_0(\phi_{\mathrm{s}} + \phi_{\mathrm{FB}}) \qquad (9\text{-}14)$$

可以看出,只要保证 ΔI 为零,ϕ_{FB} 和 ϕ_{s} 便为一一对应关系,从而确保了测得角速率信号的线性关系。虽然受阶梯波高度的限制,抵消相移 ϕ_{FB} 通常不超过 π,但最小却可检测到 $10^{-7}\mathrm{rad}$ 量级以下,动态范围仍然很大。在光子晶体光纤陀螺中,光的传播速度决定了信号处理周期为微秒级,由前面的分析可知,闭环的控制周期与方波信号周期相同,仅为 2τ。所以采用阶梯波调制方案不仅可以增大光纤陀螺的动态范围,而且对提高光子晶体光纤陀螺的反应速度也十分有利。

图 9-5 是方波偏置调制信号和阶梯波信号进行同步数字叠加并产生复位的图形。图 9-5(a)是偏置调制方波信号;图 9-5(b)是数字阶梯波信号;图 9-5(c)是偏置调制信号与数字阶梯波信号叠加后的信号。

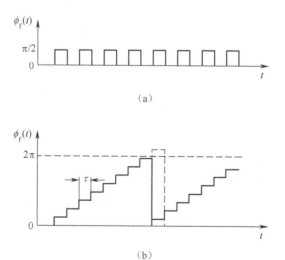

(a)

(b)

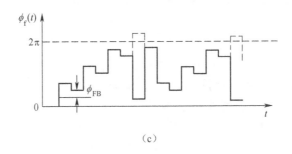

（c）

图9-5 方波偏置信号和阶梯信号数字叠加
（a）偏置调制方波信号；（b）数字阶梯波信号；（c）叠加后的信号。

9.3 数字闭环电路的设计

9.3.1 数字闭环电路的基本组成

数字闭环光子晶体光纤陀螺电路的基本组成如图9-6所示，主要包括3个核心器件：模数转换器、信号处理单元和数模转换器[5]。干涉后的光信号经过探测器转化为电信号，经过前置放大电路进行滤波放大后，进入模数转换器转换为数字信号，并在信号处理单元中进行解调，获得闭环补偿后的相位误差信号，该信号经过数字积分后，一方面作为陀螺的输出信号，另一方面作为闭环反馈的输入信号，经过第2次数字积分后产生阶梯波。产生阶梯波的台阶宽度为光纤环圈的渡越时间 τ，台阶高度等于陀螺的输出，并且其台阶的变化与偏置调制信号同步。该阶梯波信号与偏置调制信号叠加后，进入数模转换器。阶梯波会在正、负两束光之间产生一个相位差，该相位差的大小等于台阶高度所对应的相位差，与旋转引起的 Sagnac 相移大小相等，符号相反。这样使得 Sagnac 干涉仪始终工作在零相位附近，完成了闭环反馈。

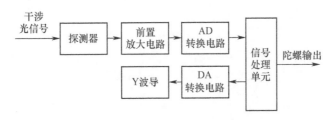

图9-6 数字闭环光子晶体光纤陀螺的信号处理系统电路框图

　　数字信号处理单元在光子晶体光纤陀螺系统中具有重要的作用,其主要功能为时序控制、误差信号解调、数字阶梯波产生、数字滤波、偏置调制信号产生和信号输出等。通常可以采用数字信号处理芯片(DSP)、现场可编程门阵列(FPGA)或二者相结合的方式实现。FPGA集成度高、性能稳定并且可编程,是最基本的数据处理方案。FPGA擅长时序控制,精确度高,系统调试方便,因此单独使用FPGA即可完成数字信号处理单元的功能。整个数字闭环电路在光子晶体光纤陀螺系统中完成的功能详见图9-7。

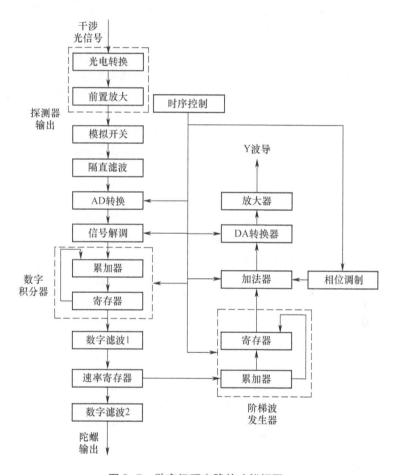

图9-7　数字闭环电路的功能框图

9.3.2　光电转换电路设计

　　光电转换电路的核心是光电探测器,主要由发光二极管和前置放大器构成,其主要功能是将干涉光信号转换为电信号,并进行放大输出。

光子晶体光纤陀螺一般采用 PIN 光电二极管。与普通的二极管相比,PIN 光电二极管具有如下优越性:①暗电流小;②灵敏度高;③复合噪声小;④结电容小,可改善频率响应;⑤响应波长范围较宽。

为了使用方便及更好地发挥 PIN 光电二极管的最佳特性,出现了 PIN-FET 集成组件。PIN 管的高输出阻抗与 FET 的高输入阻抗相匹配,同时减少了外部干扰和杂散电容,大大降低了热噪声,提高光电检测的信噪比和灵敏度[6]。

对于光电探测器组件,主要指标是其增益、带宽以及噪声水平。由于调制方波上升沿和下降沿的影响,探测器的响应为梳状信号,对应方波的上升沿和下降沿存在尖峰脉冲,探测器组件的增益上限为最大光功率入射情况下使其输出不饱和的最大值。通常,探测器组件的带宽是光子晶体光纤陀螺本征频率的 10 倍以上,否则会引起调制方波的失真现象。光电探测器在进行光电转换过程中会引入噪声,前置放大电路也会引入噪声。探测器组件的噪声水平可以用探测器噪声电压来综合反映,应尽量使该项指标降低。

前置放大电路之后通常放置一个隔直流电路,目的是滤掉探测器输出信号的直流分量,为后续 A/D 转换器的采样电压提供较好的工作范围。

9.3.3 模拟开关电路设计

在 Y 波导上对顺时针方向传播的光所施加的偏置调制相位波形如图 9-8(a)所示,逆时针方向传播的光由于存在延迟 τ,则施加在其上的偏置调制相位波形如图 9-8(b)所示。因此,经过偏置相位调制后,两束相向传播的光之间的调制相位差如图 9-8(c)所示。采用方波偏置调制的闭环反馈环路中,探测器的输出波形应该是一条直线,并且每隔 τ 的时间就会产生一个向上的刺,称为尖峰脉冲,如图 9-8(d)所示。

理想的方波调制波形在探测器产生的干涉信号应如图 9-8(d)所示,但实际通过示波器看到的探测器的波形却如图 9-9 所示。

可以看到,这个尖峰是一条有所展宽的波形,并且其上升沿和下降沿也并不平坦。产生这种波形的原因,主要是因为数字电路并不是理想的零延迟数字电路。在前文已经提到,方波的周期应为环圈的本征频率,而产生这样的周期需要依靠数字电路中的时钟单元来完成。

任何数字电路的时钟单元在产生时序时,都会面临着时序偏移(Skew)、抖动(Jitter)和占空比失真(Duty Cycle Distortion)的问题。简单来说:

(1) 由于时钟信号要提供给整个电路的时序单元,从而导致时钟线非常长,并构成了分布式 RC 网络,这就导致了时钟信号到达相邻两个时序单元的时间不同,从而产生了始终偏移。

(2) 抖动是时钟的一个重要参数,并且基本由第三方原因产生,如干扰、噪声、

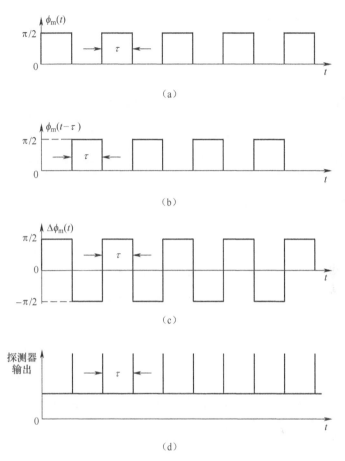

图 9-8　方波偏置调制相位及其探测器的输出

(a)顺时针传播光的偏置调制相位波形；(b)逆时针传播光的偏置调制相位波形；

(c)两束光之间的调制相位差；(d)探测器上的输出波形。

电源等。时钟抖动是永远存在的，当其大到可以和时钟周期比拟时，必然会影响到所设计的时序。

（3）占空比失真即时钟不对称性，指信号在传输过程中由于变形、时延等原因脉冲宽度所发生的变化。DCD 通常是由信号的上升沿和下降沿之间时序不同而造成的。如果非平衡系统中存在地电位漂移、差分输入之间存在电压漂移、信号上升和下降时间出现变化等，也可能造成这种失真。

另一方面，随着温度的变化，光子晶体光纤环圈的折射率会发生变化，等效光程也就和最开始计算的数值有了偏差。这也就造成了最开始设定的方波调制周期与环圈本征频率之间的误差，从而造成陀螺输出波形的异常。通过上述分析，这种

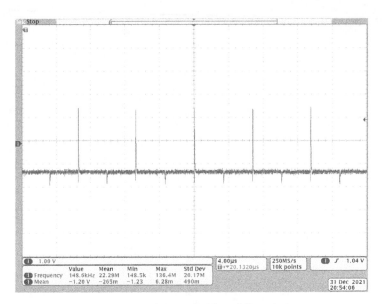

图 9-9 示波器观测到的干涉信号波形

时钟误差可以简单地概括为：频率偏移、占空比非 50∶50。

为了消除尖峰脉冲对陀螺输出的影响，通常可以采用高速开关电路（即模拟开关），使采样与保持周期与尖峰脉冲信号同频，从而实现去尖峰的目的。模拟开关电路的时序如图 9-10 所示。在模拟开关为 0 时，可以将探测器输出中的尖峰滤去；模拟开关为 1 时，探测器的输出信号正常通过。

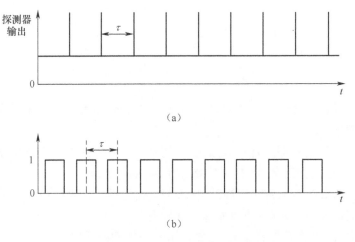

图 9-10 尖峰脉冲与模拟开关电路的时序关系
(a)探测器上的输出波形；(b)模拟开关时序。

后级电路对去尖峰脉冲后的信号还要进行多点采样和数字求和。通过上述手段,降低了探测器输出信号噪声的影响,提高了解调后信号的信噪比,消除了模数转换器等电子器件噪声的漂移[7]。同时,解调输出的数值按比例增加,位数会有所扩展。

9.3.4 模数转换电路设计

模数转换电路的主要功能是将前置放大后的模拟信号转换成数字信号,以便进行后续的信号处理。对于数字闭环光子晶体光纤陀螺而言,模数转换器的设计直接影响其整体性能。模数转换器前级输出信号幅度应与其模拟输入信号范围相匹配,如果输入信号幅度过大,超出模数转换器的输入范围,则会影响整个回路的控制效果;反之,如果输入信号幅度过小,则会浪费转换器的高分辨率,同样会影响控制精度。因此,模数转换器的选取应当考虑如下几方面:

(1)采样精度。

考虑到数字闭环光子晶体光纤陀螺对信号的采样精度要求很高,转换过程中要求无误码、无失码。因此,应选取差分非线性指标较小模数转换器。

(2)采样频率。

根据数字解调部分提高信噪比的要求,需要对正、负半周期内进行多点采样,采样频率应该尽量高,达到 $2mf_0$,其中,f_0 为方波调制信号频率,与陀螺的本征频率一致。m 为每半个调制方波周期内的采样点数。假设光子晶体光纤陀螺的光纤长度为 1200m,其本征频率大约为 $f_0 = c/2nL = 86\text{kHz}$,每半个采样周期内采样点数 $m = 20$,则模数转换器的采样频率应为 3.44MHz。

(3)分辨率。

模数转换器位数应满足以下要求:模数转换器满量程应覆盖模拟信号的动态范围 V_{max},以确保信号的完整性;模数转换器的量化电压 V_{LSB} 应小于模拟信号的等效噪声电压 V_n。根据数字信号处理的理论,$V_{LSB} < V_n$ 时,对模拟信号采样引起的量化误差相对整个测量误差的影响可忽略不计。

若满足以上两个要求,则模数转换器的位数为 $N_{A/D} = \lg(V_{max}/V_n)/\lg 2$。

光子晶体光纤陀螺检测电路探测的物理量为探测器入射光功率 $P(t)$,与通过探测器和放大器之后送给模数转换器的电压 V_t 基本成线性关系,因此下式成立:

$$V_{max}/V_n = P_{max}/P_n \tag{9-15}$$

式中:P_{max} 为探测器入射最大光功率;P_n 为探测器入射光噪声。

对于任一光功率 P,必然存在着光量子引起的散粒噪声,它仅与光功率、波长和基本物理量有关[8],在散粒噪声为主的情况下,P_n 可以表示为

$$P_n = \sqrt{2P(hc/\lambda)\Delta f} \qquad (9-16)$$

式中：h 为普朗克常数；c 为真空光速；λ 为光波长；Δf 为系统带宽；P 为入射光功率。

在实际工作中，光信号被调制在 $\pm\pi/2$ 相位，此时，入射光功率为 $P_{max}/2$，因此上式变为 $P_n = \sqrt{P_{max}(hc/\lambda)\Delta f}$。取 $\lambda = 1.3 \times 10^{-6}\text{m}$，$\Delta f = 10^6\text{Hz}$，$P_{max} = 10^{-6}\text{W}$，则：

$$\frac{P_{max}}{P_n} = 2.55 \times 10^3 < 4.096 \times 10^3 = 2^{12} \qquad (9-17)$$

根据上述最大值和最小值的要求，模数转换器的位数选取 12 位。在闭环条件下，还需要充分考虑陀螺启动和大角加速率条件下的状态和误差。另外，模数转换器的位数越高，量化噪声越小，有利于降低陀螺的噪声水平，但同时也要综合考虑模数转换器的功耗、封装尺寸和价格等。

9.3.5 数字滤波技术

数字闭环光子晶体光纤陀螺中可以设置几个数字滤波器。以图 9-7 为例，在闭环回路积分环节后，设置一个数字滤波器 1。在闭环回路之外，陀螺输出之前，设置一个数字滤波器 2。两个滤波器都是低通滤波器，但实现方法有所不同。

为了与闭环中各数字环节的数据传输节拍保持一致，数字滤波器 1 可以用滑动滤波器实现。将当前输入的前若干个数据求平均值作为新的输出序列，这样可以保持数据传输节拍和位数不变。

数字滤波器 2 的输出就是光纤陀螺的输出，一般情况下数据输出的传输率低于闭环回路数据传输率，因此数字滤波器 2 的实现方法是以滤波器输出节拍为一个周期，将周期内全部输入数据求和乘以一个因数作为一个节拍的输出（因数由输出标度因数、位数和输入数据个数决定），滤波器 2 的位数和节拍可以根据接收单元的需要而改变。

这两种数字滤波器比较简单，通过数字逻辑电路容易实现。

第 1 个数字滤波器主要是起低通滤波的作用，通过降低带宽，提高了反馈信号的信噪比，减小了反馈信号的波动幅度。第 2 个数字滤波器主要是为了满足后续计算机接口的需求，降低输出数据的采样频率。通常情况下，数字闭环光子晶体光纤陀螺的数据采样频率在 10^5Hz 量级，并且位数通常在 20 位以上。如果将陀螺的数据实时发送到上位机，对计算机的通信、存储和运算能力要求较高，而如此高频率的数据并没有必要。因此，通过第 2 个滤波器，将陀螺输出的数据频率降低了若干倍，同时该滤波器也起到了低通滤波的作用，降低了陀螺带宽，压低了噪声水平，而且不使有用信号失真。

举例说明由于滤波器作用引起的数据采样频率的变化。如果光子晶体光纤陀螺长度为1200m,对应陀螺本征频率86kHz,AD采样频率取4MHz,则每个调制半周期内采样20个点,数字解调之后相位误差信号的采样频率仍然是100kHz,经过数字积分和第1个滑动滤波器后频率保持不变,再经过第2个数字滤波器后,每100个数据求平均值,此时陀螺输出数据的频率为100Hz。通过上述滤波过程,既方便了上位机的数据采集,又保证了有用信号不失真,提高了信噪比。

9.3.6　2π复位电压修正回路设计

由于相位调制器的半波电压会随温度发生变化,同时存在其他一些电气漂移,因而2π复位电压不可能保持一个恒定值,而是在一个小范围内存在着波动,进而影响到陀螺的标度因数性能[9]。因此需要设计2π复位电压的修正回路,即第2闭环控制回路,如图9-11所示。通过该回路能够修正2π复位电压由于温度等非理性因素造成的波动,提高光纤陀螺的标度因数性能。

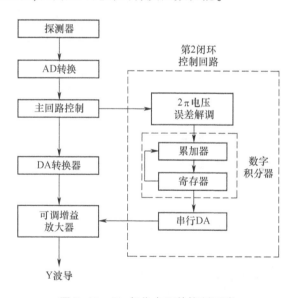

图9-11　2π复位电压的控制回路

2π复位电压修正回路的误差信号提取方法如下所述。数字阶梯波复位时,$K_m V_{pp} < 2\pi$、$K_m V_{pp} = 2\pi$、$K_m V_{pp} > 2\pi$三种不同情况下的探测功率,如图9-12所示,其中K_m为Y波导的调制系数,V_{pp}为数模转换器满量程对应的调制电压。当$K_m V_{pp} \neq 2\pi$时,探测器的输出功率会产生一个瞬变值。该瞬变值在阶梯波复位的时刻可以根据式(9-18)解调获得,即第一个方波调制周期内的解调数字量$D_{1\sim2}$与第二个方波调制周期内的解调数字量$D_{3\sim4}$之差。其数学表达式为

$$\Delta D_{2\pi} = D_{1 \sim 2} - D_{3 \sim 4} \qquad (9-18)$$

$\Delta D_{2\pi}$ 可以作为第二闭环回路的输入误差信号,然后用数字积分器对其进行处理,再将积分后的数字信号通过数模转换器变成模拟信号,去控制可控增益放大器的增益或陀螺主回路产生阶梯波的数模转换器的参考电压,从而形成 2π 复位修正回路,对 2π 复位电压进行有效控制,使其始终能够产生准确的 2π 复位,从而保证了陀螺的标度因数性能[10]。

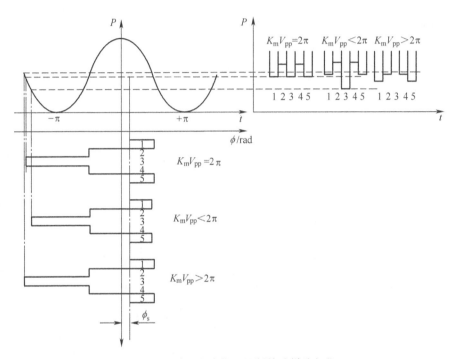

图 9-12 采用方波偏置调制的阶梯波复位

9.3.7 四态方波调制技术

前文所述的 2π 复位电压误差信号的解调方法有一个缺陷,即在低转速下会因复位次数少而无效。通常采用四态方波偏置调制技术,巧妙地从模数转换器采样的数字信号中解调出 2π 复位电压的误差信号,并经过积分后控制反馈通道的增益,同样可以实现 2π 复位电压的修正。四态方波调制信号为

$$\phi_{m}(t) = \begin{cases} \phi/2, 0 \leqslant t < \tau/2 \\ a\phi/2, \tau/2 \leqslant t < \tau \\ -\phi/2, \tau \leqslant t < 3\tau/2 \\ -a\phi/2, 3\tau/2 \leqslant t < 2\tau \end{cases} \qquad (9-19)$$

要求调制信号表达式中的参数 a、ϕ ,应使光纤陀螺光功率响应余弦函数 P 满足:

$$P(\pm\phi/2) = P(\pm a\phi/2) \qquad (9\text{-}20)$$

当 $a = 3$、$\phi = \pi$ 时,利用四态方波调制,2π 复位电压误差的表达式为

$$\Delta D_{2\pi} = D_1 + D_3 - D_2 - D_4 \qquad (9\text{-}21)$$

式中:$D_1 \sim D_4$ 分别为图 9-13 中 1~4 时刻所对应的模数转换器的采样数值。

通过信号处理单元将该误差信号进行解调,然后利用上节所述的方法进行第二闭环回路的控制,保证 2π 复位电压的准确性。

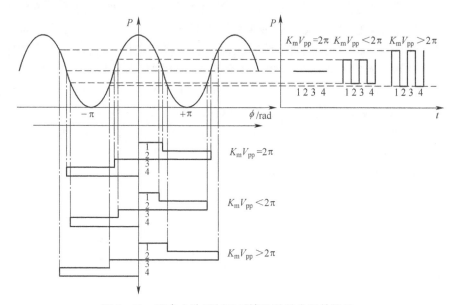

图 9-13　四态方波调制下反馈通道增益误差信号

9.3.8　数据输出

闭环光子晶体光纤陀螺的输出方式主要有脉冲和数字两种,其中数字输出方式又分为并行通信与串行通信两类。

并行方式要求并行的数据总线和地址总线以及控制总线。这种方式在惯性测量单元(IMU)中比较适用,因为 IMU 中有专门的数据采集卡或上位机与之接口,并且连线较短。这种传输方式是传输速率最快的,且可通过缓冲器实现与陀螺之间的隔离,电气特性为 TTL 或 CMOS 电平。

串行发送主要可以分为两种,同步串行和异步串行传输。由于有些陀螺的信号处理中采用了 DSP 芯片,而 DSP 一般都有同步串行口,这种方式可以用串行数据总线和时钟线来共同发送数据,其波特率可以达到 2Mb/s,传输距离较并行传输

方式远,但是不如异步串行输出距离远。同步串行输出方式的应用场所和并行传输的应用场所类似,电气特性为 TTL 或 CMOS 电平。

异步串行方式硬件连接简单,仅用一个串行数据线,而且传输距离较长。该种传输方式如果跟计算机相连,其对后端硬件设备要求低,而且接口通用,使用非常方便。为了保证传输的可靠性,通常使用的波特率远低于其最高传输速率,因此不能传输高频的陀螺数据。陀螺仪测试时,除了测试陀螺的动态特性需要较高的采样频率外,其他指标一般不要求有太高的采样频率,因此,这种方式比较适合,其电气特性为 RS232 或 RS422/485。

不论哪种输出方式,首先要考虑的是满足传输速率。比如,光子晶体光纤陀螺的最大测量范围通常为 $400°/s$,最小分辨率为 $0.01°/h$,陀螺的输出数字量至少为 32 位。另外,如果陀螺的带宽为 200Hz,根据采样率定理,陀螺输出数据的速率至少是 400Hz,而工程应用中一般取带宽的 10 倍以上,即采样率达到 2000Hz 以上。如果采用异步串行方式,发送 32 位数据必须包含 16 位的标志码,这样发送一个数据需要 6 个 8 位的数,每个数据都需要一个起始位、一个停止位、一个校验位,所以发送一个数据至少需要 $6 \times 11 = 66$ 位。再根据采样率 2000Hz,则可以得到满足要求的最小波特率为 $2000 \times 66 = 132\text{kb}/s$。而通常异步串行跟计算机接口时最高传输速率不超过 115.2kb/s,因此不能采用异步串行传输方式,而应该采用并行传输或同步串行传输方式。

一般情况下,从陀螺接收的数据位数字量,单位为 LSB,在后续数据处理时需要除以陀螺的标度因数后将其转化为角速率。如果陀螺输出数字量为 10LSB,并且已知其标度因数为 $1000\text{LSB} \cdot (°/s)^{-1}$,则对应的输出角速率 $\omega = 10/1000 = 0.01°/s = 36°/h$。

9.3.9 数模转换电路设计

若数模转换器的位数为 N_{DA},则其最低有效位所对应的相位 $\phi_{LSB} = 2\pi / 2^{N_{DA}}$,对于一个动态要求 $\pm 400°/s$,分辨率优于 $0.01°/h$ 的光纤陀螺,对应的数模转换器的位数高达 32 位。实际上并不需要如此高的数模转换器,因为光纤陀螺渡越时间 τ 是微秒量级,远小于陀螺数据输出速率。同时,在闭环回路里,应用了滤波、积分等处理方法,数模转换器产生的实际调整量是许多周期的平均结果,在 n 个 τ 期间内,阶梯波累加一个 LSB,产生一个台阶,与在一个 τ 期间内产生 $1/n$ 个台阶是等效的。因此陀螺对数模转换器的位数要求大大降低。

另外,由于数模转换器的非线性,在不同的数字量上增加相同的数字量会产生不同的相位差,从而使第 j 个台阶后的相位斜坡值 ϕ_{FBj} 不等于 $j\phi_{FB}$,但是经过多个台阶的反馈相位差平均之后,就可以大大降低对数模转换器的线性度的要求,一般要求线性度误差小于一个 LSB。

如果数模转换器的最大瞬态误差或线性误差 ϕ_{LSB} 能够在干涉仪正弦响应的线性范围内,就可以实现理想的正弦响应残余非线性控制。比如,数模转换器的位数 $N = 10$,则 $\phi_{LSB} = 2\pi / 2^{10} = 6 \times 10^{-3}\text{rad}$,对应的速率高达每小时几千度,而正弦响应的残余非线性 $(\phi_{LSB} - \sin\phi_{LSB}) / \phi_{LSB} \approx \phi_{LSB}^2/6$,仍然小于 10×10^{-6},那么对应相位台阶的平均就可以产生对实际干涉信号的平均,从而降低了对数模转换器位数和线性度的要求。

因此,通常情况下,数模转换器的位数在 12~16 位之间即可满足使用要求。

9.3.10　Y 波导的推挽式工作方案

数模转换器输出的信号包含相位偏置调制和斜坡反馈调制施加到 Y 波导的相位调制上。在数字方案中,复位和台阶都与时钟同步,如果在每一个台阶产生的时钟到来后,积分器的值除了与数字寄存器中的值相加产生台阶斜坡外,还可以增加或减小一个固定的偏置相位值,这样就可以在同一个调制器上实现偏置调制与反馈控制两个功能。为了方便地实现上述两个功能,可以使 Y 分支的两个调制器采用推挽连接,在中央电极和外侧电极之间施加调制电压,将自动以相反的极性驱动两个调制器,如图 9-14 所示。这种推挽式相位调制不仅可以使相位的调制效率提高一倍,而且可以使 2π 复位电压的修正成为可能,还有利于提高标度因数的线性度。

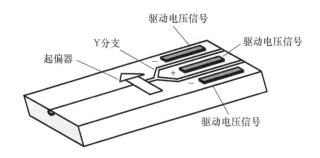

图 9-14　Y 波导的推挽连接

9.4　本 章 小 结

本章针对光子晶体光纤陀螺的调制解调原理进行介绍。主要介绍闭环光子晶体光纤陀螺检测方案的构成、相位调制技术和阶梯波反馈技术。重点对数字闭环电路的实现方法进行了介绍。

参考文献 ┝--

［1］ Cahill R F, Udd E. Phase-nulling fiber-optic laser gyro［J］. Optics Letters, 1979, 4(3):93-95.

［2］ Davis J L, Ezekiel S. Closed-loop low-noise fiber-optic rotation sensor［J］. Optics Letters, 1981, 6(10):505-507.

［3］ Pavlath G A. Closed-loop fiber optic gyros［J］. Proceedings of SPIE-The International Society for Optical Engineering, 1996, 2837:46-60.

［4］ Lefevre H C, Martin P, Morisse J, et al. High-dynamic-range fiber gyro with all-digital signal processing［J］. Proceedings of SPIE-The International Society for Optical Engineering, 1991, 1367:72-80.

［5］ Lefevre H C. 光纤陀螺仪［M］. 张桂才, 王巍, 译. 北京:国防工业出版社, 2005.

［6］ Bohm K, Marten P, Petermann K, et al. Low-drift fibre gyro using a superluminescent diode［J］. Electronics Letters, 1981, 17(10):352-353.

［7］ Killian K M, Burmenko M, Hollinger W. High-performance fiber optic gyroscope with noise reduction［J］. Proceedings of SPIE-The International Society for Optical Engineering, 1994, 2292:255-263.

［8］ Davis J L, Ezekiel S. Techniques for Shot-Noise-Limited Inertial Rotation Measurement Using a Multiturn Fiber Sagnac Interferometer［J］. Proceedings of SPIE-The International Society for Optical Engineering, 1978, 157:131-136.

［9］ Ulrich R. Fiber-optic rotation sensing with low drift［J］. Optics Letters, 1980, 5(5):173-175.

［10］ Lefevre H C, Graindorge P H, Arditty H J. Double closed-loop hybrid fiber gyroscope using digital phase ramp［C］. Conference on optical fiber communication and third international conference on optical fiber sensors, 1985.

第10章 光子晶体光纤陀螺调制解调技术

基于纯石英管、棒,通过改变空气孔的排列方式和尺寸制作的光子晶体光纤较传统保偏光纤具备更优的环境敏感特性,因而,采用光子晶体光纤制作的光纤陀螺在温度稳定性、抗振动/冲击能力、磁敏感特性和抗辐照能力方面较传统保偏光纤陀螺优势明显,这在一定程度上可减轻光子晶体光纤陀螺结构设计要求。但是,随着光子晶体光纤陀螺的深入研究、陀螺精度的不断拔高,以及工程化设计的开展,如何为光子晶体光纤陀螺构建一套稳定的结构,保证其精度的发挥和工程化应用同样是陀螺设计的一个重要方面。例如:光子晶体光纤陀螺深空应用必须兼顾整机刚度、整机抗辐照与整机重量之间的矛盾,以便获得整机精度指标与应用需求的平衡。

10.1 光子晶体光纤陀螺结构设计原则

光子晶体光纤陀螺仪结构设计主要涉及:结构方案设计,即陀螺总体结构形式的确定;结构技术设计,即结构指标分解、建模、整机热设计及仿真、整机力学设计及仿真、整机磁防护设计及仿真、整机抗辐照设计及仿真和整机三防设计及仿真;结构设计验证等。通常应遵循以下设计原则:

(1)应满足:光学器件以及线路模块安装要求;外形、重量要求;安装基准要求;机械接口要求;环境适应性要求。包括环境温度要求、力学要求、磁敏感度要求、防辐射要求以及密封性要求等。

(2)在满足上述要求的前提下,力求结构简单、可靠性高,整机体积小、质量小、经济性好。

(3)主体结构材料应当性能稳定,加工性能良好,整机结构易装配。

(4)结构设计应进行可靠性分析,保证结构在相应振动、冲击、磁场以及其他环境条件下的可靠性,提高结构的设计质量。

(5)结构设计应采用通用化、系列化和模块化设计。

(6) 满足其他附加要求。

10.2 光子晶体光纤陀螺结构设计方案分析

光子晶体光纤陀螺仪结构主要是为陀螺仪敏感环圈提供安装基准,支撑和防护敏感环圈、线路模块和光电子器件,提供光纤盘绕通道,同时兼具减缓各种环境作用并提供陀螺仪对外安装基准的功能。结构设计需要基于以上功能需求而定,在满足功能的基础上,力求结构简单、成本低并易于批量生产等。

光子晶体光纤陀螺仪结构大致可分为敏感部件和光源部件两大部件。敏感部件是指陀螺仪中用于敏感光波相移变化的单元,通常包括光子晶体敏感环圈、集成光学相位调制器以及相应结构件;光源部件是指为陀螺仪提供产生 Sagnac 效应所需的合适光信号以及相应结构件构成的部件。基于敏感部件和光源部件确定陀螺仪的导纤方式,实现光纤器件的互联互通,形成光子晶体光纤陀螺仪整机。

光子晶体光纤陀螺仪结构方案设计内容涉及敏感部件和光源部件两大部分。根据不同的配置形式,陀螺仪可分为以下几类典型结构形式。

(1) 光电一体式光纤陀螺仪。无明确的部件之分,所有零部件集成化设计,典型结构形式见图 10-1。

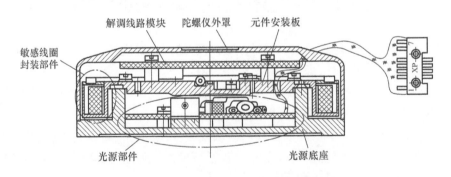

图 10-1 光电一体式光纤陀螺仪典型结构形式

(2) 光电分离式单轴光纤陀螺仪。敏感部件与光源部件分离设计,敏感部件主要包括敏感环圈封装部件、集成光学相位调制器和其他结构件,光源部件主要包括各型光学器件、驱动线路模块、解调线路模块和相应结构件,典型结构形式见图 10-2。

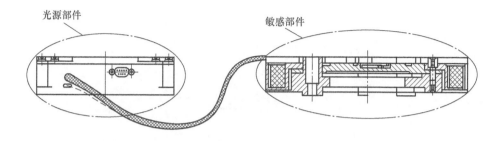

光源部件　　　　　　　　　　　　敏感部件

图10-2　光电分离式单轴光纤陀螺仪典型结构形式

（3）光电分离式三轴光纤陀螺仪。敏感部件与光源部件分离设计,三个敏感部件共享一个光源部件,部件组成类似光电分离式单轴陀螺仪,典型结构形式见图10-3。

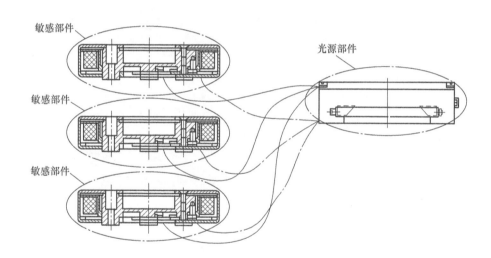

敏感部件

光源部件

敏感部件

敏感部件

图10-3　光电分离式三轴光纤陀螺仪典型结构形式

（4）集成式光纤陀螺仪测量单元。将构成光纤陀螺仪的元器件、零部件与系统一体化设计从而形成的集成测量单元,典型结构形式见图10-4。

光电一体式光纤陀螺仪一般用于中低精度指标要求,陀螺仪结构紧凑、易于安装,但因光源部件和敏感部件集成在一起,敏感环圈易受陀螺仪自身热源的影响;光电分离式单轴光纤陀螺仪与光电一体式正好相反,其易于实现陀螺仪自身的热隔离,保证热无源的敏感部件易于得到最好的热保护而实现高精度指标要求,但是也因其单独的光源部件而在走线和安装性方面要求更高;光电分离式三轴光纤陀螺仪和集成式光纤陀螺仪测量单元宜实现中低精度指标要求且具备低成本特性,

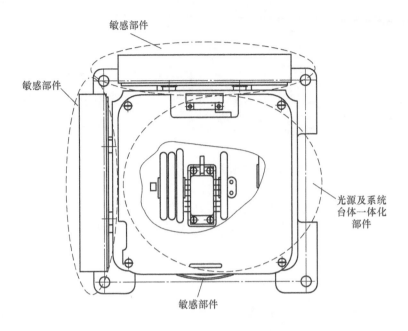

图 10-4 集成式光纤陀螺仪测量单元典型结构形式

尤其是集成式光纤陀螺仪测量单元在惯性系统小型化、轻型化设计中扮演着重要角色。

10.3 光子晶体光纤陀螺结构设计方法

光子晶体光纤陀螺仪结构技术设计需要充分了解需求,结合工作环境条件开展,各项技术设计内容要把握住内在的关联性。例如,陀螺仪的对外安装基准不仅仅是单独对机械接口的要求,它还需结合陀螺仪结构形态考虑热通道方案:如果基于光电一体结构,那么安装基准接触面要尽量大,材料导热率相对要高,保证导热良好;反之,则需要在保证刚度的基础上使安装基准接触面做到最小且使用低热导率材料。

10.3.1 光子晶体光纤陀螺敏感部件结构设计方法

10.3.1.1 敏感部件结构设计原则

光子晶体光纤陀螺仪敏感部件包括敏感环圈、集成光学相位调制器和相应结构件。敏感部件设计需要考虑以下设计内容:

（1）集成光学相位调制器的安装要合理,进出光纤曲率半径不宜过小,其最好有避光防护措施,同时也起到防触功能。

（2）除敏感环圈封装结构外,起主体支撑作用的隔热结构件可采用比刚度高、导热率低的金属材料制作,如钛合金;均热结构件宜采用比刚度高、导热率高的金属材料,如常用的铝合金。

（3）结构件设计应满足敏感部件对称设计要求。

（4）承载能力应满足外界振动、冲击作用要求。

（5）在外加载荷作用下,结构件应力分布应均匀,无过大应力集中点。

（6）在外界温度冲击作用下,整体空间温度梯度应小,且变化率低。

（7）分解整机安装精度指标到敏感部件相应结构件上,并应通过机加工严格保证,以保证敏感环圈的敏感轴与基准面的垂直度要求。

10.3.1.2 光子晶体光纤敏感环圈安装方式

光子晶体光纤陀螺仪敏感环圈的安装基于环圈绕制工艺、环圈固化胶体的发展,同时基于对环圈的温度、振动特性的认识,其经历了多轮演变。

最初的光纤陀螺仪敏感环圈绕制完成后,连带着环圈绕制工装模具进行陀螺仪装配,即环圈绕制工装就是陀螺仪的环圈安装基体,如图 10-5(a)所示,形成工字形敏感环圈安装形式;此时,敏感环圈除外环面外,其余三面均与环圈安装基体接触,敏感环圈受环圈安装基体温度和热应力的直接作用,这对环圈安装基体与敏感环圈的热匹配要求极高。为了改善敏感环圈在轴向易受环圈安装基体的不良影响,将环圈安装基体的一个端面做成可拆分单元,如图 10-5(b)所示,形成半脱形敏感环圈安装形式;这种形式可释放敏感环圈与环圈安装基体轴向的热不匹配应力,但是两个端面还是存在较大的温度差异。随后,提出了如图 10-5(c)所示的芯轴形敏感环圈安装形式,此种形式可以很好地解决敏感环圈轴向温度梯度问题,但是径向温度梯度和径向结构热致应力还是过大。随着敏感环圈绕制技术的提高,以及固化胶体的改进,敏感环圈可以较容易地从环圈绕制工装上完全脱离下来,形成全脱形敏感环圈,敏感环圈固化后的致密性和刚度都非常好,此时将其通过黏接胶直接黏接在陀螺仪安装底座上,形成全脱底面黏接形光纤陀螺仪,如图 10-5(d)所示。用于全脱形的绕环工装不再是陀螺仪整机结构的一部分,其可以安装绕环机的特点专门设计,重复利用,提高了陀螺仪的生产效率并减少了因敏感环圈报废导致的结构成本损失。

随着对陀螺标度因数和磁敏感特性要求的提高,敏感环圈发展到固封在基本密封的安装盒内,如图 10-5(e)所示。该安装模式可进一步降低敏感环圈内部的温度梯度及其变化率,若采用铁镍软磁合金还能起到良好的磁屏蔽防护效果,同时

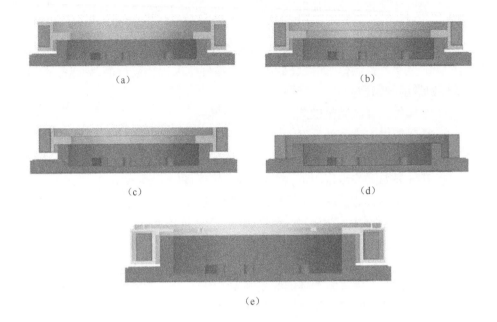

图 10-5 敏感环圈安装方式
(a)工字形;(b)半脱形;(c)芯轴形;(d)全脱底面黏接形;
(e)全脱底面黏接全封闭形。

密封的安装盒还能避免敏感环圈与外界空气的接触,提高陀螺仪标度因数的稳定性。

敏感环圈安装通常需着重考虑以下几方面内容:

(1)敏感环圈输入轴坐标取向相对安装基座按右手定则确定,如图 10-6 所示。

(2)光纤陀螺仪输入轴与安装基准面的精度要求需要分解为结构件的几何精度指标和敏感环圈与安装盒的粘接几何要求。

(3)安装应满足整机刚度要求,减少结构应力应变对陀螺仪输出的影响。

(4)安装应满足整机热量传递要求,减少温度对陀螺仪 Shupe 误差的影响。

(5)安装应尽量保证敏感环圈输入轴与安装基座中心轴线重合。

(6)对安装结构件进行力学和热仿真分析,在仿真分析的基础上优化安装结构件。

根据当前敏感环圈的绕制方案、振动和温度对敏感环圈的影响机理,敏感环圈通常采用底面黏接方式安装;安装结构件刚度、黏接胶层物理特性以及胶层厚度应根据光纤陀螺仪整机应用环境力学情况设计。

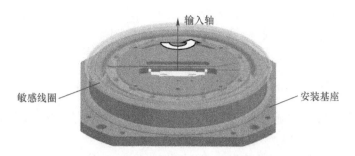

图 10-6　敏感环圈输入轴方位示意图

10.3.1.3　敏感环圈的封装方法

光子晶体光纤陀螺仪敏感环圈的封装是光纤陀螺仪装配的关键,合理的封装截面可以为敏感环圈提供一个良好的热场环境,保证陀螺仪的温度特性良好。所以,在封装时需要重点考虑以几方面:

(1)根据敏感环圈窗口尺寸($a{\times}b$)确定环圈封装结构截面要求,如图 10-7 中尺寸 h1~h4 和 H1~H3 等数据的确定。

(2)封装的安装盒和安装盒上盖除出纤位置采用局部胶封设计外,其他地方均采用连续焊接方式连接,形成一个近似的气密空腔,将敏感环圈与外界空气隔离开,减少水汽的吸入。

(3)封装应满足磁密性,降低受环境磁场的影响。

(4)封装材料的选择应同时考虑磁、热与力学特性。

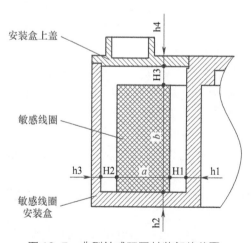

图 10-7　典型敏感环圈封装部件截面

根据金属材料特性与焊接工艺特性,敏感环圈的封装形式一般采用高磁导率、较高饱和磁感应强度合金制作;封装结构件通常采用激光焊接方法实现对敏感环圈的全封闭。

10.3.2 光子晶体光纤陀螺光源部件结构设计方法

光子晶体光纤陀螺仪光源部件结构设计应着重虑以下几方面内容:

(1)根据光源类型,确定光学器件排布方案。

(2)根据陀螺仪结构总体形式,确定光源集成方式和安装方式。

(3)光源安装底座一般采用铝合金制作,应满足外界载荷作用下的力学要求。

(4)光学器件一般直接安装在结构实体上,尤其是发热的光学器件一定要充分考虑与外界的热传导,保证散热效率,避免热量积聚,可采用深槽加胶接或深槽加压板的方式安装。

(5)光源部分器件尾纤最好在光源底座内完成盘绕,用于尾纤盘绕的结构导线槽回转半径应大于尾纤弯曲半径要求。

(6)光源部件与敏感部件一体化设计时,光源与敏感部件接触面应具备热对称和热均匀性要求,同时应该考虑加装隔热措施,减小光源热量对敏感部件的热影响。

10.3.3 结构导纤设计原则

光子晶体光纤陀螺仪光纤的盘绕和固定对陀螺仪的性能有着非常大的影响,合理的结构导纤设计对光纤盘绕后的应力释放能起到良好的作用,同时也能在振动过程保证光纤处于一种良好的状态,减小光纤晃动对陀螺仪输出的影响。所以,陀螺仪的结构导纤设计也非常重要,需要考虑到以下设计内容:

(1)根据光学器件连接关系,确定光学器件放置位置、器件尾纤弯曲方向,要求器件尾纤的根部距离结构件的边缘大于5mm,遵循低张力、低应力的尾纤走向。

(2)结构导纤槽弯曲半径应大于尾纤最小曲率半径的要求,以满足光纤长期可靠性的要求;一般包层直径为125mm的光纤盘绕半径应大于15mm,包层直径为80mm的光纤盘绕半径应大于10mm。

(3)避免光纤交叉,以平铺为宜,在不能避免的情况下应做好桥接设计,避免光纤直接相互压接。

(4)结构需做好区域分割,包括光源与分束器尾纤区、敏感环圈与集成光学相位调制器尾纤区等。

(5)敏感环圈与集成光学相位调制器尾纤整圈受热应均匀,减小温度引起的Shupe误差。

10.3.4 安装基准设计原则

光子晶体光纤陀螺仪的安装基准是指其使用时与外部基座之间接触的安装基准面。安装基准面的设计精度与陀螺仪自身输入轴精度要求有关,得益于目前各种标定算法在惯性系统上的应用,安装基准面的几何精度误差可作为系统元件固定安装偏差得以标定和补偿。因此,目前对光纤陀螺仪的安装基准设计要求已不再苛刻,只需合理分配以下几项设计内容。

(1) 陀螺仪安装基准机加工保证,决定陀螺仪安装精度的结构件应经过尺寸稳定性处理,且安装平面的平面度公差等级在 5~7 级之间。

(2) 敏感环圈安装基准面与陀螺仪安装基准的平行度要求,应根据陀螺仪输入轴失准角指标要求分解并确定。

(3) 敏感环圈与陀螺仪安装基准之间的过渡基准面精度应满足整机误差传递要求。

(4) 对于光电一体式光纤陀螺仪,安装基准面应该尽量大一些,形成良好的导热通路,但是也不能过大,过大的基准面会导致在同样几何公差等级情况下机加工困难,加工成本提高。

(5) 对于光电分离式光纤陀螺仪,安装基准面应该尽量小一些,以减小外界热量的流入对敏感部件的影响,但也不能太小,必须保证安装的可靠性。

10.3.5 机械接口设计原则

光子晶体光纤陀螺仪的机械接口主要是指其与应用系统之间的连接安装,机械接口的设计一是根据陀螺仪自身的结构形式,二是必须考虑其应用环境条件,对于大冲击、高过载,如弹用、炮用系统,机械接口的跨距不宜过大,通常采用规格较大和数量较多的螺钉或螺栓安装;反之,可适当降低要求。安装陀螺仪螺栓的规格可通过经验或 CAE 软件根据承载质量和力学环境来确定。

针对光电一体式光纤陀螺仪,由于集成了光源部件在陀螺仪的中心位置,因此一般采用外圈法兰盘加螺钉直接紧固安装形式;而对于光电分离式光纤陀螺仪,则一般采用内圈法兰盘加螺钉直接紧固安装形式,以减小陀螺仪自身体积和重量,并可有效降低系统安装基座的体积和重量。

10.4 复杂环境光子晶体光纤陀螺结构设计技术

虽然光纤子晶体光纤能够本质上提升光纤陀螺的环境适应性,降低陀螺结构设计的复杂度,但光子晶体光纤陀螺结构设计阶段仍不可忽视复杂环境下多物理场耦合叠加对陀螺带来的不利影响,例如热、力、磁、辐照、潮湿、盐雾、霉菌等物理量的影响。

10.4.1 结构热设计方法

光纤器件对于环境温度变化的敏感决定了温度是光纤陀螺仪性能变化的一个关键因素[1-2]。光纤陀螺仪内部温度场与其结构有很大关系,合理设计陀螺仪的结构,可以加快陀螺内部散热速率,减小陀螺内部温度变化,降低陀螺仪对环境温度的敏感度。多位学者通过对热源的布置、结构热对称设计、热缓冲,以及均热和隔热等多方面的研究来减小陀螺仪的热不稳定性、温度梯度、温度变化率,从而减小陀螺热启动时间和热致误差。

1970 年,D. M. Shupe 首次提出在 Sagnac 干涉仪中,与时间有关的环境温度变化引起的非互易性会给光纤陀螺带来大的漂移[3]。由于相向传播的两束光波经过某一点(中点除外)的时间不同,因此累积的相移也不同,从而产生非互易相位误差[4-6]。当陀螺所处的环境温度变化时,在光纤环径向或轴向产生空间温度梯度,热量将从光纤环的高温部分向低温部分传播,光纤长度方向上不同点的温度变化率可能不同。由于折射率随温度变化,温度变化率的差异产生 Shupe 误差,形成零偏误差[7]。

通过采用热绝缘设计,即采用低导热系数的材料(如陶瓷、玻璃等)作为敏感环圈安装基体,或者在环圈安装基体上喷绝热胶,以此来达到敏感环圈隔热的目的;同时还可在敏感环圈的固化胶中加入银粉,使得积聚在光纤层的热量快速传递到外界,形成"热短路"[8]。Tirat 等人基于数值法,利用 IDEAS-TMG 热分析的辅助,确认了通过优化敏感环圈、环圈安装基体结构以及陀螺仪壳体的热传导性能,可以有效降低温度对陀螺仪的影响[9]。Mohr 利用电路传输线中的电流流动模拟敏感环圈的热传递过程,建立了敏感环圈温度漂移模型,表明热源位于敏感环圈中间并且热流向外传播时,Shupe 误差相对较小[10]。

赵小明等人提出了光纤陀螺敏感环圈三维温度瞬态模型解析式,用于求解敏感环圈径向、轴向和周向温度瞬态效应所致的非互易性相位、速率和角度误差[11],从侧面给出了环圈安装基体的设计思路。随后,杨盛林等人提出了利用4J32 制作芯轴式敏感环圈安装基体[12],该研究制作的 4J32 芯轴式环圈安装基体具有良好的热对称结构、低的热导率,以及几乎与光纤纤芯一致的热膨胀系数,它不仅降低了敏感环圈轴向温度梯度,减小了敏感环圈整体的温度梯度变化率,而且也能有效地减小环圈安装基体和敏感环圈之间因热膨胀不一致导致的热应力对陀螺的影响。

光子晶体光纤陀螺仪使用的各个光学电子器件与普通保偏光纤陀螺仪并无本质差异,其都会在温度变化的条件下带来性能指标的变化。使用光子晶体光纤制作的光子晶体光纤陀螺仪的温度稳定性虽然比普通单模保偏光纤能提高数倍[13-14],但在环境温度变化时,敏感环圈内部的温度梯度变化也会直接影响折射率变化,从而导致陀螺仪产生非互易性误差输出。与普通单模保偏光纤陀螺类似,除敏感环圈的特殊绕制、胶体的合理选择外,结构材料的选择、结构特征的设计以及热源位置的布置都是额外提升光子晶体光纤陀螺仪温度性能的有效手段。因此,给光子晶体光纤敏感环圈创造一个均匀、稳定的温度场是结构设计的重要工作之一。

在进行光子晶体光纤陀螺仪结构热设计时,应根据光纤陀螺仪整机配置形式进行,确定热管理方案,进行结构材料选择,同时进行热仿真与优化。

结构热设计必须围绕敏感环圈进行,即首先对敏感部件进行合理的热设计。对敏感部件的热设计应考虑以下内容:

(1)敏感环圈的安装面应具备均匀的温度值,减小环圈温度梯度并且尽量使距离环圈中点相同距离的光纤段受到相同的温度作用;敏感环圈的安装面应设计为关于输入敏感轴方向对称的平面,且固定支撑结构也必须整体关于输入敏感轴方向对称。

(2)敏感环圈封装结构材料一般采用导热率较低的材料制作,例如低膨胀合金 4J32、软磁合金钢 1J50、1J79 或 1J85 等;导热率较低的材料直接与敏感环圈接触,实现敏感环圈的热隔离,同时可以保证在外界环境受到温度瞬时冲击时,低导热率材料温度变化率将显著降低,保证敏感环圈始终处于一个比较温和的热场环境。

(3)敏感环圈封装结构件外围一般加装一层导热率较高的金属结构件,起均热作用,例如铝合金材料 2A12 或者 6 系、7 系超硬铝合金材料;在敏感环圈封装结构之外进行均热设计,导热率较高的金属虽然对外界温度冲击较敏感,但由于其导热能力较高,可以快速在结构交界面处形成均匀温度场;由于敏感环圈处于低导热率合金构成的封装结构中,无需担心外界温度冲击的影响,同时敏感部件还可在最短时间内实现温度场稳定。

(4)敏感部件可以另行加装较低导热率材料制作的隔热结构件,实现敏感部件与其他有源部件的热隔离。

(5)所有结构件均应做热对称设计,以营造出关于输入敏感轴对称的均匀温度场环境。

(6)对敏感部件进行热仿真并加以改进优化,使用 CAE 软件在结构设计阶段对敏感部件三维模型进行温度场仿真,通过设定环境边界条件、热源位置以及材料参数等可以计算得到敏感部件内部各个点的温度分布;利用仿真结果提升设计,使结构设计更加完善。

(7)在靠近敏感环圈位置的结构上通常对称放置两只温度传感器,用于后续光纤陀螺仪温度补偿。

（8）光源部件的底座应采用导热率相对较高的铝合金制作，利于快速导热和均热。

（9）有源发热光电器件应放置在能够快速散热的位置，同时对光源底座的热影响应满足光源尾纤以及敏感部件热对称性要求。

（10）高精度光纤陀螺仪应考虑光电分离设计，宜做多层均热和隔热处理；一般情况下，均热的处理方式为选用导热率较高的材料作为结构件并且将结构设计成热对称形式；隔热的处理方式为选用导热率较低的材料作为结构件或者与热源之间使用非金属或者空气作为隔离层以阻断热通路；由于高精度光纤陀螺仪敏感环圈光纤更长，绕制层数更多，更易受到外界环境的影响，因此将光源部件与敏感部件分开对于高精度陀螺来说是最好的选择。

对于相同规格的敏感环圈，假设陀螺仪安装基体温度约束设为55℃，敏感环圈封装的外表面对流换热系数设为 $3W/m^2 \cdot K$，热通路采用两种方式：一是其环圈安装基体及安装支座均采用软磁合金进行封装；二是环圈安装基体采用软磁合金，在环圈安装基体和安装支座之间增加一层均热环。

其仿真结果如图 10-8 所示，可以看到，在纯隔热模式下敏感环圈整体温度值较低，但温度梯度差较大；而在加入均热措施后，敏感环圈虽然整体温度有所上升，但其温度梯度差缩小了。所以，根据光纤陀螺仪不同的热设计需求，可以采取不同的策略，达到完全不同的效果。

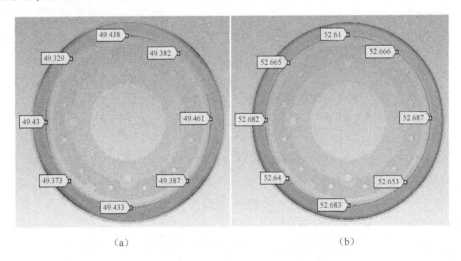

（a）　　　　　　　　　　　　（b）

图 10-8　不同热通路模式下敏感环圈温度情况

（a）纯热隔离模式；（b）热隔离+均热方式。

对于结构相对简单的光纤陀螺仪捷联系统样机，若条件允许，可以对系统整机进行热仿真和优化，进一步验证陀螺仪结构热设计的合理性，如图 10-9 所示。结合系统整机热仿真分析,可以在一定程度上减小元件和系统双方的设计压力,容易构建出更有针对性的整机热结构。

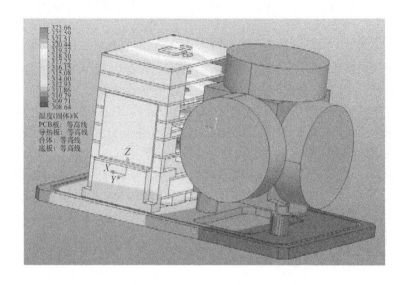

图10-9 陀螺整机温度场分布

10.4.2 结构力学设计方法

光子晶体光纤陀螺仪敏感环圈在实际应用中,因受内部结构应力、绕制与固化工艺及老化工艺的限制,当受到来自外界的振动影响时,敏感环圈的等效几何物理尺寸会发生形变从而引起光纤应力分布的变化。由轴向应力导致光纤轴向拉伸使光纤的几何参数发生变化;而由横向应力则会导致双折射现象而引发偏振噪声。

即光子晶体光纤陀螺仪在振动环境条件下,结构应力的变化会使敏感环圈产生非互易相移,造成光纤陀螺仪的输出相位误差。结构应力主要有扭转应力、横向应力、弯曲应力、热应力和振动应力等,非互易相移的改变就是由这些应力所导致的应变产生的。

结构力学设计主要目的是在相关力学环境试验中保证光纤陀螺仪的性能满足应用要求,主体结构的设计应考虑刚度和强度两个方面。在结构设计阶段,除了凭借经验进行设计外,主要以 CAE 软件仿真分析进行辅助设计和结构优化。

光子晶体光纤陀螺仪结构力学设计有关的问题在机理上主要包括以下三个层面:

（1）结构（包括敏感环圈、光路）谐振，在谐振频率上振动信号被放大，导致结构（包括敏感环圈）周期性形变，陀螺输入大的附加角加速度，回路误差信号剧烈变大，使光纤陀螺输出异常（零偏异常大、零偏乱漂、零偏跨到其他条纹工作）。

（2）振动引起的陀螺仪噪声增加，也即光纤陀螺的偏置振动灵敏度，由振动动态应变通过光弹效应引起光纤长度或折射率变化而造成，是陀螺对振动的一种正常响应；当然，可以采取一些技术措施降低光纤陀螺的偏置振动灵敏度。

（3）振动引起的陀螺零偏效应（振动过程中零偏均值略微变大或变小），这是由光纤陀螺仪闭环回路的传递函数超调引起的振动误差，需要优化陀螺仪闭环回路参数或增加校正回路设计来消除振动引起的陀螺零偏。

为避免光纤陀螺仪在某个频率范围内出现谐振，必须从多个方面提高陀螺的整体刚度，其中就包括敏感环圈刚度的提升，敏感环圈与环圈安装基体之间黏接刚度的提升以及陀螺仪结构零件和整机组合体刚度的提升。

模态分析是研究结构动力学特性的一种方法，是系统辨别方法在工程振动领域中的应用。模态是机械结构的固有振动特性，每一个模态具有特定的固有频率、阻尼比和模态振型。因此模态分析主要用于确定结构和机器零部件的振动特性，即固有频率和振型。

对光纤陀螺仪结构件整机进行模态仿真分析，一般民品级或者军品级船用、陆用光纤陀螺仪一阶固有频率值应高于振动试验最高频率值的 1.2 倍；军品级航空、航天用光纤陀螺仪一阶固有频率值应高于振动试验最高频率值的 1.35 倍，保证结构具有足够的刚度以满足光纤陀螺仪整机振动过程中振中与振前、振后的零偏误差要求。如果仿真结果不能完全满足上述要求，则需要对结构进行优化改进，可通过优化设计软件对结构关键几何尺寸进行参数化设置，通过设定特定的目标进行优化，根据优化结果进行设计改进，最终完成结构设计。

例如，对光纤陀螺仪中关键结构件安装盒（环圈安装基体）利用 ANSYS Workbench 软件中的 Design Explorer 模块对其做优化设计。利用 Goal Driven Optimization 目标优化技术对安装盒的重要尺寸进行优化，找到最佳设计点。安装盒草图截面模型及待优化参数如图 10-10 所示。按照图 10-10 所示的截面旋转拉伸可得零件三维模型，固定安装盒的 8 个安装孔，其一阶频率为 3283Hz，一阶模态振型如图 10-11 所示。

待优化参数为图 10-10 中的 H3 = 0.75、V5 = 1、H13 = 1.25 三个参数，优化目标为一阶模态频率。设定优化范围后，优化结果如图 10-12 所示，其中第 14 种参数组合的频率点最高，达到 4237Hz，可选为最佳设计点。设计时将该尺寸取整，则优化后 H3 = 0.75、V5 = 1.5、H13 = 1.5。对优化后的安装盒再次进行模态仿真，其一阶模态频率为 4470Hz，一阶模态振型如图 10-13 所示。通过设计优化，可显著

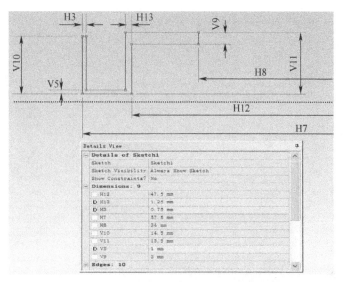

图 10-10   安置盒草图截面模型及待优化参数

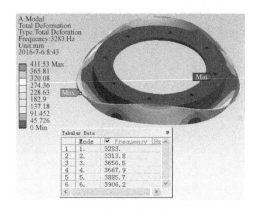

图 10-11   安置盒一阶模态振型及谐振频率点

改善结构零件的刚度,因此,对结构设计有很强的指导意义。光纤陀螺仪其他结构件也可采取类似的优化设计方法。

将安装盒上盖利用激光焊接技术与安装盒进行密封焊接,焊接后整体的封装结构的一阶谐频率达到 5150.3Hz,刚度再次提高。

对光纤陀螺仪整机还需要进行冲击响应仿真,按照试验条件施加激励,陀螺仪敏感部件在任意一个方向响应最大角位移不得大于陀螺仪临界误差所对应的最大角位移,保证结构具有足够的刚度以满足光纤陀螺仪整机冲击前后零偏误差的要求。

Table of Schematic B2: Design of Experiments				
	A	B	C	D
1	Name ⚲	P1 - XYPlane.H3 ▼	P2 - XYPlane.V5 ▼	P3 - XYPlane.H13 ▼	P4 - Total Deform
2	1	0.875	1.1	1.25	3351.7
3	2	0.75	1.1	1.25	3449
4	3	1	1.1	1.25	3287.7
5	4	0.875	0.7	1.25	2301.9
6	5	0.875	1.5	1.25	3977.2
7	6	0.875	1.1	1	3027.8
8	7	0.875	1.1	1.5	3627.5
9	8	0.77337	0.77479	1.0467	2298
10	9	0.97663	0.77479	1.0467	2603.4
11	10	0.77337	1.4252	1.0467	3633.5
12	11	0.97663	1.4252	1.0467	3477.4
13	12	0.77337	0.77479	1.4533	2610.7
14	13	0.97663	0.77479	1.4533	2983.1
15	14	0.77337	1.4252	1.4533	4237
16	15	0.97663	1.4252	1.4533	4039.8

图 10-12　优化参数及最佳设计点的选取

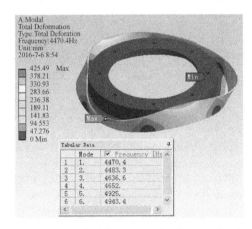

图 10-13　优化后的安置盒一阶模态振型及谐振频率点

10.4.3　结构磁屏蔽设计方法

1982 年,德国学者 K. Böhm 等人基于琼斯矩阵方法推导了简易的光纤陀螺磁场误差模型,实验验证了地球磁场能够引起光纤陀螺产生约 10°/h 的漂移,并指出磁屏蔽结构可将磁场误差降低至少一个数量级[15]。广义上的磁屏蔽可分为静磁场或低频磁场(小于 100kHz)的屏蔽以及高频磁场的屏蔽。静磁屏蔽是利用相对磁导率较高的铁磁性材料构成低磁阻通路,使得绝大多数静磁场的磁力线从磁屏蔽结构内通过,而进入被磁屏蔽区域的磁通量较少,从而达到磁屏蔽的目的。磁屏蔽结构的磁屏蔽效能与屏蔽材料的磁导率和屏蔽结构的形状、厚度、缝隙和孔洞等密切相关。一般而言,屏蔽材料的磁导率越大,层数越多,厚度越大,缝隙和孔洞越小,其磁屏蔽效能越好。高频磁场的屏蔽材料大多数采用低电阻率的良导体(铝、铜等)。当高频磁场经过良导体时,由于电磁感应现象会在导体表面产生涡流,涡流会产生反向磁场来抵消外磁场。材料的导电性能越好,对高频磁场的屏蔽效果越好。由于涡流仅在材料的表面产生,有趋肤效应,所以高频磁场的屏蔽结构不需要很厚。此外,由于高频磁场产生的涡流会在良导体内流动使得导体发热,因而高频磁场的屏蔽还需考虑热效应。

对于元件级光子晶体光纤陀螺仪的磁屏蔽设计主要考虑静磁场,高频磁场的防护主要在系统级解决。较常用于屏蔽低频静磁场的金属铁磁材料有纯铁、铁硅合金(硅钢、电工钢等)、铁镍软磁合金(1J79、1J85 等坡莫合金),表 10-1 为部分金属铁磁材料的相对磁导率。

表 10-1 金属铁磁材料的相对磁导率

金属名称	铜、铝、锌、镍	碳钢	铸铁	不锈钢
相对磁导率 μ_r	1	50~1000	100~600	500~1000
金属名称	硅钢	纯铁(退火)	坡莫合金	超导磁合金
相对磁导率 μ_r	500~7000	5000	$2\times10^4 \sim 10^5$	$10^5 \sim 10^6$

光子晶体光纤陀螺仪磁屏蔽结构设计的优劣可以通过磁屏蔽效能来衡量。目前,在设计磁屏蔽结构的过程中,通常利用不存在磁屏蔽时的匀强磁场强度与磁屏蔽结构中心点处的磁场强度的比值来计算磁屏蔽效能。但对于光子晶体光纤陀螺仪而言,敏感环圈是一个环状的物体,环所在空间位置处的磁场才是磁场误差的主要来源,环中心并不是关注的重点。所以,不可简单地采用磁屏蔽结构中心点处的磁场强度来计算磁屏蔽效能。影响磁屏蔽效能的因素包括:磁场源的大小和方向、磁场的频率、屏蔽结构材料的厚度和密封状态、屏蔽结构的热处理状态、屏蔽结构的层数,以及屏蔽结构到磁场源的距离等。屏蔽结构件尽量构成连通磁路,提供低磁阻磁路,引导磁力线通过自身,使磁场避开敏感部件,降低低频磁场引起的陀螺漂移引入的误差。

光子晶体光纤陀螺仪磁屏蔽结构的材料一般选择坡莫合金,材料的厚度可结合屏蔽效能和体积重量的要求,一般在 0.5~2mm 之间优选。

光子晶体光纤陀螺仪磁屏蔽结构的层数可根据陀螺仪精度来设计,单层磁屏蔽结构一般能使作用在光纤陀螺仪上的静磁场强度减弱 10~100 倍,这已经足可应对中低精度光纤陀螺仪的要求,但对于高精度和甚高精度的光子晶体光纤陀螺仪来说仍是不够的,需要采用双层或多层磁屏蔽。双层磁屏蔽比单层磁屏蔽效果将有数量级的提升,所以,如果条件允许,通常采用多层屏蔽方式来大幅提升屏蔽效能。采用多层屏蔽时一定注意屏蔽层之间的间隙,如果间隙过小,多层屏蔽就几近于厚度为多层总厚度时的单层屏蔽;当间隙过大时,由于屏蔽效能是半径的减函数,其效果仅相当于多层屏蔽壳体分别屏蔽时的屏蔽效能之和。根据常见光子晶体光纤陀螺仪的磁屏蔽设计指标和整机体积和重量的要求,多层屏蔽时屏蔽层间隙控制在 0.5~1mm 之间为宜。因为光子晶体光纤陀螺仪的磁屏蔽都属于被动屏蔽,即用于抗磁场干扰,干扰源在外。而常用的高磁导率材料的磁饱和强度是有差别的,所以在采用多层屏蔽时,将不易饱和的材料放外层,而易饱和的材料放内层,这样更能发挥整个磁屏蔽结构的效能。

光子晶体光纤陀螺仪磁屏蔽结构难免存在孔洞和缝隙,屏蔽效能与孔洞和缝隙的大小、孔洞和缝隙的数量以及它们之间的距离都有关系。在没有必要的情况下尽量不开孔或开小孔,不漏缝或增加连接紧定结构尽量做到结构连续。同时,结构件边缘连接时采用交错结构形式,如图 10-14 所示。当然,如果条件允许,亦可将接缝直接激光连续点焊,形成真正的连续屏蔽体。

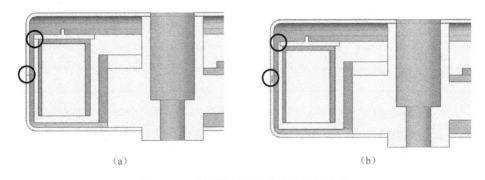

(a)   (b)

图 10-14　磁屏蔽结构边缘连接结构示意

(a)错误的简单对接形式;(b)正确的交错搭接形式。

光子晶体光纤陀螺仪的磁敏感性仍然是影响其零位稳定性的重要因素之一。给敏感环圈加磁屏蔽外罩,使其免受来自外界环境以及陀螺系统内部器件的电磁干扰是减小陀螺仪敏感部件磁致零偏的重要而有效的手段。结构磁屏蔽设计应考虑以下内容。

(1) 分解光纤陀螺仪整机磁敏感度指标,综合磁屏蔽材料特性、结构空间要求,确认加装层数以及各层厚度。常用的光纤陀螺仪磁屏蔽材料可选用 1J50、1J79 或者 1J85 等高磁导率合金,这种材料可以兼顾磁屏蔽性能,且力学性能出色,具有较高的刚度和强度,适合做敏感环圈的外层屏蔽支撑材料。同时,软磁合金还有导热率低的特性,可以作为敏感部件的隔热缓冲层。具体结构设计形式、磁屏蔽层厚度、选择哪种材料以及加装几层屏蔽要以陀螺整机设计规定的空间以及屏蔽要求来决定。

（2）应对敏感环圈进行全磁屏蔽封装，以最小的防护范围防护磁敏感度最大的器件。敏感环圈是对磁最为敏感的器件，因此必须对其进行全磁屏蔽封装，该结构应将环圈全部封起来，否则任何一点缝隙都会造成磁场泄露，影响磁屏蔽效果，进而影响陀螺精度。

（3）应对磁敏感度要求较高的陀螺仪进行多级磁屏蔽。对于高精度陀螺，单层磁屏蔽封装不能将所有磁感线屏蔽，必须对其进行多层屏蔽，通过使用不同屏蔽材料进行多层屏蔽互补，弥补单一屏蔽材料的缺陷。但具体使用几层防护需要根据陀螺实际空间结构并结合仿真分析结果进行综合评估。

（4）对敏感部件应进行磁屏蔽仿真分析，外加磁场载荷经屏蔽结构屏蔽后，敏感环圈内部的磁场衰减量应达到要求，并根据仿真结果对磁屏蔽材料或结构尺寸参数进行重调或优化。

（5）磁屏蔽结构件材料的选择应综合考虑磁导率、饱和磁感应强度、壁厚以及加工工艺性、材料成本和加工成本。在确定磁屏蔽结构形式的基础上，需要综合考虑上述因素。例如，1J85 材料是高初磁导率材料，在磁场强度较低时只需要很薄一层就能达到较好屏蔽效果，然而该材料的磁饱和强度较低，易饱和，并且材料成本和加工成本较高。而 1J50 材料是高磁饱和材料，在磁场强度较低时，相较于 1J85 相同的磁屏蔽效果需要设计得更厚，但是该材料的磁饱和强度比 1J85 高一倍，更加耐高磁场强度环境。另外，1J50 材料加工成本和材料成本都低于 1J85，因此只要空间允许的条件下，优先选择 1J50 材料。而高精度陀螺选用多层屏蔽封装时，可以选用一种高初磁导率材料，如 1J85，再额外选择一个高磁饱和强度材料，如 1J50 材料进行互补。

10.4.4 结构抗辐照设计方法

由于没有传统机械陀螺的维护难、稳定性差的问题，光子晶体光纤陀螺仪小体积、低功耗的优点使其在空间领域有出色应用前景[31]。然而，空间辐照问题是所有空间使用电子器件的共同问题。在宇宙空间中存在着大量的高能粒子和射线，这些粒子和射线在空间中把能量传递给被照物质，被照物质内的性状将发生改变，这就是物质受粒子或射线作用时产生的电离效应。传统光纤陀螺仪处于空间辐照环境条件下时，敏感环圈的损耗大幅度增加而使陀螺仪的精度大幅度降低甚至失效，光子晶体光纤陀螺采用光子晶体光纤制作敏感环圈，不受辐照，但陀螺中的其他光电子器件在辐照环境下会发生辐射损伤，造成陀螺仪精度降低，甚至直接损坏。对于空间应用，光子晶体光纤陀螺抗辐照结构设计也需考虑。

光子晶体光纤陀螺仪在结构方面抗辐照措施主要是采用重金属材料进行辐射屏蔽[19-20]，但是这种防护措施会大幅增加陀螺仪的质量，而空间应用的光纤陀螺仪对质量要求非常严格，因为每增加 1kg 的负重质量，发射系统需要增加上百千克,这不符合空间发射的总要求。所以,光子晶体光纤陀螺仪抗辐照主要还是依靠光子晶体光纤技术优势,同时以最小的质量代价在关键部位进行结构防护,最后依赖整星的抗辐照措施达到陀螺仪的空间应用效果。

光子晶体光纤陀螺仪由于敏感部件是由中空的光子晶体光纤绕制而成,抗辐照能力大幅优于传统光纤。由于受整机质量的限制,空间应用的光子晶体光纤陀螺仪进行结构抗辐照设计时需考虑以下几方面内容。

根据具体环境应用需求确认抗辐照等级,选用适当的抗辐照材料对关键光学器件、电子器件进行防护。常用的防护材料为铅皮或者钽皮。铅皮质地柔软,易于成型,但力学性能较差,导热率低,不适合于大功率器件的防护。与铅皮相同厚度的钽皮抗辐照性能与之相当,且兼顾了力学性能和导热性能,因此钽皮的加固效果能够满足航天电子产品高可靠、长寿命的要求。

必要时,结构件外表面宜喷涂抗辐照涂层。为了满足某些特殊需求,一些需要裸露在屏蔽机箱外部的光子晶体光纤陀螺仪,必须对其整体进行抗辐照加固。除选用传统抗辐照加固材料外,新型抗辐照涂层也是一个重要方向并可大大降低陀螺仪质量。

10.4.5 结构三防设计方法

光子晶体光纤陀螺仪结构三防设计是指防潮湿、防盐雾、防霉菌设计。基于全脱敏感环圈,其封装结构首先采用连续焊接密封,焊接种类推荐采用低热量激光焊接方式;光纤出入口采用低膨胀率、低强度密封胶密封,使敏感环圈近似处于一个空气密封腔中。所有铝合金结构件镀层均采用阳极氧化,有光洁度特殊要求的可采用瓷质氧化。结构件氧化后需检视合格,不许有缺陷。陀螺仪外罩可视情况进行涂覆处理,提高其防盐雾和霉菌的能力。

光子晶体光纤陀螺仪成品整机外壳缝隙可采用密封胶密封,防止水汽和盐雾等进入陀螺仪内部,陀螺仪线缆出入口也必须做好密封处理。

10.5　本　章　小　结

本章讨论了光子晶体光纤陀螺仪结构设计技术问题,重点介绍了陀螺仪结构具体的设计方法,用以指导不同应用环境条件下光纤陀螺仪的结构设计。

在光子晶体光纤陀螺仪结构设计中,敏感环圈的安装和防护是重点,为降低敏感环圈受环圈安装基体热应力的影响,目前较为常用的安装方案为采用全脱、底面黏接的形式;为提升敏感环圈的密封性,保证标度因数的长期稳定性,同时也为了提升陀螺仪的磁敏感特性,敏感环圈封装技术采用坡莫合金全屏蔽焊接密封技术。随着对光子晶体光纤陀螺仪综合性能(温度、磁场、力学环境)要求的提高,光纤陀螺仪的结构形式、材料组成必须趋于简单、实用。

 **参考文献**

［1］ Kurbatov A M, Kurbatov R A. Temperature characteristics of fiber-optic gyroscope sensing coils ［J］. Journal of Communications Technology and Electronics, 2013, 58(7): 745–752.

［2］ Lefevre H C. The Fiber-optic gyroscope: Challenges to become the ultimate rotation-sensing technology［J］. Optical Fiber Technology, 2013, 19: 828–832.

［3］ Shupe D M. Thermally induced nonreciprocity in the fiber optic interferometer［J］. Applied Optics, 1980, 5: 654–655.

［4］ Lefevre H C. 光纤陀螺仪［M］. 张桂才, 王巍, 译. 北京: 国防工业出版社, 2005.

［5］ Wanser K H. Fundamental phase noise limit in optical fibers due to temperature fluctuations［J］. Electronics Letters, 1992, 28(1): 53–54.

［6］ Friebele E J, Askins C G, Miller A, et al. Optical fiber sensors for spacecraft: Applications and challenges［C］// Proceedings of SPIE-The International Society for Optical Engineering. Denver, USA, 2004: 219–227.

［7］ Mitani S, Mizutani T, Shinozaki K, et al. Reduction of thermally induced drift on interferometric Fiber Optic Gyroscope［C］//JSA SS-2014-4457.

［8］ 钱德儒. 光纤陀螺温度漂移补偿及光纤环测试方法研究［D］. 哈尔滨工程大学, 2009.

［9］ Tirat O F J, Euverte J F M. Finite element model of thermal transient effect in fiber optic gyro ［C］// SPIE, 1996, 2837: 230–238.

［10］ Mohr F. Thermooptically induced bias drift in fiber optical Sagnac interferometers［J］. J Lightwave Technol, 1996, 14(1): 27–41.

［11］ 赵小明, 李茂春. FOG 光纤环三维温度瞬态模型［J］. 红外与激光工程, 2010, 39(5): 929–933.

［12］ 杨盛林, 马林, 陈桂红, 等. 4J32 芯轴式环圈骨架对光纤陀螺性能的改善［J］. 中国惯性技术学报, 2016, 24(1): 88–92.

［13］ Domanski A W, Lesiak P, Milenko K, et al. Temperature-insensitive fiber optic deformation sensor embedded in composite material, Photon. Lett. Poland 1 (2009) 121–123.

［14］ NKT Photonics White Paper V1.0. Hollow core fibers for fiber optic gyroscopes［R］. Denmark: NKT Photonics A/S, 2009.

［15］ Böhm K, Petermann K, Weidel E. Sensitivity of a fiber-optic gyroscope to environmental magnetic fields［J］. Optics Letters, 1982, 7(4): 180–182.

［16］ 王巍. 光纤陀螺在宇航领域中的应用及发展趋势［J］. 导航与控制, 2020, 19(4/5): 18–28.

第11章 光子晶体光纤陀螺数字仿真技术

采用光子晶体光纤作为光纤陀螺传感介质以提升其工程应用中的环境适应性,实现低漂移、高稳定性,然后其他光纤陀螺性能影响因素仍需全面分析与抑制。除了光子晶体光纤以外,光纤陀螺使用的各种器件很大程度地影响其性能。光纤陀螺由两部分组成:光学部分和信号处理电路部分。光学部分主要实现光路的构建,包含光电子器件和光纤器件;信号处理部分主要实现对光信号的调制解调,包括模拟电路部分和数字电路部分。光路中,由于制备工艺的问题,各光学器件的特性参数达不到理想标准,而且随外界环境的变化其参数值还有波动,这将在陀螺中引入非互易性相移。电路中,放大器、AD、DA等器件的选型也对光纤陀螺的精度都有很大的影响。建立全面的光子晶体光纤陀螺性能仿真数学模型,分析光电器件特性对陀螺精度的影响关系和光电信号变换过程,对干涉型光子晶体光纤陀螺设计与研制提供理论依据,具有重要的工程价值。

11.1 闭环干涉型光子晶体光纤陀螺构成

闭环干涉型光子晶体光纤陀螺是一个十分复杂的双光束干涉光学系统,其中每个光学器件自身的性能以及器件之间的连接状态都会产生非互易相移,导致光子晶体光纤陀螺的输出误差,即漂移[1]。与此同时,闭环陀螺中信号检测环节同样占有非常重要的地位,不同的信号检测和处理方法都对光纤陀螺的精度产生重要影响。在处理过程中,电子器件的选型往往影响陀螺信号处理的性能与精度。本章基于各个光电器件的数学模型,全面构建陀螺光电信号传输传递数学链路,以便分析多参量变化对陀螺中光波传播和电信号解调的影响。

闭环干涉型光子晶体光纤陀螺构成如图11-1所示,主要由光源、耦合器、Y波导、光电探测器、光子晶体光纤环圈、模数转换器AD、数模转换器DA和全数字闭环信号处理电路组成[2]。从光源发出的光经过耦合器后按50:50的理想分光比平均分为两束,一束传输至耦合器空端耗散,另一束进入 Y 波导被平均分成两束具有相同偏振态的光,分别沿顺、逆时针进入光子晶体光纤环圈中相向传播,随后在 Y 波导处再次汇合叠加并产生干涉效应。当光子晶体光纤陀螺相对于惯性空间有一转动角速度时,顺、逆时针相向传播的两束光产生与转速成正比的相位差,该相位差使干涉光强相应变化,光电探测器将光强信息转换为电信号传递至全数字信号处理电路解调,解调值即为光子晶体光纤陀螺输出信号。与此同时,该输出信号作为下一时刻的闭环反馈信号施加到 Y 波导内的相位调制器中,形成闭合回路。

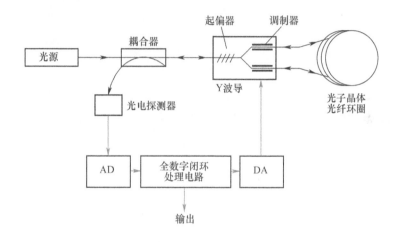

图 11-1 闭环干涉型光子晶体光纤陀螺构成

11.2 光子晶体光纤陀螺光学模型基本原理

干涉型光子晶体光纤陀螺采用保偏光路通过双光干涉提取角速度旋转信息,其光学模型以干涉光学和偏振光学两大光学理论为基础[3-6],多参量描述光信号在光纤陀螺光路中的传输、偏振保持和干涉等变换过程。

11.2.1 光波偏振态

(1) 椭圆偏振。

平面电磁波是横波,电场和磁场彼此正交。因此当光沿 z 方向传输时,电场只有 x 和 y 方向的分量。不失一般性,平面波取如下形式:

$$E = E_0 \cos(\tau + \varphi_0) \qquad (11-1)$$

式中：φ_0 为初始相位；$\tau = \omega t - kz$，ω 为单位时间内波的相位变化量，k 为单位长度内波的相位变化量，t 为光传播时间，z 为光传输距离。

式（11-1）分量形式为

$$
\begin{cases}
E_x = E_{0x}\cos(\tau + \varphi_x) \\
E_y = E_{0y}\cos(\tau + \varphi_y) \\
E_z = 0
\end{cases}
\tag{11-2}
$$

为了求得电场矢量的端点所描绘的曲线，把式（11-2）中参变量 τ 消去，可得：

$$
\left(\frac{1}{E_{0x}}\right)^2 E_x^2 + \left(\frac{1}{E_{0y}}\right)^2 E_y^2 - 2\frac{E_x}{E_{0x}}\frac{E_y}{E_{0y}}\cos\Delta\varphi = \sin^2\Delta\varphi
\tag{11-3}
$$

式中：$\Delta\varphi = \varphi_y - \varphi_x$。

式（11-3）是一椭圆方程，系数行列式大于零：

$$
\begin{vmatrix}
\dfrac{1}{E_{0x}^2} & -\dfrac{\cos\Delta\varphi}{E_{0x}E_{0y}} \\
-\dfrac{\cos\Delta\varphi}{E_{0x}E_{0y}} & \dfrac{1}{E_{0y}^2}
\end{vmatrix} = \frac{\sin^2\Delta\varphi}{E_{0x}^2 E_{0y}^2} \geqslant 0
\tag{11-4}
$$

这说明电场矢量的端点所描绘的轨迹是一个椭圆。即在任意时刻，沿传播方向上，空间各点电场矢量末端在 xy 平面上的投影是一个椭圆，或在空间任一点，电场端点在相继时刻的轨迹是一椭圆。这种电磁波在光学上被称为椭圆偏振光。由于电场矢量与磁场矢量有如下简单关系：

$$
\sqrt{\mu_0}\,\boldsymbol{H} = \sqrt{\varepsilon_0 \varepsilon r}\,\boldsymbol{E}
\tag{11-5}
$$

因此磁场矢量的三个分量为

$$
\begin{cases}
H_x = -\sqrt{\dfrac{\varepsilon}{\mu_0}}\,E_y = E_{0y}\cos(\tau + \varphi_y) \\
H_y = -\sqrt{\dfrac{\varepsilon}{\mu_0}}\,E_x = E_{0x}\cos(\tau + \varphi_x) \\
H_z = 0
\end{cases}
\tag{11-6}
$$

（2）线偏振和圆偏振。

在光学中通常涉及的偏振情况有两种：一种是电场矢量 $\boldsymbol{E}$ 的方向永远保持不

变，即线偏振；另一种是电场矢量 E 端点轨迹为一圆，即圆偏振。这两种情况都是上述椭圆偏振的特例。理想情况下，光子晶体光纤陀螺关键敏感环路中光波以线偏振传输。

由式（1-13）可见，当 $\Delta\varphi = \varphi_y - \varphi_x = m\pi(m = 0, \pm1, \pm2, \cdots)$ 时，椭圆会退化为一条直线，如下所示：

$$\frac{E_y}{E_x} = (-1)^m \frac{E_{0y}}{E_{0x}} \tag{11-7}$$

电场矢量 E 就称为线偏振（也称为平面偏振）。

如果 E_x，E_y 两分量的振幅相等，且其相位差为 $\pi/2$ 的奇数倍，即 $E_{0x} = E_{0y} = E_0$，$\Delta\varphi = \varphi_y - \varphi_x = m\pi/2(m = 0, \pm1, \pm3, \pm5, \cdots)$，则椭圆式（1-13）退化为圆：

$$E_x^2 + E_y^2 = E_0^2 \tag{11-8}$$

则称电场矢量是圆偏振。若 $\sin\Delta\varphi > 0$，则 $\Delta\varphi = \pi/2 + 2m\pi(m = 0, \pm1, \pm2, \cdots)$，电场分量形式为

$$\begin{cases} E_x = E_{0x}\cos(\tau + \varphi_x) \\ E_y = E_{0y}\cos(\tau + \varphi_x + \pi/2) \end{cases} \tag{11-9}$$

说明 E_y 的相位比 E_x 的超前 $\pi/2$，其合成矢量的端点描绘以顺时针方向旋转的圆。这相当于观察者迎着平面光波观察时，电场矢量是顺时针方向旋转的，这种偏振光被称为右旋圆偏振光。

若 $\sin\Delta\varphi < 0$，则 $\Delta\varphi = -\pi/2 + 2m\pi(m = 0, \pm1, \pm2, \cdots)$，电场分量形式为

$$\begin{cases} E_x = E_{0x}\cos(\tau + \varphi_x) \\ E_y = E_{0y}\cos(\tau + \varphi_x - \pi/2) \end{cases} \tag{11-10}$$

此时 E_y 的相位比 E_x 的落后 $\pi/2$，其合成矢量的端点描绘以逆时针方向旋转的圆。这相当于观察者迎着平面光波观察时，电场矢量是逆时针方向旋转的，这种偏振光被称为左旋圆偏振光。

11.2.2　偏振光的描述

两振动方向互相垂直的线偏振光叠加时，一般将形成椭圆偏振光。两线偏振光振幅比 E_{0y}/E_{0x} 及其相位差 $\Delta\varphi$ 决定了这个椭圆的长、短轴之比及其在空间的取向。这表明只需两个特征参量：E_{0y}/E_{0x} 和 $\Delta\varphi$ 就可表示任一光波的偏振态，可通过琼斯矢量法描述这两个参量之间的关系。

1941 年琼斯（R. C. Jones）用一个列矩阵来表示电场矢量的 x、y 分量：

$$\begin{bmatrix} E_x \\ E_y \end{bmatrix} = \begin{bmatrix} E_{0x}e^{i\varphi_x} \\ E_{0y}e^{i\varphi_y} \end{bmatrix} \tag{11-11}$$

该矩阵一般称为琼斯矩阵，它表示一般的椭圆偏振光。对于线偏振光，若 E

在第一、三象限,则有 $\varphi_x = \varphi_y = \varphi_0$,其相应的琼斯矢量为

$$\begin{bmatrix} E_x \\ E_y \end{bmatrix} = \begin{bmatrix} E_{0x} \\ E_{0y} \end{bmatrix} e^{i\varphi_0} \tag{11-12}$$

与此类似,对于右旋偏振光,其琼斯矢量为

$$\begin{bmatrix} E_x \\ E_y \end{bmatrix} = \begin{bmatrix} -i \\ 1 \end{bmatrix} E_{0x} e^{i\varphi_0} \tag{11-13}$$

由于光强 $I = E_x^2 + E_y^2$,为了简化计算,一般取 $I = 1$,这时的琼斯矢量则称为标准的琼斯矩阵,图 11-2 列举了各类偏振光的归一化琼斯矩阵。

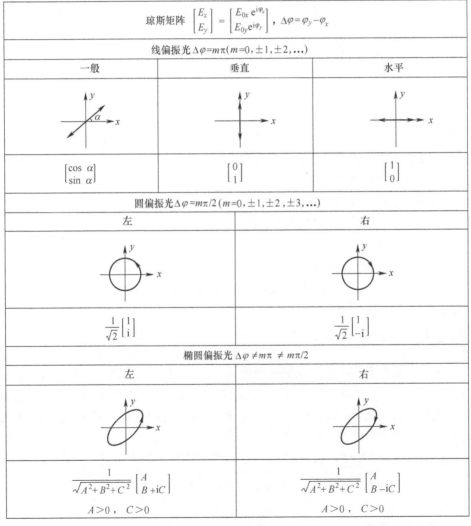

图 11-2 各类偏振光归一化琼斯矩阵

对各种光的偏振态做线性转换的器件都可用一个 2×2 矩阵表示,称为偏振器件的琼斯矩阵。光学模型建立所需的起偏器、波片等常用光学器件的琼斯矩阵如图 11-3 所示。

起偏器			
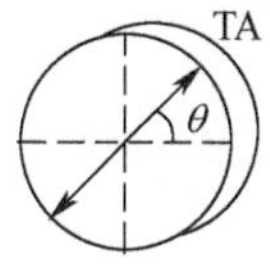 TA, θ	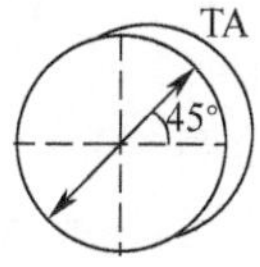 TA, 45°	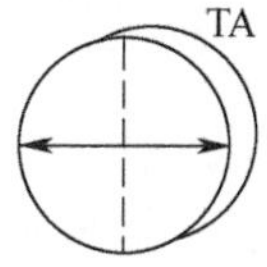 TA	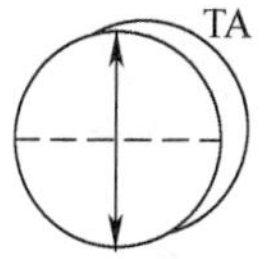 TA
$\begin{bmatrix} \cos2\theta & \sin2\theta \\ \frac{1}{2}\sin2\theta & \sin2\theta \end{bmatrix}$	$\dfrac{1}{2}\begin{bmatrix} 1 & 1 \\ 1 & 1 \end{bmatrix}$	$\begin{bmatrix} 1 & 0 \\ 0 & 0 \end{bmatrix}$	$\begin{bmatrix} 1 & 0 \\ 0 & 0 \end{bmatrix}$

波片:$\Gamma = \dfrac{2\pi}{\lambda}\left| n_e - n_o \right| d$

任意角度 θ	$\theta = \pm45°$	$\theta = 0°$ 或 $90°$
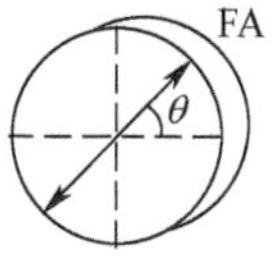 FA, θ	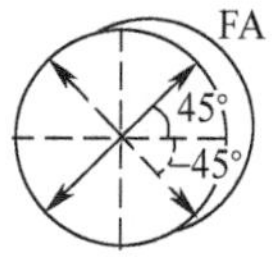 FA, 45°, −45°	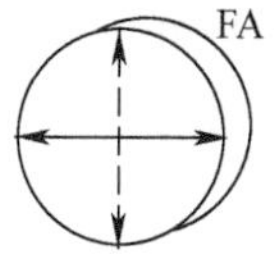 FA
$\begin{bmatrix} \cos\frac{\Gamma}{2} - i\sin\frac{\Gamma}{2}\cos2\theta & -i\sin\frac{\Gamma}{2}\sin2\theta \\ -i\sin\frac{\Gamma}{2}\sin2\theta & \cos\frac{\Gamma}{2} + i\sin\frac{\Gamma}{2}\cos2\theta \end{bmatrix}$	$\begin{bmatrix} \cos\frac{\Gamma}{2} & \pm i\sin\frac{\Gamma}{2} \\ \pm i\sin\frac{\Gamma}{2} & \cos\frac{\Gamma}{2} \end{bmatrix}$	$\begin{bmatrix} 1 & 0 \\ 0 & e^{\pm i\Gamma} \end{bmatrix}$

全波片（λ）:$\Gamma = 2\pi$

$$\begin{bmatrix} 1 & 0 \\ 0 & 0 \end{bmatrix}$$

半波片（λ/2）:$\Gamma = \pi$

$\begin{bmatrix} \cos2\theta & \sin2\theta \\ \frac{1}{2}\sin2\theta & \sin2\theta \end{bmatrix}$	$\begin{bmatrix} 0 & 1 \\ 1 & 0 \end{bmatrix}$	$\begin{bmatrix} 1 & 0 \\ 0 & -1 \end{bmatrix}$

四分之一波片（λ/4）:$\Gamma = \pi/2$

$\begin{bmatrix} 1-i\cos2\theta & -i\sin2\theta \\ -i\sin2\theta & 1+i\cos2\theta \end{bmatrix}$	$\begin{bmatrix} 1 & \mp i \\ \mp i & 1 \end{bmatrix}$	$\begin{bmatrix} 1 & 0 \\ 0 & \mp i \end{bmatrix}$

图 11-3　常用光学器件琼斯矩阵

利用琼斯矩阵可对光的叠加和传输变换进行计算,如两完全偏振的相干光叠加,用琼斯矢量表述非常简单。例如,已知两线偏振光的琼斯矩阵分别为

$$E_1 = \begin{bmatrix} \sqrt{3}\,e^{i\varphi_1} \\ 0 \end{bmatrix}, E_2 = \begin{bmatrix} 0 \\ \sqrt{3}\,e^{i(\varphi_1+\pi/2)} \end{bmatrix} \tag{11-14}$$

则此两偏振光之叠加为

$$E = E_1 + E_2 = \begin{bmatrix} \sqrt{3}\,e^{i\varphi_1} \\ \sqrt{3}\,e^{i(\varphi_1+\pi/2)} \end{bmatrix} \tag{11-15}$$

两偏振光叠加后变为一个右旋圆偏振光。

一般情况下,n 束同频率、同方向传播的偏振光的叠加,可由这 n 个琼斯矢量相加而得,相加时需考虑琼斯矢量两分量共同的振幅和相位:

$$E = \begin{bmatrix} E_x \\ E_y \end{bmatrix} = \begin{bmatrix} \sum_{i=1}^{n} E_{ix} \\ \sum_{i=1}^{n} E_{iy} \end{bmatrix} \tag{11-16}$$

当偏振光依次通过 n 个偏振器件,它们的琼斯矩阵分别为 $J_i(i=1,2,\cdots,n)$,则从第 n 个偏振器件出射光的琼斯矩阵矢量可通过入射光琼斯矢量与偏振器件琼斯矩阵依次相乘获得。

$$\begin{bmatrix} E_x' \\ E_y' \end{bmatrix} = J_n J_{n-1} \cdots J_2 J_1 \begin{bmatrix} E_x \\ E_y \end{bmatrix} \tag{11-17}$$

11.2.3 光子晶体光纤陀螺器件模型

(1)光源数学模型。

可供光子晶体光纤陀螺使用的光源主要有半导体激光二极管(LD)、超辐射发光二极管(SLD)和掺铒光纤光源(ASE)。半导体激光二极管(LD)能产生方向性好、相干性强、亮度高、频带窄的激光,但其窄线宽决定的高相干性会给陀螺带来过高的噪声,可通过激光器线宽展宽技术控制该噪声。超辐射发光二极管(SLD)和掺铒光纤光源(ASE)均是宽带光源,其光谱宽一般为几十纳米,可大幅抑制陀螺光路中寄生的高阶干涉误差。相比 ASE 光源,SLD 光源光谱的平均波长稳定性差,因此在中、低精度的光纤陀螺中普遍采用的 SLD 光源,ASE 光源以其特有大功率、高稳定等优点成为高精度光纤陀螺的首选光源。

光子晶体光纤陀螺光源可按照部分偏振光源建模,其琼斯矩阵表示为

$$E_{in} = \begin{bmatrix} e_x(t) \\ e_y(t) \end{bmatrix} = \begin{bmatrix} e_x \\ e_y \end{bmatrix} e^{i\omega_0 t} \tag{11-18}$$

式中:ω_0 为光源的中心频率;$e_x(t)$,$e_y(t)$ 为光源光场的偏振分量。

由归一化条件和偏振度的定义有:

$$\langle e_x(t)\,e_x^*(t) \rangle + \langle e_y(t)\,e_y^*(t) \rangle = 1 \tag{11-19}$$

$$\frac{\langle e_x(t)\, e_x^*(t)\rangle - \langle e_y(t)\, e_y^*(t)\rangle}{\langle e_x(t)\, e_x^*(t)\rangle + \langle e_y(t)\, e_y^*(t)\rangle} = d \qquad (11\text{-}20)$$

式中：d 为光源的偏振度，宽带光源一般为 $0.03 \sim 0.04$，光源的琼斯矩阵可由偏振度表示为

$$E_{in} = \begin{bmatrix} \sqrt{1 + d/2} \\ \sqrt{1 - d/2} \end{bmatrix} e^{i\omega_0 t} \qquad (11\text{-}21)$$

（2）保偏耦合器数学模型。

在保偏耦合器制造过程中，两光纤的双折射主轴不能保证绝对平行，会出现不对准角。当构成耦合器的两光纤偏振主轴（x 与 x' 间或 y 与 y' 间）存在不对准角 a，耦合器的通过光和透过光的传输微分方程，分别如下：

$$j\partial/\partial z \begin{bmatrix} A_x(z) \\ A_y(z) \end{bmatrix} = \begin{bmatrix} \beta_x & 0 \\ 0 & \beta_y \end{bmatrix} \begin{bmatrix} A_x(z) \\ A_y(z) \end{bmatrix} + C \begin{bmatrix} \cos a & \sin a \\ -\sin a & \cos a \end{bmatrix} \begin{bmatrix} B_{x'}(z) \\ B_{y'}(z) \end{bmatrix} \qquad (11\text{-}22)$$

$$j\partial/\partial z \begin{bmatrix} B_{x'}(z) \\ B_{y'}(z) \end{bmatrix} = C \begin{bmatrix} \cos a & \sin a \\ -\sin a & \cos a \end{bmatrix} \begin{bmatrix} A_x(z) \\ A_y(z) \end{bmatrix} + \begin{bmatrix} \beta_x & 0 \\ 0 & \beta_y \end{bmatrix} \begin{bmatrix} B_{x'}(z) \\ B_{y'}(z) \end{bmatrix}$$

$$(11\text{-}23)$$

两光纤的传输性能一致，$A_x(z)$、$A_y(z)$ 和 $B_{x'}(z)$、$B_{y'}(z)$ 分别是它们相互正交的偏振光场分量，β_x、β_y 为光波的传输常数，C 为耦合效率，并耦合效率与不对准角和光纤的双折射特性无关。通常耦合器的不对准角都很小，当 $a \ll 1$ 时，上述传输方程的一阶解为

$$\begin{bmatrix} A_x(l) \\ A_y(l) \end{bmatrix} = \begin{bmatrix} \alpha_T & j\beta_T \\ j\beta_T & \alpha_T \end{bmatrix} \begin{bmatrix} A_x(0) \\ A_y(0) \end{bmatrix} - j \begin{bmatrix} \alpha_R & \beta_R \\ -\beta_R & \alpha_R \end{bmatrix} \begin{bmatrix} B_{x'}(0) \\ B_{y'}(0) \end{bmatrix} \qquad (11\text{-}24)$$

$$\begin{bmatrix} B_x(l) \\ B_y(l) \end{bmatrix} = -j \begin{bmatrix} \alpha_R & -\beta_R \\ \beta_R & \alpha_R \end{bmatrix} \begin{bmatrix} A_x(0) \\ A_y(0) \end{bmatrix} - \begin{bmatrix} \alpha_T & -j\beta_T \\ -j\beta_T & \alpha_T \end{bmatrix} \begin{bmatrix} B_{x'}(0) \\ B_{y'}(0) \end{bmatrix} \qquad (11\text{-}25)$$

其中：l 为耦合长度。

$$\alpha_R \approx \sin(Cl) \qquad (11\text{-}26)$$

$$\alpha_T \approx \cos(Cl) \qquad (11\text{-}27)$$

$$\beta_T \approx \left[\frac{\alpha_R \Delta\beta\cos(\Delta\beta l) - \alpha_T C\sin(\Delta\beta l)}{(\Delta\beta + C)(\Delta\beta - C)} \right] Cl \qquad (11\text{-}28)$$

$$\beta_R \approx \left[\frac{\alpha_T \Delta\beta\sin(\Delta\beta l) - \alpha_R C\cos(\Delta\beta l)}{(\Delta\beta + C)(\Delta\beta - C)} \right] Cl \qquad (11\text{-}29)$$

$$\Delta\beta = \beta_T - \beta_R \qquad (11\text{-}30)$$

假定光纤耦合器的附加损耗和分光比与光的偏振态无关，则保偏耦合器的琼斯矩阵可表示为

$$K_T = (1 - \gamma)^{1/2} e^{j\pi/4} \begin{bmatrix} \alpha_T & j\beta_T \\ j\beta_T & \alpha_T \end{bmatrix} \tag{11-31}$$

$$K_C = (1 - \gamma)^{1/2} e^{-j\pi/4} \begin{bmatrix} \alpha_R & \beta_R \\ -\beta_R & \alpha_R \end{bmatrix} \tag{11-32}$$

式中：K_T 为透射波的琼斯矩阵；K_C 为耦合波的琼斯矩阵；γ 为附加损耗；$(\alpha_T^2 + \beta_T^2) + (\alpha_R^2 + \beta_R^2) = 1$。

耦合器的分光比为

$$M = \frac{\alpha_T^2 + \beta_T^2}{\alpha_R^2 + \beta_R^2} \tag{11-33}$$

当 $\beta_T = \beta_R = 0$ 时，耦合器为理想保偏光纤耦合器，式(11-31)和(11-32)表示为

$$K_T = (1 - \gamma)^{1/2} e^{j\pi/4} \begin{bmatrix} 1 & 0 \\ 0 & 1 \end{bmatrix} \tag{11-34}$$

$$K_C = (1 - \gamma)^{1/2} e^{-j\pi/4} \begin{bmatrix} 1 & 0 \\ 0 & 1 \end{bmatrix} \tag{11-35}$$

（3）Y 波导数学模型。

Y 波导模型主要由四部分构成，分别是起偏器模型、分光器模型、相位调制器模型和波导尾纤模型。

① 起偏器数学模型。

$$P = \begin{bmatrix} 1 & 0 \\ 0 & \varepsilon \end{bmatrix} \tag{11-36}$$

式中：ε 为起偏器对 TM 模的抑制比，即消光比。

② 分光器数学模型。

Y 波导分光器是三端口保偏耦合器，其琼斯矩阵类似于 2×2 光纤耦合器的琼斯矩阵。假设 Y 波导光路中没有偏振耦合和光强附加损耗，根据式(11-34)与式(11-35)，Y 波导分光器的琼斯矩阵可表示为透射波传输矩阵和耦合波传输矩阵两部分：

$$C_T = e^{j\pi/4} \begin{bmatrix} 1 & 0 \\ 0 & 1 \end{bmatrix} \tag{11-37}$$

$$C_C = e^{-j\pi/4} \begin{bmatrix} 1 & 0 \\ 0 & 1 \end{bmatrix} \tag{11-38}$$

③ 相位调制器数学模型。

设在快轴和慢轴光波得到的相位调制分别为 $\phi_{mf}(t)$ 和 $\phi_{ms}(t)$，光在光纤敏感环中的传播时间为 τ，则顺、逆时针光波的琼斯矩阵分别为

$$M_{cw} = \begin{bmatrix} e^{j\phi_{mf}(t)} & 0 \\ 0 & e^{j\phi_{ms}(t)} \end{bmatrix} \tag{11-39}$$

$$M_{ccw} = \begin{bmatrix} e^{j\phi_{mf}(t-\tau)} & 0 \\ 0 & e^{j\phi_{ms}(t-\tau)} \end{bmatrix} \tag{11-40}$$

理想情况下,不产生偏振调制和强度调制时有:

$$\phi_{mf}(t) = \phi_{ms}(t) = \phi_m(t) \tag{11-41}$$

$$\phi_{mf}(t-\tau) = \phi_{ms}(t-\tau) = \phi_m(t-\tau) \tag{11-42}$$

加 $\pi/2$ 的相位调制时有:

$$\phi_m(t) - \phi_m(t-\tau) = \pi/2 \tag{11-43}$$

加 $-\pi/2$ 的相位调制时有:

$$\phi_m(t) - \phi_m(t-\tau) = -\pi/2 \tag{11-44}$$

④ 波导尾纤数学模型。

$$F_{Y1} = \begin{bmatrix} e^{-j\beta_{Ya}L_{Y1}} & 0 \\ 0 & e^{-j\beta_{Yb}L_{Y1}} \end{bmatrix} \tag{11-45}$$

$$F_{Y2} = \begin{bmatrix} e^{-j\beta_{Ya}L_{Y2}} & 0 \\ 0 & e^{-j\beta_{Yb}L_{Y2}} \end{bmatrix} \tag{11-46}$$

式中:β_{Ya}、β_{Yb} 为 Y 波导尾纤两正交轴的光传播常数;L_{Y1}、L_{Y2} 为 Y 波导尾纤的长度。

(4) 光子晶体光纤环圈数学模型。

光子晶体光纤环圈对光信号传输的影响过程分为两个部分:一是光相位累积;二是偏振模式耦合。

当一束光经过长度为 L 的光子晶体光纤环圈时,其相位累积矩阵为

$$T = \begin{bmatrix} e^{-j\varphi_s} & 0 \\ 0 & e^{-j\varphi_f} \end{bmatrix} \tag{11-47}$$

式中:φ_s,φ_f 分别为光信号通过光子晶体光纤快、慢轴传输后的相位累积,其与光子晶体光纤传播常数的关系为

$$\varphi_s = \beta_s L \tag{11-48}$$

$$\varphi_f = \beta_f L \tag{11-49}$$

式中:β_s、β_f 分别为光纤快、慢轴的传播常数,且 $\beta_s = 2\pi n_s/\lambda$,$\beta_f = 2\pi n_f/\lambda$。

由于应力、温度的影响或光子晶体光纤本身存在缺陷时,在光子晶体光纤环圈

内部某处就会产生偏振耦合点。在偏振耦合点处,原有传输在偏振主轴的光强按照一定比率耦合到正交偏振轴上。

若光子晶体光纤环圈存在 $n + 1$ 个耦合点 $(x_0, x_1, x_2 \cdots x_n)$,如图 11-4 所示,当线偏振光沿慢轴入射,光子晶体光纤环圈输出端在慢轴存在 2^n 个波列,同时在偏振正交轴快轴也存在 2^n 个波列。在第 $(n + 1)$ 个耦合点,两个波列的相位 ϕ_{s_n} 和 ϕ_{f_n} 可表示为

$$\phi_{s_n} = \phi_{f_n} = \begin{bmatrix} (x_n - x_0) \, n_s \dfrac{2\pi}{\lambda} \\[2ex] (x_n - x_{n-1}) \, n_s \dfrac{2\pi}{\lambda} + \phi_{s_{n-1,2}} \\[2ex] \cdots \\[2ex] (x_n - x_{n-1}) \, n_s \dfrac{2\pi}{\lambda} + \phi_{s_{n-1,2^{n-1}}} \\[2ex] (x_n - x_{n-1}) \, n_f \dfrac{2\pi}{\lambda} + \phi_{f_{n-1,1}} \\[2ex] (x_n - x_{n-1}) \, n_f \dfrac{2\pi}{\lambda} + \phi_{f_{n-1,2}} \\[2ex] \cdots \\[2ex] (x_n - x_{n-1}) \, n_f \dfrac{2\pi}{\lambda} + \phi_{f_{n-1,2^{n-1}-1}} \\[2ex] (x_n - x_0) \, n_f \dfrac{2\pi}{\lambda} \end{bmatrix} \qquad (11\text{-}50)$$

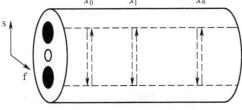

图 11-4　偏振耦合过程

相应的快、慢轴光强信号 I_{s_n} 和 I_{f_n} 可分别由式(11-51)和(11-52)计算得出,其中,c_n 为 x_n 的耦合系数。

光子晶体光纤环圈不可避免地含有多个且随机的偏振耦合点,由上述耦合波列的相位和强度公式可见,光偏振信号在快慢轴之间往复耦合,形成复杂的光信号传输过程。偏振耦合产生的复杂传输波列的相位和强度信息仍可用琼斯矩阵加以描述,简化偏振耦合建模计算过程。

$$I_{s_n} = \frac{I_{s_{n-1}}}{1+c_n} \oplus \frac{c_n}{1+c_n} I_{f_{n-1}} = \begin{bmatrix} I_{s_{n-1,1}}/(1+c_n) \\ I_{s_{n-1,2}}/(1+c_n) \\ I_{s_{n-1,3}}/(1+c_n) \\ \cdots \\ I_{s_{n-1,2^{n-1}}}/(1+c_n) \\ I_{f_{n-1,1}}\,c_n/(1+c_n) \\ I_{f_{n-1,2}}\,c_n/(1+c_n) \\ I_{f_{n-1,3}}\,c_n/(1+c_n) \\ \cdots \\ I_{f_{n-1,2^{n-1}}}\,c_n/(1+c_n) \end{bmatrix} \qquad (11\text{-}51)$$

$$I_{f_n} = \frac{c_n}{1+c_n} I_{s_{n-1}} \oplus \frac{I_{f_{n-1}}}{1+c_n} = \begin{bmatrix} I_{s_{n-1,1}}\,c_n/(1+c_n) \\ I_{s_{n-1,2}}\,c_n/(1+c_n) \\ I_{s_{n-1,3}}\,c_n/(1+c_n) \\ \cdots \\ I_{s_{n-1,2^{n-1}}}\,c_n/(1+c_n) \\ I_{f_{n-1,1}}/(1+c_n) \\ I_{f_{n-1,2}}/(1+c_n) \\ I_{f_{n-1,3}}/(1+c_n) \\ \cdots \\ I_{f_{n-1,2^{n-1}}}/(1+c_n) \end{bmatrix} \qquad (11\text{-}52)$$

基于琼斯矢量描述思想，光信号正向通过 x_i 耦合点的琼斯矩阵模型可表述为

$$X_i = \begin{bmatrix} \sqrt{1-c_i} & \sqrt{c_i} \\ -\sqrt{c_i} & \sqrt{1-c_i} \end{bmatrix} \qquad (11\text{-}53)$$

式中：c_i 为 x_i 耦合点的耦合系数。

光信号反向通过 x_i 耦合点的琼斯矩阵模型为式（11-53）的逆矩阵，即 X_i^{-1}。

当光信号由 x_{i-1} 耦合点处向 x_{i+1} 耦合点处传输时，传输路径存在 x_i 耦合点，光信号传输数学模型可由下式表示：

$$T_{(i-1,i)}\ X_i T_{(i,i+1)} =$$

$$\begin{bmatrix} \mathrm{e}^{-j\beta_s(x_i-x_{i-1})} & 0 \\ 0 & \mathrm{e}^{-j\beta_f(x_i-x_{i-1})} \end{bmatrix} \begin{bmatrix} \sqrt{1-c_i} & \sqrt{c_i} \\ -\sqrt{c_i} & \sqrt{1-c_i} \end{bmatrix} \begin{bmatrix} \mathrm{e}^{-j\beta_s(x_{i+1}-x_i)} & 0 \\ 0 & \mathrm{e}^{-j\beta_f(x_{i+1}-x_i)} \end{bmatrix}$$

$$(11\text{-}54)$$

同理,光信号由 x_{i+1} 耦合点处向 x_{i-1} 耦合点处传输时,传输路径存在 x_i 耦合点,光信号传输数学模型为 $T_{(i,i+1)} X_i^{-1} T_{(i-1,i)}$。

对于某种特定的偏振模式耦合分布,包含确定的耦合点数量、位置及耦合系数,采用相位累积和偏振模式耦合琼斯矩阵可对光子晶体光纤环圈光信号传递过程进行数学模型建立。

(5)光纤熔接点数学模型。

闭环干涉型光子晶体光纤陀螺采用保偏方案,构成器件之间尾纤熔接时,需要偏振主轴的对准,实际熔接过程中,熔接设备无法保证光纤的偏振主轴严格对齐,不可避免地产生不对准角度偏差,使得经过熔接点的光波能量发生变化,进而影响光纤陀螺输出。设第 i 个光纤熔接点由偏振主轴未对准产生的不对准角度偏差为 k_i,则第 i 个熔接点的琼斯矩阵表示为

$$\boldsymbol{R}_i = \sqrt{1 - \gamma_i} \begin{bmatrix} \cos k_i & \sin k_i \\ -\sin k_i & \cos k_i \end{bmatrix} \tag{11-55}$$

式中:γ_i 为熔接光强附加损耗。

(6)光子晶体光纤陀螺光学传输模型。

光子晶体光纤陀螺光信号传输链路由光源、耦合器、Y波导、光电探测器和保偏光子晶体光纤环圈构成。图11-5中:R_1、R_2、R_3、R_4 和 R_5 为光纤熔点模型;K_T 为耦合器透射波模型;K_C 为耦合器耦合波模型;P 为Y波导起偏器模型;C_T 和 C_C 分别是Y波导内耦合器的透射波模型和耦合波模型;M_{CW} 和 M_{CCW} 分别是Y波导两臂的相位调制模型;F_{Y1} 和 F_{Y2} 分别是Y波导两臂的尾纤模型;T_i 和 X_i 分别是光子晶体光纤环圈内部偏振模式耦合点的位置分布和相应耦合系数,偏振模式耦合是由光纤本身缺陷或外界环境因素(应力、温度等)的影响而使光纤两正交偏振轴的折射率发生变化最终导致的。

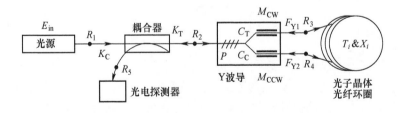

图11-5 光子晶体光纤陀螺光信号传输链路

将各个分立的光学器件、熔接点模型和偏振耦合点模型代入图11-5中,构成了整个光子晶体光纤陀螺光路的传输模型,如图11-6所示。图中由 C_T、M_{CW}、F_{Y1}、R_3、T_0、X_0、$\cdots$、X_n、T_{n+1}、R_4^{-1}、F_{Y2}、M_{CCW}、C_C 和 P 顺序构成光纤环圈

顺时针方向传输通道；由 C_C、M_{CCW}、F_{Y2}、R_4、T_{n+1}、X_n^{-1}、$\cdots$、X_0^{-1}、T_0、R_3^{-1}、F_{Y1}、M_{CW}、C_T 和 P 顺序构成光纤环圈逆时针方向传输通道。

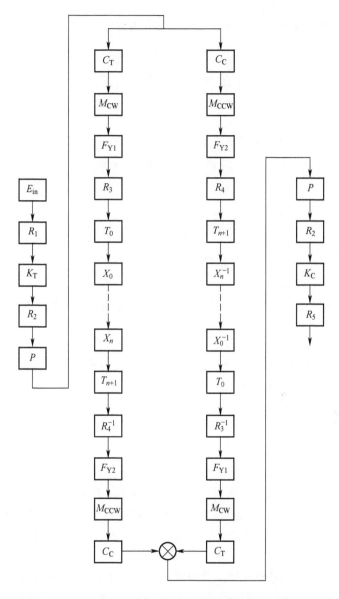

图 11-6　光子晶体光纤陀螺光信号传输模型框图

因此，光子晶体光纤陀螺环圈中顺时针传播的光信号传递至光电探测器可表示为

$$E_1 = R_5 K_C R_2 P C_C M_{CCW} F_{Y2} R_4^{-1} T_{n+1} X_n \cdots X_0 T_0 R_3 F_{Y1} M_{CW} C_T P R_2 K_T R_1 E_{in}$$

$$(11-56)$$

同理,光子晶体光纤陀螺环圈中逆时针传播的光信号传递至光电探测器可表示为

$$E_2 = R_5 K_C R_2 P C_T M_{CW} F_{Y1} R_3^{-1} T_0 X_0^{-1} \cdots X_n^{-1} T_{n+1} R_4 F_{Y2} M_{CCW} C_C P R_2 K_T R_1 E_{in}$$

$$(11-57)$$

根据干涉理论,到达光电探测器干涉光强表达式为

$$I = (E_1 + E_2)(E_1^* + E_2^*)$$ $$(11-58)$$

11.3 光子晶体光纤陀螺电学模型基本原理

数字闭环光子晶体光纤陀螺是典型的采样控制系统,作为捷联惯性导航系统的关键敏感器件,其动态性能决定了导航系统的精度,包括抗振动、抗冲击以及带宽等。光子晶体光纤陀螺的光路带宽极高,可达数百赫,因此光子晶体光纤陀螺的动态性能取决于闭环检测电路的带宽。为使光子晶体光纤陀螺的性能满足特定导航系统的要求,对数字闭环光子晶体光纤陀螺检测电路建模是一项重要而基础的工作。同时,利用数学模型描述光子晶体光纤陀螺的动态响应过程,有助于清晰地从定量的角度来分析陀螺的动态响应过程和各电子器件性能对动态特性的影响程度,为陀螺动态特性改进提供理论依据。

11.3.1 光子晶体光纤陀螺闭环控制构成

光子晶体光纤陀螺作为角速率传感器,其数字控制系统是典型的随动系统[8-10]。给定量就是沿光子晶体光纤陀螺敏感轴方向的转速输入,被控量就是陀螺输出的转速值,当给定量随机变化时,被控量能准确无误地跟踪给定量。因而,光子晶体光纤陀螺数字闭环控制系统具有随动系统应具备的性能指标,即快速性、灵敏性和准确性。

光子晶体光纤陀螺的电路包括前置放大器、A/D 转换器、D/A 转换器以及以FPGA 芯片为核心的数字信号处理电路。电路的主要作用是实现对光子晶体光纤陀螺输出信号的高速解算,并实现光子晶体光纤陀螺闭环反馈的功能,其具体控制过程如图 11-7 所示。其中 ϕ_s、ϕ_{FB} 和 ϕ_b 分别表示 Sagnac 相移、阶梯波反馈相移和偏置相移。

如上文所述,光子晶体光纤陀螺系统其实就是一个闭环控制系统[11-14],使得

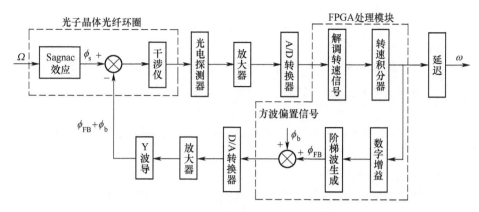

图 11-7　光子晶体光纤陀螺闭环控制构成

光子晶体光纤陀螺的检测 Sagnac 相移始终保持在零附近,每个电路模块都可以用相应的数学模型来表示。

（1）Sagnac 效应。

Sagnac 效应的作用是将输入角速度转换成 Sagnac 相移,该环节可看作比例环节,如图 11-8 所示。比例系数 K_s 为

$$K_s = \frac{2\pi LD}{\lambda_c} \tag{11-59}$$

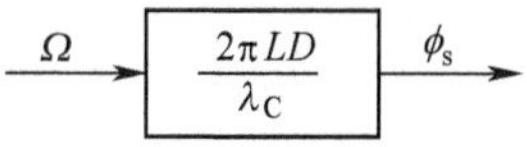

$$\Omega \quad \boxed{\frac{2\pi LD}{\lambda_C}} \quad \phi_s$$

图 11-8　Sagnac 效应

例如,某型光子晶体光纤陀螺,其光纤环圈长度 L 为 1400m;光纤环圈直径 115mm;光源波长为 1550nm;光速 $c = 3 \times 10^8$ m/s;Ω 为敏感轴方向的转速输入,单位为 rad（弧度）;Sganac 相移 ϕ_s 单位为 rad（弧度）。

（2）求和点。

该环节是干涉仪功能的一部分,是将反馈相移 ϕ_{FB}、Sagnac 相移 ϕ_s 和偏置相移 ϕ_b 求和,实现相位调制和相位反馈,如图 11-9 所示。

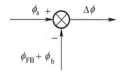

图 11-9　相位相加点

用表达式表示为

$$\Delta\phi = \phi_s - \phi_{FB} - \phi_b \qquad (11-60)$$

（3）干涉仪及方波调制。

光子晶体光纤陀螺中顺逆时针的光束干涉信号经过 $\pm\pi/2$ 偏置调制，故陀螺信号解调过程是对方波正半周和负半周的信号取差值。

$$\Delta I = 2I_0 \sin(\phi_s - \phi_{FB}) \qquad (11-61)$$

通常 $\Delta\phi = \phi_s - \phi_{FB}$ 为小量，在常规动态分析中，可将该模块简化为比例环节，即 $\Delta I = 2I_0\Delta\phi$，比例系数为 $2I_0$。

（4）光电探测器。

光电探测器的作用是将光强信号转换为电信号，其电路结构如图 11-10 所示。

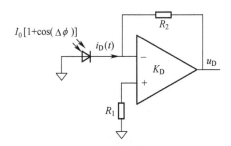

图 11-10　光电探测器等效电路

光强信号照射在探测器集成的光电二极管上，将光强信号转换为电流信号，即

$$i_D(t) = \Re I_0[1 + \cos(\Delta\phi)] \qquad (11-62)$$

式中：$i_D(t)$ 为光强信号转换成的电流信号，单位 A；$\Re$ 为光电检测器的光电转换响应度，单位为 A/W；I_0 为光强信号，单位为 W。

电流信号 $i_D(t)$ 在经过光电探测器内的跨阻抗转换为电压信号，即

$$u_D = R_2 i_D(t) \qquad (11-63)$$

式中：R_2 为光电探测器的跨阻抗。

因此，可将光电探测器视为比例环节，即

$$K_D = R_2 I_0 \Re \qquad (11-64)$$

K_D 的大小由光电探测器器件本身决定，不能随意改变。

（5）放大器。

放大器是将输入信号进行放大处理并输出，以便再进行后续处理，前置放大器电路如图 11-11 所示，可表示为

$$u_{QF} = K_1 u_D = -\frac{R_4}{R_3} u_D \qquad (11-65)$$

因此,可将放大器视为比例环节。同理,反馈回路放大器比例系数亦可用 K_2 表示。

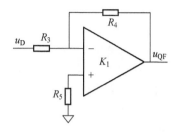

图 11-11　放大器等效电路

(6) A/D 转换器。

A/D 转换器将放大后的模拟信号转换为数字信号以便数字解调,可视为一个比例环节和延迟环节 z^{-1}。若 A/D 转换器采用 12 位,时钟触发,50%的占空比,参考电压 $U = 5V$,则比例系数为

$$K_{AD} = \frac{2^n - 1}{U} = \frac{2^{12} - 1}{5} \tag{11-66}$$

(7) 数字解调环节。

信号解调是将 A/D 转换器输出的信号经过一定的处理转换为需要的输入角速度信号。由于闭环光子晶体光纤陀螺检测到的是 Sagnac 相移与反馈相移之差,故需要对解调结果进行一次累加才能得到输入角速度。

因此,信号解调器主要是由两部分完成:解调比例增益和积分控制器,解调比例增益为比例环节可表示为 K_J,积分控制器可表示为

$$D_1(z) = \frac{1}{1 - z^{-1}} \tag{11-67}$$

(8)阶梯波生成。

将解调后的信号再进行一次累积,以生成阶梯波信号,可视为积分过程,即

$$D_2(z) = \frac{1}{1 - z^{-1}} \tag{11-68}$$

(9)D/A 转换器。

D/A 转换是 A/D 的逆过程,是信号重构的过程,就是将离散数字量转换为能够作用于对象的连续信号,光子晶体光纤陀螺内为 Y 波导相位调制器提供驱动电压信号。由于 D/A 转换器的转换速率足够快,可视其为一个比例环节和一个零阶保持器。

16 位 D/A 转换器的比例环节可表示为

$$K_{DA} = \frac{V_\pi}{2^n - 1} = \frac{V_\pi}{2^{16} - 1} \tag{11-69}$$

式中：V_π 为 Y 波导相位调制器的半波电压。

零阶保持器可表示为

$$G_h(s) = \frac{1 - e^{-Ts}}{s} \tag{11-70}$$

式中：T 为延迟时间常数；光子晶体光纤陀螺闭环反馈系统采用时间为 $\tau/2$，因此 $T = \tau/2$。

（10）Y 波导相位调制器。

Y 波导相位调制器的作用是通过光纤环圈的度越时间和外加电压使两对反向传播光产生相位差：

$$\Delta\phi = K_m [V(t) - V(t - \tau)] \tag{11-71}$$

由式（11-71）可以看出，若在相位调制器上施加电压 $V(t)$ 为一常值，则光纤环圈产生的延迟在两束光之间形成的相位差为零，Y 波导相位调制器不起作用。若 $V(t)$ 为一个变化的信号，则相位调制可以看作一个微分环节，相位调制器的输出 $\Delta\phi$ 是调制信号 $V(t)$ 的微分，所以在离散系统中，Y 波导相位调制器构成的微分环节可以表示为

$$G_m(z) = K_m(1 - z^{-1}) \tag{11-72}$$

式中：$K_m = \pi / V_\pi$ 为相位调制器的调制增益；V_π 为相位调制器的半波电压，单位为 V。

（11）延迟。

光子晶体光纤陀螺系统中的延迟时间主要由光学器件的延迟和电路延迟共同导致的。其中光电探测器的响应时间约为 $0.1 \sim 0.14\mu s$，Y 波导的响应时间约为 $1.25 \sim 2ns$，光纤环圈的响应时间约为 $0.1 \sim 0.14\mu s$，电路延迟相比于光路延迟较长，一般实测典型值为 1ms 左右。

11.3.2 光子晶体光纤陀螺电路数学模型

基于光子晶体光纤陀螺各个模块的数学描述，光子晶体光纤陀螺数学模型如图 11-12 所示。其中，输入角速度信号 $\Omega(z)$ 与输出的角速度 $\omega(z)$ 信号单位均为 $°/s$，解调后的 Sagnac 相位信号以数字形式输出，系数 K_{DA}/K_s 是将 Sagnac 相位数字信号转换为角速度的转换系数。K_s、K_D、K_1、K_2、K_{AD}、K_{DA} 和 K_m 分别为 Sagnac 效应、光电探测器、前置放大器、反馈回路放大器、模数转换器、数模转换器和 Y 波导相位调制器的等效比例系数，$K_J D_1(z)$ 和 $D_2(z)$ 分别为数字解调和阶梯波产生环节，K_{DA}/K_s 是将 Sagnac 相位数字信号转换为角速度的转换系数。

由图 11-12 的数学模型可知，将干涉仪及方波偏置调制模块简化为线性环

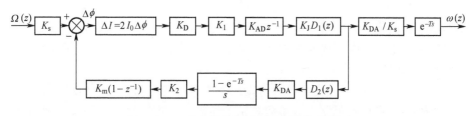

图 11-12 光子晶体光纤陀螺电路数学模型

节,即 $\Delta I = 2I_0(\phi_s - \phi_{FB})$,则前向通道增益为 K_F,反馈回路增益为 K_{FD}。

$$K_F = 2I_0 K_D K_1 K_{AD} K_J \qquad (11-73)$$

$$K_{FD} = K_{DA} K_2 K_m \qquad (11-74)$$

闭环光子晶体光纤陀螺的传递函数可表示为

$$\Phi(z) = \frac{\omega(z)}{\Omega(z)} = \frac{K_F}{z - 1 + K_F K_{FD} Z\left[\dfrac{1 - e^{-Ts}}{s}\right]} \qquad (11-75)$$

由于 Z 变换

$$Z\left[\frac{1 - e^{-Ts}}{s}\right] = T \qquad (11-76)$$

则闭环光子晶体光纤陀螺的传递函数可简化为

$$\Phi(z) = \frac{\omega(z)}{\Omega(z)} = \frac{K_F}{z - 1 + K_F K_{FD} T} \qquad (11-77)$$

由式(11-77)可见,闭环光子晶体光纤陀螺是一阶惯性控制系统。通过建立光子晶体光纤陀螺电路数学模型,利用传递函数描述闭环陀螺主要环节和性能表征,有助于仿真分析多类型输入信号的光子晶体光纤陀螺动态响应特性,以及不同噪声干扰下的噪声水平,对于光子晶体光纤陀螺设计与研制工作具有指导意义。

11.4　光子晶体光纤陀螺数字仿真实现方法

将光子晶体光纤陀螺光学和电学模型耦合对接,建立光子晶体光纤陀螺光电全参量仿真模型,光子晶体光纤陀螺光学模型为电学模型提供可带各类噪声源的光信号输入,电学模型依照数字闭环光子晶体光纤陀螺对光信号进行光电探测、调制、解调和反馈操作,其中 AD 采样位置、调制频率和半波电压等电学参数均可调整,以实现光子晶体光纤陀螺光电全参量数字仿真。

　　光子晶体光纤陀螺光电全参量仿真模型对全部非理想光学和电子器件全参数细化建模,仿真光信号传输和电信号处理过程,直观获得光子晶体光纤陀螺误差表现形式,便捷地评估陀螺光电参数匹配优化对光子晶体光纤陀螺误差抑制效果,有助于确定有效的光子晶体光纤陀螺误差抑制方法。

　　光子晶体光纤陀螺光电全参量仿真模型中全部光电参数可调,误差信号中间处理过程可观,可仿真观测光电参数对光子晶体光纤陀螺的影响和调制解调环节工作过程等,有利于光子晶体光纤陀螺光电参数匹配优化,保障光子晶体光纤在光纤陀螺中的应用效果。下面举简例说明光子晶体光纤陀螺光电全参量仿真模型具体应用效果。

11.4.1　光子晶体光纤陀螺光谱噪声仿真分析

　　光子晶体光纤环圈中的偏振模式耦合现象会产生振幅型陀螺误差,该误差是由原本在主模式传输的一部分光信号经多次与正交传输模式往复耦合后重新回到主模式中参与光信号干涉而导致,进而产生众所周知的非互易相位误差。除此之外,光子晶体光纤中的偏振耦合现象也会产生少有提及的光谱噪声。利用光子晶体光纤陀螺光电全参量仿真模型,对光子晶体光纤环圈内设置随机分布的若干偏振模式耦合点,当高斯谱型的输入光信号遍历整个光子晶体光纤环圈后,偏振模式耦合对光源光谱的影响如图 11-13 所示。

　　由图 11-13 可见,输入宽带光源为典型的高斯型光谱,经光子晶体光纤环圈传输后,明显观察到,偏振模式耦合导致输出端光谱产生显著纹波和光谱不对称。

　　纹波是光源光谱性能的重要特性之一,其大小和分布都会对光谱的相干函数造成劣化影响。光谱纹波会在光谱自相干函数中产生明显的次相干峰,导致寄生干涉影响光子晶体光纤陀螺精度。包含纹波的高斯型光源可表示为[7]

$$P_G(f) = \frac{1}{\sqrt{2\pi}\sigma}\exp\left(-\frac{(f-f_0)^2}{2\sigma^2}\right)\left[1 + m\sin\left(\frac{(\lambda-\lambda_1)\pi}{5}\right)\right] \quad (11-78)$$

式中:σ 为高斯谱谱宽;f_0 为频谱中心频率;m 为纹波的相对大小;λ 为光谱中任一点的波长;λ_1 为光谱起始位置处的波长。

　　若光子晶体光纤陀螺光电全参量仿真模型中,设置光源高斯谱的带宽为40nm,平均波长为1550nm,光子晶体光纤环圈中随机分布 6000 个偏振模式耦合点,耦合平均强度为 30dB,光子晶体光纤环圈长度为 1000m,环圈平均直径为80mm。由模型仿真可得光源纹波周期约为 1nm,m 约为 0.01 时,其自相干函数如图 11-14 所示,光谱纹波的存在使得自相干函数上出现了一个极高的次相干峰,其相干幅值达到 -25.37dB,因此导致的光子晶体光纤陀螺输出零偏误差为0.06°/h。

　　由光子晶体光纤陀螺光电全参量仿真可见,光子晶体光纤内偏振模式耦合导

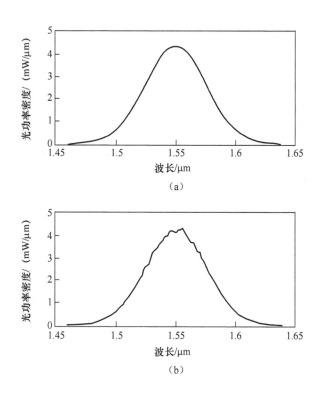

图 11-13　光子晶体光纤致光谱噪声
(a)输入光谱;(b)输出光谱。

致的光谱纹波同样制约着光子晶体光纤陀螺精度的提高。光谱纹波的大小决定了次相干峰的大小,进而决定了其在陀螺中引起的零偏误差的大小,纹波越大所产生的零偏误差就越大。

高斯型宽带光源光谱不对称可由下式表示:

$$P_{\mathrm{NG}}(f) = \frac{1}{\sqrt{2\pi}\,\sigma}\exp\left(-\frac{(f-f_1)^2}{2\sigma^2}\right) + \frac{1.1}{\sqrt{2\pi}\,\sigma}\exp\left(-\frac{(f-f_2)^2}{2\sigma^2}\right) \quad (11-79)$$

式中:f_1,f_2 分别代表光谱中的两个中心频率。

含有不对称的高斯光谱的自相干函数和理想高斯谱的自相干函数相似,未产生明显次相干峰,只是其主相干峰上包络线出现了一些不规则的小波动,如图 11-15 局部放大所示,但相比于理想高斯谱其主相干峰宽度有所变大,表明其相干长度变长。主相干峰上包络波动会对光子晶体光纤陀螺零偏产生误差,如图中的包络波动产生的相干幅值为−44dB 时,所产生的光子晶体光纤陀螺零

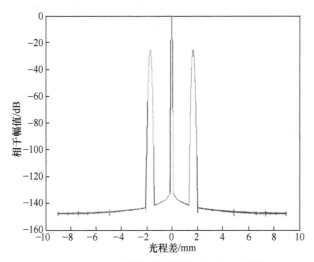

图 11-14　含纹波的高斯光谱自相干函数

偏误差约为 0.001°/h。可见,光谱的非对称性会造成光子晶体光纤陀螺性能变差、误差变大。

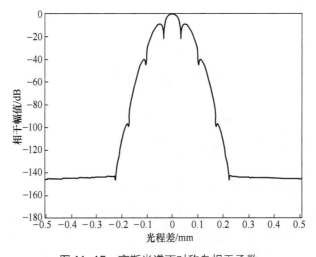

图 11-15　高斯光谱不对称自相干函数

11.4.2　光子晶体光纤陀螺调制反馈过程仿真分析

全数字闭环光子晶体光纤陀螺方案中关键器件是集成光学芯片 Y 波导,通过 Y 波导相位调制器引入幅值为 $\pm\pi/2$、频率为 $1/2\tau$(τ 为光子晶体光纤环圈渡越时间)的方波调制,使光子晶体光纤陀螺处于灵敏度最大的工作点。另外,还引入相位阶梯波反馈,在两束光间附加一个与 Sagnac 检测相位大小相等、方向相反的反馈相位差,使陀螺始终工作在零相位状态。阶梯波由数字信号处理电路产生,经并行 D/A 转换器和相应驱动电路变为模拟信号施加于 Y 波导相位调制器之上。

对于光子晶体光纤陀螺初学人员而言,相位调制和阶梯波反馈环节工作过程难以直观观测与理解,可采用光子晶体光纤陀螺光电全参量仿真模型对上述过程进行模拟,方便加深认知。图 11-16 为模型仿真得到的实时方波调制与阶梯波反馈信号,包括方波波调制与阶梯波反馈的叠加信号和 2π 复位过程,其中方波的半周期和阶梯波每一台阶的持续时间均等于光子晶体光纤环圈的渡越时间。由图可见,在全数字闭环光子晶体光纤陀螺中,反馈量与阶梯波台阶高度成正比,但阶梯波不可能无限上升或下降,预设精准的 Y 波导 2π 电压即可实现阶梯波的自动复位。其具体实现过程为,数字阶梯波的值存储在数字寄存器中,寄存器的位数 N 和并行 D/A 转换器的位数相同,对数字信号处理电路给出的台阶高度进行积分,当累加值超过 2^N 时将自动溢出,产生复位。调整反馈回路增益 K_{FD},使 $K_{FD} \, 2^N = 2\pi$,即当 D/A 转换器满量程输出时,经驱动电路后产生的模拟电压加在相位调制器上,正好引起通过的光产生 2πrad 相移(也称为 2π 电压),此时阶梯波的复位不会影响陀螺的性能,故此复位操作也称为 2π 复位[15-16]。

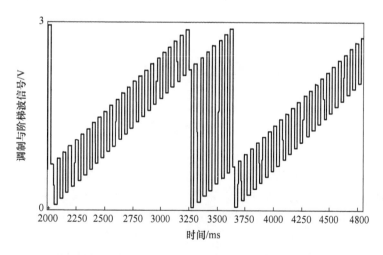

图 11-16　光子晶体光纤陀螺方波调制与阶梯波反馈信号

当预设 Y 波导半波电压参数不准确时,在复位后的半个方波周期内,光电探测器输出将产生误差信号,致使光子晶体光纤陀螺零偏输出产生周期性的脉冲干扰,即 2π 复位误差相当于给陀螺输出加入周期性的脉冲干扰,使陀螺输出波动[17]。随着输入角速度的增加,阶梯波复位频率增加,干扰信号频率提高,对陀螺影响加剧,引起不同角速度输入情况下零偏稳定性差异。特别当阶梯波的复位间隔小于系统稳定时间时,2π复位误差将造成陀螺输出不稳定。

通常利用阶梯波的跳变触发第二反馈回路,采集复位后的半个方波周期内光电探测器输出信号,与非复位周期信号相减所得即为2π复位误差,此误差信号的符号与复位时阶梯波的跳变方向、方波的正负半周期有关。引入第二反馈回路,能够实时跟踪2π电压变化,消除2π复位误差,但2π复位误差较大时,其调节过程存在误差由大变小的过度阶段。图11-17为光子晶体光纤陀螺光电全参量仿真模型仿真得到的预设半波电压失准第二反馈回路调节过程,可见光子晶体光纤陀螺零偏输出脉冲误差逐步变小,直到半波电压完全准确后,陀螺零偏输出脉冲误差信号消失。

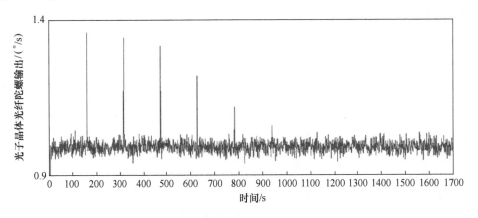

图 11-17　第二反馈回路半波电压失准调节过程

11.5　本　章　小　结

本章首先在光波偏振态基本理论基础之上,描述了采用琼斯矩阵的光子晶体光纤陀螺光路建模方法;将光子晶体光纤陀螺实际光路物理模型、陀螺光路中分立光学器件和光纤熔接点的光传输特性与琼斯矩阵理论结合,分别建立了宽带光源、光纤耦合器、Y波导相位调制器、光纤熔接点和光子晶体光纤环圈的琼斯矩阵;根据光子晶体光纤陀螺光信号传输途径,建立了光子晶体光纤陀螺整个光路的光信号传输模型。

其次,基于光子晶体光纤陀螺全数字闭环控制方案,分析了闭环回路中各个环节的组成及其工作原理,建立各个环节的数学模型,并构成光子晶体光纤陀螺闭环控制系统方框图,通过化简和变换得到了与方框图对应的闭环传递函数。

最后,将光子晶体光纤陀螺光学和电学模型融合,提出光子晶体光纤陀螺光电全参量仿真实现方法,分析了光子晶体光纤致光谱噪声、方波调制与阶梯波反馈过程,展示了该仿真分析技术对光子晶体光纤陀螺工作机制的理解、设计与研制的重要作用。

 参考文献

[1] Lefevre H C. The Fiber-optic Gyroscope：Achievement and Perspective[J]. Gyroscope and Navigation, 2013, 3：223-226.

[2] Lefevre H C, Martin P,Gaiffe T, et al. Latest advances in fiber optic gyroscope technology at Photonetics[J]. Proceedings of SPIE-The International Society for Optical Engineering, 1994, 2292：156-165.

[3] 胡先志. 光纤与光缆技术[M]. 北京：电子工业出版社, 2007.

[4] 范崇澄, 彭吉虎. 导波光学[M]. 北京：北京理工大学出版社, 1988.

[5] 马科斯. 玻恩, 艾米尔. 沃耳夫. 光学原理[M]. 杨葭荪, 译. 北京：电子工业出版社, 2007.

[6] 廖延彪. 偏振光学[M]. 北京：科学出版社, 2003.

[7] 王巍. 干涉型光纤陀螺仪技术[M]. 北京：中国宇航出版社, 2010.

[8] 郭齐胜, 董志明, 单家元. 系统仿真[M]. 北京：国防工业出版社, 2006.

[9] 吴旭光, 杨惠珍, 王新民. 计算机仿真技术[M]. 北京：化学工业出版社, 2005.

[10] 张晓华. 系统建模与仿真[M]. 北京：清华大学出版社, 2006.

[11] Jen Dau Lin, Kung Hung Kuo, Chun Shin Yeh. Phase Domain Model of a Second Order Fiber-optic Gyroscope Dynamic System[C]// IMTC, Hamamatsu, 1994：420-423.

[12] Noureldin A, Mintchev M, Irvine Halliday D. Computer Modelling of Microelectronic Closed Loop Fiber Optic Gyroscope[C]//Conference on Electrical and Computer Engineering, Canada, Proceedings of the 1999 IEEE,1999：633-638.

[13] Christian Seidel, Gert F Trommer. Modeling of Bias Errors in Fiber-Optic Gyroscopes with New Simulation Tool[C]//Integrated Optics and Photonic Integrated Circuits, Bellingham, Proceedings of SPIE 2004,5451：114-123.

[14] 王妍, 张春熹, 刘镇平. 闭环光纤陀螺数字控制器的设计与仿真[J].光电工程. 2004, 31（增）：108-113.

[15] 王妍, 张春熹. 带第二反馈回路的全数字闭环光纤陀螺[J]. 压电与声光. 2005, 27(4)：348-351.

[16] Yeh Y, Kim D I, Kim B Y. New Digital Close-loop Processor for a Piber-optic Gyroscope[J]. IEEE Photonics Technology Letters, 1999, 11(3)：361-363.

[17] Maochun Li, Fei Hui, Jun Ma, et al. A Full-parameter Simulating Software for Closed Loop Fiber Optic Gyroscopes [C]// Optical Design and Testing X, Beijing, Proceedings of SPIE, 115481A, 2020.

12 第12章 光子晶体光纤陀螺惯性导航应用

导航技术在武器装备的体系架构中占有举足轻重的地位,导航系统能够为在宇宙、天空、陆地、海洋环境下执行使命任务的运载体连续、准确、实时提供必要的位置、航向、速度、姿态等导航信息,是运载体安全、隐蔽航行并有效完成使命任务的关键保障,也是运载体控制、测量、采集、作业及发射武器等不可或缺的信息基准[1-2]。

惯性导航系统分别利用加速度计和陀螺测得运载体的运动加速度和运动方向,再经过运算求出运载体即时位置的导航系统。其只依靠陀螺仪与加速度计这两种惯性仪表,无需依赖任何外界信息,是一种自主式的导航系统。这种系统不受外界的干扰,隐蔽性好,因此受到海陆空军、航天和交通运输等部门的青睐和重视[3-8]。

由于光子晶体光纤陀螺环境适应性强,为惯性导航系统提供一种高稳定、高精度惯性元件,有利于惯性导航系统综合性能提升。

12.1 惯性导航系统原理与特点

将载体从起点引导到目的地的各种方法或技术统称为导航,例如惯性、多普勒、无线电、天文和卫星等导航系统,导航所需的导航参数包括载体的即时位置、速度、姿态等信息。

惯性导航系统基本工作原理是以牛顿力学定律为基础,通过测量载体在惯性参考系的加速度,将它对时间进行积分,之后将其变换到导航坐标系,得到在导航坐标系中的速度、偏航角和位置信息等。向量形式的惯导基本方程为

$$\dot{V}_{ep} = a_p - (2\omega_{ie} + \omega_{ep}) \times V_{ep} + g \tag{12-1}$$

式中:$\dot{V}_{ep}$ 为进行导航计算需要获得的载体(即平台系)相对地球的加速度向量;a_p 为加速度计测量到的比力向量;ω_{ie} 为地球坐标系相对惯性坐标系的角速度;

ω_{ep} 为平台坐标系相对地球坐标系的角速度；$-(2\omega_{ie}+\omega_{ep})\times V_{ep}$ 是由于地球自转和载体运动产生的哥氏加速度和离心加速度,他们也被加速度计所敏感,为计算 $\dot{V}_{ep}$ 必须将其从 a_p 中剔除,故也称为有害加速度；g 为地球重力加速度。

惯性系统主要功能有建立基准坐标系、测量载体的三维角速度和加速度、测量并计算载体的运动姿态和方位、计算载体的速度和位置。为了便于理解,以最简单的二维平面惯性导航为例进行说明,其原理示意如图 12-1 所示,通过陀螺稳定系统使两正交安装的加速度计 A_x、A_y 始终稳定在水平面的特定方位上(如地理东向与北向),它们可同时测量出载体在水平面内沿 x、y 两正交方向的比力分量 a_{px}、a_{py},暂不考虑垂直方向的运动时,可推导出 x、y 向投影形式的表达式:

$$\dot{V}_x = a_{px} + V_y \cdot 2\omega_e \sin\lambda + V_y \cdot \tan\lambda \cdot V_x/R \qquad (12-2)$$

$$\dot{V}_y = a_{py} - V_x \cdot 2\omega_e \sin\lambda - V_x \cdot \tan\lambda \cdot V_x/R \qquad (12-3)$$

式中：λ 为地理纬度；$\dot{V}_x$、$\dot{V}_y$ 为载体沿 x、y 方向的运动加速度；V_x、V_y 为沿 x、y 方向的速度；R 为地球参考椭球平均曲率半径；ω_e 为地球转速；$V_y \cdot 2\omega_e \sin\lambda$ 与 $-V_x \cdot 2\omega_e \sin\lambda$ 是哥氏加速度项；$V_y \cdot \tan\lambda \cdot V_x/R$ 与 $-V_x \cdot \tan\lambda \cdot V_x/R$ 是离心加速度项。

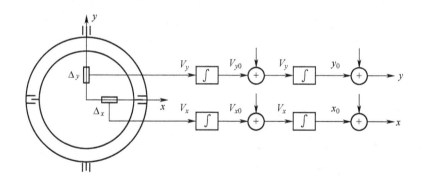

图 12-1　水平面内的惯性导航原理框图

实时求解上述微分方程,可得载体的即时速度与位置信息,载体相对 x、y 两轴的转动角度就是载体的姿态角。同理,可推导出实际导航系统在三维空间内导航的投影形式的表达式。

由上可知,惯性导航系统主要由以下几部分组成：

（1）加速度计：测量载体运动的线加速度。

（2）陀螺稳定平台：以陀螺仪为敏感元件的姿态稳定与跟踪系统，它使安装其上的加速度计测量轴始终沿着人为指定的导航坐标轴方向。

（3）导航计算机：完成导航计算和平台跟踪回路指令角速度信号的计算。

（4）控制显示器：给定初始参数并显示所有导航信息。

惯性导航系统从导航方式上可以分为平台式惯性导航系统和捷联式惯性导航系统。

平台式惯性导航通过三个框架形成一个不随载体姿态和载体在地球上的位置而变动的物理稳定平台，平台能直接建立地理坐标系，导航计算量小、导航精度高，但机械电器结构复杂、尺寸大、成本高。

捷联式惯性导航系统是在平台式惯性导航系统基础上发展而来，它将陀螺和加速度计直接固连在运载体上，由导航计算机将载体坐标系下测得的数据变换到导航坐标系中进行导航计算。捷联式惯性导航系统采用计算机数学平台替代平台系统中复杂的机电平台，因此结构简单、体积小、质量轻、成本低、可靠性高、维护简单，还可以通过余度技术提高其容错能力[9-13]。随着集成元器件和集成处理器的发展、运力的提高，捷联式惯性导航系统逐渐成为了惯性导航系统的主流。

平台式惯导系统和捷联式惯导系统的主要区别是：前者有实体的物理平台，陀螺和加速度计置于陀螺稳定的平台上，该平台跟踪导航坐标系，以实现速度和位置解算，姿态数据直接取自于平台的环架；后者的陀螺和加速度计直接固连在载体上作为测量基准，它不再采用机电平台，惯性平台的功能由计算机完成，即在计算机内建立一个数学平台取代机电平台的功能，载体姿态数据通过计算机计算得到，故有时也称其为"数学平台"，这是捷联惯导系统区别于平台式惯导系统的根本点。

12.1.1 平台式惯性导航系统

平台式惯性导航系统是将陀螺仪和加速度等惯性元件通过万向支架角运动隔离系统与运动载物固联的惯性导航系统。

惯导平台是惯性导航系统的核心部件，它将载体所受的比力按导航坐标系分解为相应的比力分量。惯导平台按其模拟坐标系的不同，可以分为空间稳定平台和跟踪平台。前者模拟惯性坐标系，而后者模拟导航坐标系。如图12-2所示，三个陀螺构成的三轴稳定平台，每个陀螺敏感平台上一个坐标轴方向的干扰力矩，通过平台控制器产生相应力矩去抵消干扰力矩。加速度计安装在用于隔离载体角运动的平台上，加速度计的敏感轴方向按指定坐标系方向安装，指定坐标系由平台上放置的陀螺及其稳定回路和修正回路共同实现。陀螺是敏感平台相对惯性空间旋转运动的敏感器,相对惯性空间建立一个三轴稳定平台,三个敏感器的敏感轴互相垂直。

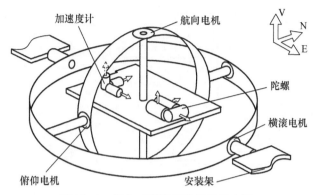

图 12-2 平台式惯性导航系统示意图

12.1.2 捷联式惯性导航系统

捷联惯性导航系统在结构上最大的特点是没有机械式的陀螺稳定平台,陀螺和加速度计等敏感元件直接固定在载体上,两类敏感元件的输入轴与载体的横滚轴、俯仰轴和航向轴三维方向保持一致,形成惯性组合的三维坐标系。陀螺和加速度计等敏感元件机械地组合在一起,构成惯性组合,惯性元件的敏感轴相互垂直,构成惯性组合的三维坐标系。惯性导航系统直接固定在载体上,并且使惯性导航系统的三维坐标系和载体的三维坐标系平行。惯性导航系统之上由三个陀螺和三个加速度计组成,因此陀螺和加速度计输出的信息就是载体相对于惯性空间的角速度和线加速度,也就是说在载体坐标系上获得了载体的有关运动信息。

如图 12-3 所示为捷联式惯性导航系统示意图,加速度计和陀螺分别向惯导计算平台提供载体横滚、俯仰和航向所具有的加速度和转动角速度信息。处理器依据方向余弦矩阵便可以实时计算出载体坐标系和惯性坐标系之间的方向余弦矩阵,参考载体初始对准的结果或初始条件,可以得到导航坐标系相对惯性坐标系的旋转角速度。利用陀螺的角速度输出信息,可计算载体坐标系相对地理坐标系的旋转角速度,因此,可得实时载体坐标系和地理坐标系之间的方向余弦矩阵。加速度计的输出信号通过这个方向余弦矩阵的分解,便可以将加速度计的输出变换为载体沿导航坐标系的加速度分量。然后,利用加速度计输出信号的一般表达式,对加速度误差进行补偿,就得到载体的加速度,将其积分即可得到南北方向和东西方向的速度分量。有了速度分量,进行相应的运算或转换,得到经纬度的变化率,再对其进行积分最终得到载体实时位置的经度和纬度。

光子晶体光纤陀螺所具备的高精度、大动态、轻质量和小体积等特点,在捷联

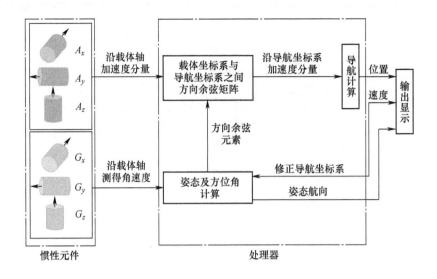

图 12-3　捷联式惯性导航系统示意图

式惯性导航系统应用中更能体现优势。

12.2　惯性导航系统解算方法

12.2.1　导航用坐标系

惯性导航的基础是精确定义一系列的笛卡尔参考坐标系,每一个坐标系都是正交的右手坐标系或轴系。

对地球上进行的导航,所定义的坐标系要将惯性系统的测量值与地球的主要方向联系起来。通常将原点定位于地球中心、相对于恒星固定的坐标系定义为惯性参考坐标系,如图 12-4 所示,其中同时标出了用于陆地导航的固连于地球的参考坐标系和当地地理导航坐标系。惯性导航系统所用的坐标系如下。

(1) 惯性坐标系(i 系):惯性坐标系的原点选在地球中心,坐标轴相对恒星无转动,轴向定义为 O_{x_i},O_{y_i},O_{z_i}。其中,O_{z_i} 轴沿地球极轴指向北极,O_{x_i} 和 O_{y_i} 轴在地球的赤道平面上,并指向惯性空间某一方向不变。

(2) 地球坐标系(e 系):原点位于地球中心,坐标轴与地球固联,轴向定义为 O_{x_e},O_{y_e},O_{z_e}。其中,O_{z_e} 轴与 O_{z_i} 轴重合,O_{x_e},O_{y_e} 在赤道平面上,O_{x_e} 轴指向格林威治子午线与地球赤道面的交线,地球系相对于惯性系以地球自转角速率 Ω 绕 O_{z_i} 转动。

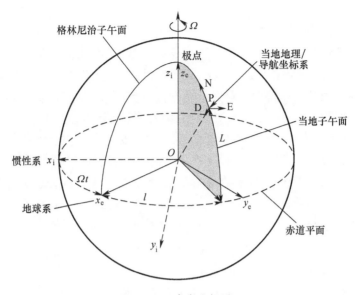

图 12-4　参考坐标系

（3）导航坐标系（n 系）：是一种当地地理坐标系，原点位于导航系统所处的位置 P 点，坐标轴指向北、东和当地垂线方向（向下）。导航坐标系相对于地球固连坐标系的旋转角速率 ω_{en} 取决于 P 点相对地球的运动，通常称为转移速度。

（4）游动方位坐标系（w 系）：该坐标系的建立是为了避免导航坐标系在极点计算时产生奇点。与导航坐标系类似，它也是当地水平坐标系，并绕当地垂线方向以游动角转动。

载体坐标系（b 系）：如图 12-5 所示，固联在载体上的坐标系，原点位于载体质心，横滚轴 O_{x_b} 指向载体右方，俯仰轴 O_{y_b} 沿载体纵轴方向指向前方，偏航轴 O_{z_b} 与 O_{x_b}、O_{y_b} 构成右手坐标系。

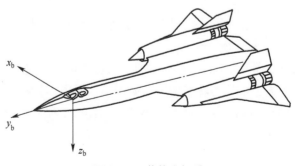

图 12-5　载体坐标系

12.2.2 惯导系统姿态方程求解方法

平台式惯性导航系统是一种三轴陀螺稳定系统,惯性平台在稳定回路作用下快速跟踪陀螺,是一个位置随动系统,其频带很宽,响应速度很快,三轴姿态信息可直接由机械框架角实时得到。对于指北方位系统而言,理想的平台坐标系应与导航坐标系(也即地理坐标系)重合,但因存在陀螺漂移误差、初始误差、控制误差等,惯性平台不能完美跟踪当地地理坐标系,两坐标系的不重合误差角就是惯性系统中的姿态误差角。载体的姿态角则是指载体坐标系相对平台坐标系的转动角度。对捷联式惯导系统,虽不存在物理平台,但其数字平台的姿态误差概念及产生点的机理也与此一致。

捷联惯导系统中,由于捷联矩阵 C_b^n 是从载体坐标系到导航坐标系的三维转换矩阵,C_b^n 中的各元素包含了载体系相对平台系的全部姿态信息,可通过对 C_b^n 的实时求解来确定载体的姿态角与角速度。

(1) 载体相对导航坐标系的角速度(姿态速率) $\boldsymbol{\omega}_{nb}^b$ 的计算。

载体姿态角是载体坐标系相对导航坐标系的夹角,只有计算出两者间的相对运动角速率 $\boldsymbol{\omega}_{nb}^b$,才能求出各姿态角。

因陀螺仪测量到的是载体相对惯性空间的角速率 $\boldsymbol{\omega}_{ib}^b$,它不仅包含 $\boldsymbol{\omega}_{nb}^b$,而且还包含地球自转角速度 $\boldsymbol{\omega}_{ie}^n$ 和因为载体在地球球形表面的线运动引起的导航坐标系的姿态变化速率 $\boldsymbol{\omega}_{en}^n$,故应从 $\boldsymbol{\omega}_{ib}^b$ 中除去 $\boldsymbol{\omega}_{ie}^n$ 、$\boldsymbol{\omega}_{en}^n$ 这两项,以获得姿态速率 $\boldsymbol{\omega}_{nb}^b$ 。具体处理过程可表示为

$$\boldsymbol{\omega}_{nb}^b = \begin{bmatrix} \omega_{nbx}^b & \omega_{nby}^b & \omega_{nbz}^b \end{bmatrix}^T = \boldsymbol{\omega}_{ib}^b - C_n^b(\boldsymbol{\omega}_{ie}^n + \boldsymbol{\omega}_{en}^n) \qquad (12-4)$$

式中: $\boldsymbol{\omega}_{ie}^n = \begin{bmatrix} 0 & \Omega\cos L & \Omega\sin L \end{bmatrix}^T$,地球自转速率 $\Omega = 15.0411°/h$, L 为地理纬度; $\boldsymbol{\omega}_{en}^n = \begin{bmatrix} -V_N/(R_0 + h) & V_E/(R_0 + h) & V_E\tan L/(R_0 + h) \end{bmatrix}^T$, V_N , V_E 分别为北向和东向速度, R_0 为地球半径, h 为距地球表面的高度。

(2) 姿态四元数 $\boldsymbol{q}$ 的即时修正。

在数字平台的解算中,实时确定载体的三向姿态角及角速度,才能将加速度计测量到的载体 3 个方向的比力转换到当地地理坐标系中,需通过对捷联矩阵 C_b^n 实时求解来完成。由于四元数法的计算量小、算法简单,工程上一般采用四元数法来求解矩阵 C_b^n 。设 t 时刻载体坐标系的转动四元数为

$$\boldsymbol{q} = \begin{bmatrix} a & b & c & d \end{bmatrix}^T \qquad (12-5)$$

$\boldsymbol{q}$ 的即时修正可通过求解下面的四元数微分方程来实现:

$$\dot{\boldsymbol{q}} = \begin{bmatrix} \dot{a} \\ \dot{b} \\ \dot{c} \\ \dot{d} \end{bmatrix} = \frac{1}{2} \begin{bmatrix} 0 & -\omega_{nbx}^{b} & -\omega_{nby}^{b} & -\omega_{nbz}^{b} \\ \omega_{nbx}^{b} & 0 & \omega_{nbz}^{b} & -\omega_{nby}^{b} \\ \omega_{nby}^{b} & -\omega_{nbz}^{b} & 0 & \omega_{nbz}^{b} \\ \omega_{nby}^{b} & \omega_{nbx}^{b} & -\omega_{nbx}^{b} & 0 \end{bmatrix} \begin{bmatrix} a \\ b \\ c \\ d \end{bmatrix} \tag{12-6}$$

若已知载体 3 个姿态角初始值(俯仰角 θ、横摇角 γ 和方位角 Ψ),则可通过下式求出初始四元数。

$$a = \cos\frac{\theta}{2}\cos\frac{\gamma}{2}\cos\frac{\Psi}{2} + \sin\frac{\theta}{2}\sin\frac{\gamma}{2}\sin\frac{\Psi}{2} \tag{12-7}$$

$$b = \sin\frac{\theta}{2}\cos\frac{\gamma}{2}\cos\frac{\Psi}{2} - \cos\frac{\theta}{2}\sin\frac{\gamma}{2}\sin\frac{\Psi}{2} \tag{12-8}$$

$$c = \cos\frac{\theta}{2}\sin\frac{\gamma}{2}\cos\frac{\Psi}{2} + \sin\frac{\theta}{2}\cos\frac{\gamma}{2}\sin\frac{\Psi}{2} \tag{12-9}$$

$$d = \cos\frac{\theta}{2}\cos\frac{\gamma}{2}\sin\frac{\Psi}{2} + \sin\frac{\theta}{2}\sin\frac{\gamma}{2}\cos\frac{\Psi}{2} \tag{12-10}$$

有了初始值即可对微分方程求解,通常采用四元数等效旋转矢量法,该算法能在一定程度上改善系统在圆锥运动环境下的性能,四元数旋转矢量法又分为单子样、二子样、三子样、四子样等多种解算方法,子样越多,精度越高,计算量也越大,可根据实际系统的要求适当加以选取。

(3) 捷联矩阵 $\boldsymbol{C}_b^n$ 的实时求解和最佳正交优化计算。

由四元数的 4 个参数 a、b、c、d 可实时计算姿态矩阵 $\boldsymbol{C}_b^n$ 的各元素,表示如下:

$$\boldsymbol{C}_b^n = \begin{bmatrix} (a^2 + b^2 - c^2 - d^2) & 2(bc - ad) & 2(bd + ac) \\ 2(bc + ad) & (a^2 - b^2 + c^2 - d^2) & 2(cd - ab) \\ 2(bd - ac) & 2(cd + ab) & (a^2 - b^2 - c^2 + d^2) \end{bmatrix} \tag{12-11}$$

由于数字计算机的算法误差导致矩阵 $\boldsymbol{C}_b^n$ 成为非正交矩阵,带来额外的导航误差,对矩阵 $\boldsymbol{C}_b^n$ 进行最佳正交化处理可消除该误差。

常用的姿态四元数最佳归一化正交处理方法为

$$\boldsymbol{q}^* = \frac{\boldsymbol{q}}{\sqrt{a^2 + b^2 + c^2 + d^2}} \tag{12-12}$$

式中:$\boldsymbol{q}^*$ 为归一化正交处理后的四元数。

(4) 姿态角计算。

由姿态矩阵 $\boldsymbol{C}_b^n$ 的相关元素,可实时求解出载体的三向姿态角,俯仰角 θ、横摇角 γ 和方位角 Ψ。

$$\theta = \arcsin(c_{32})$$

$$\gamma = -\arctan\left(\frac{c_{31}}{c_{33}}\right) \qquad (12\text{-}13)$$

$$\Psi = \arctan\left(\frac{c_{12}}{c_{22}}\right)$$

当 $c_{33} < 0$ 且 $\gamma < 0$ 时，$\gamma = \gamma + \pi$；当 $c_{33} < 0$ 且 $\gamma \geq 0$ 时，$\gamma = \gamma - \pi$；当 $c_{22} \leq 0$ 时，$\Psi = \Psi + \pi$；当 $c_{22} > 0$ 且 $\Psi < 0$ 时，$\Psi = \Psi + 2\pi$；且有 $\theta \in (-90°, 90°)$；$\gamma \in (-180°, 180°)$；$\Psi \in (0°, 360°)$。

12.2.3 惯导系统位置方程求解方法

捷联矩阵 $\boldsymbol{C}_b^n$ 时从载体坐标系到导航坐标系的实时三维转换矩阵，通过上述方法求解出 $\boldsymbol{C}_b^n$ 后，可将载体坐标系上 3 个加速度计测量的比力投影到导航坐标系中，去除有害加速度信息后，可得到载体质心沿导航坐标系 3 个方向（东、北、天向）的运动加速度分量，再经过积分运算可得到载体的三向速度与位置值，实现自主惯性定位或导航的目的。

（1）比力的坐标转换。

捷联惯导系统中，3 个加速度计直接测量到的是沿载体坐标系 3 个方向的比力（f_{ibx}^b、f_{iby}^b、f_{ibz}^b），需通过捷联矩阵 $\boldsymbol{C}_b^n$ 将这 3 个方向的比力分解到导航坐标系中：

$$\boldsymbol{f}^n = \begin{bmatrix} f_E \\ f_N \\ f_U \end{bmatrix} = \boldsymbol{C}_b^n \begin{bmatrix} f_{ibx}^b \\ f_{iby}^b \\ f_{ibz}^b \end{bmatrix} \qquad (12\text{-}14)$$

式中：$\boldsymbol{f}^n$ 表示一组 3 个加速度计测量的比力矢量分解到当地地理坐标系（导航坐标系）中，坐标轴的方向分别沿真北、东向和当地垂线指天向上。

在平台惯导系统中，安装在物理平台上的 3 个加速度计则可直接测量出导航坐标系中的三向比力分量，无需经上述数学转换。

（2）导航微分方程解算。

基于导航坐标系中三向比力的分量，可进行位置、速度信息求解。对于地球上工作在当地地理坐标系中的导航系统，导航方程可表示为

$$\dot{\boldsymbol{V}}_e^n = \boldsymbol{f}^n - (2\boldsymbol{\omega}_{ie}^n + \boldsymbol{\omega}_{en}^n) \times \boldsymbol{V}_e^n + \boldsymbol{g}^n \qquad (12\text{-}15)$$

式中：$\boldsymbol{V}_e^n = \begin{bmatrix} V_E & V_N & V_U \end{bmatrix}^T$ 表示运动载体相对于地球的速度在当地地理坐标系中的值；$\boldsymbol{g}^n$ 为当地重力矢量，它由地球的质量引力（$\boldsymbol{g}$）和地球转动产生的向心加速度（$\boldsymbol{\omega}_{ie} \times \boldsymbol{\omega}_{ie} \times \boldsymbol{R}$）组成。

$$\boldsymbol{g}^n = \boldsymbol{g} - \boldsymbol{\omega}_{ie} \times \boldsymbol{\omega}_{ie} \times \boldsymbol{R} = \boldsymbol{g} - \frac{\Omega^2(R_0 + h)}{2}\begin{pmatrix} \sin2L \\ 0 \\ 1 + \cos2L \end{pmatrix} \tag{12-16}$$

导航方程可采取分量形式求解:

$$\begin{cases} \dot{V}_E = f_E + \left(2\Omega\sin L + \dfrac{V_E\tan L}{R_N + h}\right)V_N - \left(2\Omega\cos L + \dfrac{V_E}{R_N + h}\right)V_U \\[3mm] \dot{V}_N = f_N - \left(2\Omega\sin L + \dfrac{V_E\tan L}{R_N + h}\right)V_E - \dfrac{V_N}{R_M + h}V_U \\[3mm] \dot{V}_U = f_U + \left(2\Omega\cos L + \dfrac{V_E}{R_N + h}\right)V_E + \dfrac{V_N}{R_M + h}V_N - g(l,h) \end{cases} \tag{12-17}$$

式中:L、l、h 分别为地理纬度、经度与高度;R_M 为子午面内的地球曲率半径;R_N 为与子午面垂直的法线平面内地球曲率半径;$g(l,h)$ 为当地地球重力加速度。R_M、R_N 与经度 l 的关系为

$$R_M = R_e(1 - 2e + 3e\sin^2 l) \tag{12-18}$$

$$R_N = R_e(1 + e\sin^2 l) \tag{12-19}$$

式中:$e = (R_e - R_p)/R_e$;R_e、R_p 是地球参考椭球的长半轴(赤道半径)与短半轴(极轴半径),常取 $e = 1/297.0$,$R_e = 6378393\text{m}$。

常用的地球重力加速度计算公式为

$$g(l,h) = g_0\left(\frac{R_e}{R_e + h}\right)^2(1 + 0.0052884\sin^2 l - 0.0000059\sin^2(2l)) \tag{12-20}$$

式中:$g_0 = 9.78049\text{m/s}^2$。

纬度、经度和距地球表面的高度由下列公式给出:

$$\dot{L} = \frac{V_N}{R_M + h} \tag{12-21}$$

$$\dot{l} = \frac{V_E\sec L}{R_N + h} \tag{12-22}$$

$$\dot{h} = V_U \tag{12-23}$$

由于高度通道是发散的,一般将其与两水平通道解耦处理,且用高度表进行误差修正,而对于水面上运行的载体,则可近似认为 $V_U = 0$。

12.2.4 惯导系统初始对准

惯导系统是一种采用积分算法的姿态与位置推算系统,有准确的初始值是前

提条件,包括初始位置、初始速度和初始姿态等信息。初始位置和速度易得到,如何确定初始姿态是初始对准要解决的主要问题。对于平台惯导系统的初始对准一般通过给平台加控制力矩使台体坐标系与选定的导航坐标系重合(物理对准);而捷联惯性测量装置的初始对准则要确定载体的 3 个初始姿态角或初始四元数的值(解析对准),即可确定初始捷联矩阵 C_b^n,以便开始捷联导航解算。

依据初始对准工作条件,可分为以下 3 种情况。

(1)固定基座上的对准。

固定基座对准是指惯导系统在初始对准过程中相对地球一直处于基本静止状态,初始位置可测,速度值近似为零。固定基座上的水平姿态对准易实现,通过加速度计测量可得,因此初始对准的关键和难点是方位对准。一般有两种方法:一是依赖自身惯性器件对姿态进行解算的自主对准方法;二是依赖外部方位基准通过光学传递手段进行方位对准的光学对准方法。

(2)载体行进中的对准。

载体行进中对准是指惯导系统的初始对准过程一直处于线运动状态,此时自对准方法和光学对准方法难以实施和利用,一般要依赖其他基准系统提供精度更高的参考信息并通过一系列计算才能解决。在同一运动载体上通过精度更高的主惯导信息来对子惯导进行初始姿态对准的方法通常称为传递对准。

根据所用测量信息的不同,传递对准方法可分为两大类:计算参数匹配法和测量参数匹配法。计算参数匹配法把主、子惯导系统计算出的位置之差和速度之差来对其进行估计,分别称为位置匹配和速度匹配法,目前,应用较广泛的是速度匹配;测量参数匹配法包括姿态匹配、角速度匹配、加速度匹配等。

(3)载体摇摆状态下的对准。

载体摇摆状态下的对准是指光纤陀螺惯性系统初始对准过程一直处于原地摇摆状态,可认为惯性系统的平均线速度为零,并以此为观测量,借助卡尔曼滤波方法即可自主完成惯性系统初始姿态对准,只是在摇摆状态下滤波收敛速度较慢,往往造成自主对准时间较长。

12.2.5 惯导系统误差分析

惯导系统是一个复杂的光机电一体化控制解算系统,各种误差相互关联、相互影响。无论是平台还是捷联式系统,陀螺漂移和加速度计误差都是决定惯导系统精度的主要因素,前者是产生姿态误差的主要原因,后者产生速度误差影响解算精度。

惯导系统基于舒勒调谐原理,是惯性平台的运动不受载体速度与加速度的影响,但系统误差都存在舒勒振荡的特性。对于长时间工作的惯导系统,惯导系统误差无阻尼自由振荡周期有:①舒勒周期 $T_s = 84.4\mathrm{min}$;②地球周期 $T_e = 24\mathrm{h}$;③付科

周期 T_f = 34h(纬度为 45° 处)。

其中,地球周期是由于地球自转及载体相对地球运动而产生的,付科周期与纬度有关,是在有害加速度补偿过程中产生的。此外,北向和垂向陀螺漂移会引起随时间累积的位置误差,方位误差直接受到垂向陀螺漂移的影响,方位自对准的精度主要取决于东向陀螺的测量精度。可见,三向陀螺的漂移对系统的精度产生显著影响。

与光学陀螺类似,光纤陀螺的输出也存在较大的随机噪声,是影响导航系统精度的一项重要误差源。通常,光纤陀螺噪声中主要成分是白噪声,白噪声的相关时间短,故光纤陀螺噪声对惯导系统的短期过程影响较大;而其零偏不稳定性相关时间较长,主要对惯导系统较长时间的导航精度有影响。

光纤陀螺的随机性误差中存在一定的噪声,这是区别于传统转子式陀螺的重要特征之一,通常可表示为白噪声。光纤陀螺的随机游走过程就是对白噪声积分的过程,它反映了光纤陀螺工作时速率积分角度随时间的不确定性,也称为角度随机游走。由随机过程理论可知,白噪声积分后得到的随机游走过程是非平稳随机过程,虽然其均值为零,但其标准差却不是常值,而是随时间发散的。光纤陀螺随机游走系数在数值上等于单位带宽下检测到的光纤陀螺白噪声强度的平方根,因此,随机游走系数的大小不随测试带宽的不同而改变,它简单而直接地反映了光纤陀螺的噪声水平,是体现光纤陀螺性能好坏的一个重要标志。

在惯性导航系统应用中,光纤陀螺噪声对惯导系统姿态角精度的影响最为关注,其次关注的是对位置、速度等其他导航参数的影响程度。惯性导航系统中,在仅考虑光纤陀螺白噪声误差情况下,根据随机游走过程的数学推论可得出以下结论:

(1)由光纤陀螺白噪声引起的姿态角误差的均值为零。

(2)由光纤陀螺白噪声引起的姿态角误差的标准差为

$$\sigma(x) = \sqrt{D(x)} = \sqrt{q \cdot t} = \text{RWC} \cdot \sqrt{t} \qquad (12\text{-}24)$$

式中:q 为光纤陀螺白噪声强度;RWC 为光纤陀螺随机游走系数;t 为导航系统连续工作时间。

由白噪声随机过程的理论推导结果可知,单纯由光纤陀螺白噪声引起的导航系统姿态角误差是一个非平稳的角度随机游走过程,且该随机游走过程均值的期望值为 0、标准差为 $\text{RWC} \cdot \sqrt{t}$ 。这表明姿态角度误差的标准差 $\sigma(x)$ 与检测带宽无关,即惯导系统姿态角误差的变化规律不随惯性导航方程解算周期的改变而改变。这从物理机理上也可理解:加长导航周期(平滑时间),看似降低了角速率噪声的强度,但因积分时间的相应增加,积分后的角度误差实际上未必能够降低,且其统计意义上的标准差为 $\text{RWC} \cdot \sqrt{t}$ 。可见,一个特定光纤陀螺的随机游走系数是基本不变的,对惯导系统姿态角精度的影响也是确定的,在导航解算中对光纤陀螺数据进行平滑处理并不能对此加以改善。光纤陀螺实际输出误差除白噪声以外含有多种成分,通常采用 Allan 方差以计算光纤陀螺的随机游走系数及其他项误差系数。

要减小随机游走对导航系统性能的影响,应从光纤陀螺本身的性能改进入手,光子晶体光纤技术通过改进光传输介质的导光品质,有助于降低光纤陀螺输出噪声及随机游走系数。

12.3　光子晶体光纤陀螺在惯性导航系统中的应用展望

光子晶体光纤陀螺惯性导航系统的主要功能是提供载体的姿态和位置信息,实现载体的导航、稳定和控制。光子晶体光纤陀螺的抗辐射能力强、光学噪声小、磁敏感性低、弯曲损耗低,易于实现陀螺小型化等特点,使其具备空间、长航时、复杂环境下的作业优势,特别是在宇航和舰船导航、惯性制导以及惯导检测等领域具有显著应用潜力。如图 12-6 所示,其应用场景主要如下:

图 12-6　光子晶体光纤陀螺惯性导航系统典型应用场景示例

（1）卫星、航天器、飞行器用的抗辐照及轻小型化导航系统；

（2）舰船、水下航行器、车辆用的长航时导航系统；

（3）导弹、无人机用的高稳定新型导航系统；

（4）油管管线、地下隧道用的的微小型高精度导航系统。

下面举例简述光子晶体光纤陀螺在各领域中应用前景。

12.3.1　宇航领域中的应用

陀螺作为宇航飞行器控制系统关键单机,对飞行器能否正常工作至关重要。

在宇航应用中,为了保证任务的顺利完成,如图 12-7 所示,须准确进入轨道并按预定轨道或航迹飞行,这些依托于飞行器控制系统实现。导航系统可以实时提供载体三维姿态、速度、位置等运动信息,是飞行控制系统的关键部件。随着技术的不断发展,探索空间不断扩大,自主导航能力需求增多,导航系统在外太空探索任务中的需求日益增多。在近地空间和深空环境中,空间辐照、热真空、冷热交变和周围的电磁场环境将会对常见的光纤陀螺捷联导航系统的精度产生较大的影响。空间辐照会使一般光纤材料的损耗增加,热真空环境会使光纤陀螺应力变化,卫星运行位置变化使得冷热交变致使光纤陀螺零偏变化。光子晶体光纤捷联导航系统中的关键部件光子晶体光纤陀螺由光子晶体光纤制成。光子晶体光纤通常仅由一种材料制作而成,内部不需掺杂 GeO_2 来提高芯区折射率值,在辐射环境下不会产生色心现象导致损耗增大。光子晶体光纤由单一材料的结构不对称形成几何双折射,纤芯、包层的力学性质完全匹配,具有极高的温度稳定性。光子晶体光纤对法拉第磁光效应不敏感,易于降低光纤陀螺的磁场灵敏度。因此光子晶体光纤捷联导航系统的特性决定了其在宇航导航中具有极大的应用优势。

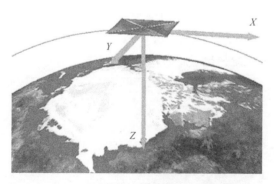

图 12-7　宇航飞行器航迹控制场景示意

光子晶体光纤陀螺在宇航领域的应用重点需要满足特殊环境适应性和特殊应用需求,其特殊性主要表现在以下几个方面:

（1）长寿命和高可靠。大部分宇航飞行器寿命要求都在 8 年以上,部分高轨导航和通信卫星寿命要求 15 年以上。

（2）空间环境适应性好。对光纤陀螺来说,空间环境中需要重点关注的是辐照和热真空。目前,低轨卫星要求光纤陀螺的抗辐照性能大于 50krad(Si),高轨卫星的辐照环境更加恶劣,要求光纤陀螺的抗辐照性能大于 100krad(Si)。不同种类卫星真空环境下工作温度的要求有所区别,但普遍的温度范围为 $-40℃ \sim +60℃$。工作温度范围内不但要求可靠,还需长期精度保持。

（3）高精度。随着军事需求的不断提高,我国侦察、测绘等遥感类卫星的对地分辨率要求由米级提高至亚米级。为了保证卫星平台的高稳定度,则要求惯性部件具有较高的测量精度,同时还需尽量减小测量噪声并提高检测分辨率。例如,高稳定度遥感卫星要求惯性部件零偏稳定性优于 $0.001°/h(3\sigma)$,随机游走系数优于 $0.0001°/\sqrt{h}$,分辨率优于 $0.03''$。

此外,宇航领域应用中热真空环境下,散热主要依靠辐射和传导,而辐射散热的效率比较低,重点考虑传导散热。光子晶体光纤陀螺及惯性系统为光机电一体化产品,为了确保产品的工作可靠性,需要将产品产生的热量及时传递至结构体。在开展热设计时,需要充分识别出大功率器件,并建立其热传导通路。有效的措施是将电路板上的大功率散热元器件上方电路盒部分做成凹槽以接近元器件,二者之间的细小缝隙通过导热绝缘垫和导热硅等脂填充。此种方式可将大功率器件的热量以最短路径传导至本体,降低它们之间的热阻,从而提高宇航用光子晶体光纤陀螺工作可靠性。

12.3.2 舰船领域中的应用

随着我国海上兵力作战活动范围的拓展以及海上战争形态由近海防御向深远海防卫转型等新形势需求,如图 12-8 所示,对长航时工作状态下的高精度、高可靠、小型化惯性导航系统提出了越来越迫切的需求。

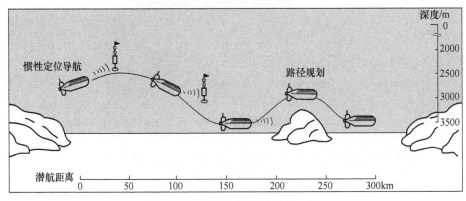

图 12-8　潜艇惯性导航场景示意

战场环境中存在大量的卫星干扰和诱骗设备,须尽量减少使用无线电或卫星导航这种常规方法。宽广无垠的大海,也不可能使用领航的方法。因此,舰船导航应用具体需求特点如下。

(1)基本性能需求。

航行需求。舰艇要完成任务,首先要解决导航问题,要连续、实时地获取自身的位置、速度、航向、水平姿态等运动参数信息。惯导的"实时性、全参量"特点,保证舰艇得到必需的导航参数;而其"自主性、无源性"特点,保证导航的隐蔽性,这是潜艇发挥巨大威力、提高自身生存机会的关键。

制导与控制需求。舰载武器系统的制导和瞄准,以及舰载飞机的导航初始对准等,须随时掌握自身的位置、速度、姿态等信息,惯导可提供这些初始信息,辅助其完成参数的初始化工作,这直接关系到舰载武器的效能。舰艇上的一些特殊控制系统,同样离不开惯导的支撑,例如,舰载机助降系统、雷达监测系统都需要惯导提供载体的运动参数信息,甚至还要预测运动状况。这些应用,不但要求惯导实时测量舰艇运动状态,还要求把测得的高精度基准信息满足精度地传递到需要的各种场合。

(2)成本需求。

军事应用场合首先要满足性能需求,实现军事目的是第一需要。在满足性能需求的前提下,同样要有经济性的考虑,这就是成本的控制,包括人力成本和资金成本。从这个角度讲,舰船惯导在达到规定性能的前提下,须尽力追求可靠性、易用性、小型化、轻型化和低功耗等,最终达到产品全寿命周期费用最低的目的。

可见,高精度、高可靠和长时间水下隐蔽航行是对战场环境中舰船导航系统的独特要求。

目前国际上,大型水面舰船和潜艇应用的惯性导航系统以静电陀螺导航系统和光学陀螺导航系统为主。静电陀螺利用真空中靠电场悬浮的旋转铍球工作,是目前精度最高的陀螺,其高精密零件繁多,体积重量不具优势,使用及维护成本高。激光陀螺由于机械抖动装置增加了测量噪声,限制了精度提升,同时需要精密加工、镀膜和密封技术,可靠性提升受限。光纤陀螺是一种全固态的惯性元件,具有可靠性高、寿命长、体积小、质量轻、精度覆盖范围广、适合大批量生产等特点,但在面向大型水面舰船和潜艇长航时高精度应用需求时,大纤长大尺寸的保偏光纤环圈在复杂环境多物理场(温度、磁和应力等场)作用下导致光纤陀螺性能劣化,不得不采用多种技术措施,例如温度控制、多重磁屏蔽和密闭封装等,以降低陀螺环境敏感性,导致其体积、质量和功耗增大,弱化了光纤陀螺在大型水面舰船和潜艇中的应用优势。光纤陀螺光纤应用长度反比于环境适应性是一个亟待解决的物理问题。

随着光子晶体光纤技术的发展,开启了光纤传输介质颠覆性技术变革,为光纤陀螺环境适应能力提升提供了新技术途径。相比传统光纤,空芯光子晶体光纤采用独特的周期微孔结构形成全新的导光机制,使光在理想介质空气中传输,展现出诸多性能优势,例如环境敏感性低、互易性噪声低等,是船用高精度光纤陀螺理想的传感材料。光子晶体光纤超强的环境适应性有力支撑了高精度光子晶体光纤陀螺导航系统实现自主性、无源性、高精度和高可靠应用特点,大大满足了战场环境下的舰船导航系统的需求。光子晶体光纤陀螺有望成为大型水面舰船和潜艇用主流惯性元件。

12.3.3 制导领域中的应用

导弹作为现代战争的主战武器,其性能水平的高低成为战斗胜负的重要因素。现代战争强调对目标的精确打击能力,保证在复杂作战条件下对目标的高毁伤概率。因此,高性能的精确制导技术对发展先进导弹至关重要。导弹精确制导依靠的关键技术之一是弹载捷联惯性导航系统。从现代导弹的发展趋势来看,要求弹载惯性导航系统尺寸小、成本低、功耗小,这就对系统的核心器件——陀螺,提出了更高、更新的要求。

尤其是新一代分布式光纤陀螺系统以"分布式实体架构"构建"高精度虚拟中心",摆脱了惯性元件中心集成化配置,可大幅提升导弹平台导航系统的设计自由度和作战效能,是未来导航体制的发展方向。受限于传统光纤陀螺惯性导航实体中心技术体制制约,中心化的制导组件须占据整体舱段和导弹质心位置,掣肘关键的战斗部和燃料舱设计自由度,导致中小型精确打击武器的威力、射程等重要作战效能指标受到直接限制。如图 12-9 所示,分布式光纤陀螺系统在导弹闲置零碎空间内随遇分布式安装光纤陀螺等惯性元件,扩展了导弹平台的弹药空间,可增强导弹平台整体战斗力。

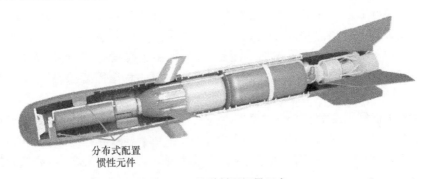

分布式配置
惯性元件

图 12-9 导弹制导场景示意

根据导弹的使用条件和性能以及成本需求,其惯性导航系统主要有以下特点:
(1) 体积小、重量轻、功耗低、成本低。导弹是载体的负荷, 对其体积、质量、功率等有严格要求,所用器件必须是大批量、低成本的产品。

(2)导航时间短。近距导弹战斗飞行时间一般不超过20s,即便是中距导弹,飞行时间一般也小于3min,因此陀螺漂移对系统误差的影响不是十分严重,陀螺精度允许范围较宽。

(3)反应时间短,快速启动能力强。例如空中作战时机具有易失性,导弹导航系统的反应时间和启动时间需要尽量小,一般不超过10 s。

(4)使用环境恶劣。导弹典型的使用环境温度为$-50℃ \sim 75℃$,随机振动$6 \sim 13g$,$20 \sim 2000Hz$,冲击$50 \sim 100g$,贮存15年。这就要求惯性导航系统抗振动、抗冲击能力强,长期稳定性好。

除此之外,新一代导弹制导应用特点是,分布式光纤陀螺导弹平台导航将光纤陀螺等惯性元件离散化进行分布式安装,惯性元件失去了热、磁等系统级防护措施的保护,对光纤陀螺环境适应性提出更高的要求,传统光纤陀螺难以应对。光子晶体光纤技术突破了光纤陀螺中的材料限制,将有力地支撑分布式光纤陀螺导航系统在导弹制导中的发展需求。

12.3.4 测量领域中的应用

大型输油、输气管道的变形和应力检测,对于管道的安全运行十分重要。在海底、水下铺设的长距离大型管道,因为潮汐、洪水等流体冲击、地层下沉和浮力的影响等使管道产生较大的形变,直接威胁着管道的安全。地震、断层的威胁也会使局部应力集中产生破坏,如图12-10所示。多年来国内外都在寻找一种工程上可实施的可靠检测手段来预防大型管道的泄漏和破损事故的发生。

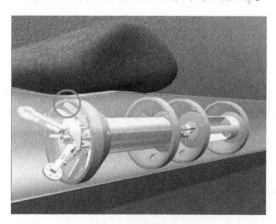

图12-10 管道测量场景示意

新型管道内检测技术通过在管道内部施加压力以推动无损检测装置在管道中向前运动,检测装置借助捷联惯性导航系统和里程仪,以及所搭载的辅助检测系统

（如声纳测径仪、磁标探测器等），将所经历过的管道进行详细的扫描与轨迹测绘，在检测管道内部缺陷的同时对所发现的缺陷位置进行定位。管道内全部检测信息同步采集并存储，巡检完毕后读取数据进行分析处理，呈现整个管道的运行状况，对存在潜在危险的管道进行维护，避免可能发生的管道事故，延长管道寿命，节约经济成本。

管道缺陷检测系统应用特点是：①除了大口径的管道外，还存在大量小口径的输油输气管道，因此需要小型化、环境适应强的捷联系统以满足测绘需求；②压力推动，存在大冲击振动工况。

光子晶体光纤具有环境敏感性低、弯曲损耗低等特性优势，易于实现超小型化、冲击振动不敏感的陀螺，满足小口径管道测量对陀螺的应用需求。光子晶体光纤陀螺装载在管道检测系统中，主要测量管道测量装置的运动状态，利用采集的惯性器件和里程计数据，结合外部精准的磁标点信号，通过组合导航算法，给出特定测量点的位置信息和整条被测管道的位置轨迹。管道漏磁内检测系统结合位置轨迹信息和管道的磁信息即可定位出管道问题点的具体位置，以便对管道进行检测维修。

12.4　本　章　小　结

本章简述了光子晶体光纤陀螺在惯性导航系统应用方式和导航基本概念，最后展望了光子晶体光纤惯性导航系统的典型优势应用场景。

 参考文献

[1] Anderson E W. The principles of navigation [M].Hollis and Carter, 1966.

[2] Sobel D.Longitude [M]. London, U.K. , Fourth Estate, 1996.

[3] Groves P D. Principles of integrated navigation, course notes, QinetiQ Ltd. , 2002.

[4] Britting K R, Inertial navigation systems analysis [M]. New York : Wiley, 1971.

[5] Darper C, Wrigley W, Hovorka J. Inertial guidance [M]. Pergamon Press,1960.

[6] Jekeli C. Precision free-inertial navigation with gravity compensation by an onboard gradiometer [J]. Journal of Guidance, Control, and Dynamics, 2006,29(3): 704-713.

[7] Lapucha F, Schawarz K P, Cannon E C, et al. The use of INS/GPS in a highway survey system [J]. Position location and navigation, symposium,1990:413-420.

[8] Hadfield M J, Leiser K E. Application, integration and operational aspects of an inertial naviga-tion/survey/pointing system [C]. First vehicle navigation and information systems conference, Toronto, Ont, Canada,1989:11-13.

[9] Titterton D H, Weston J L. Strapdown inertial navigation technology[M]. 2nd ed. Stevenage,

U. K. ：IEE,2004.

［10］Misra P, Enge P. Global positioning system signals, measurements, and performance［M］. 2nd ed. Lincoln, MA：Ganga-Jamuna Press,2006.

［11］Jekeli C. Inertial navigation systems with geodetic applications［M］. Berlin, Germany：de Gruyter,2000.

［12］Salychev O S, Voronov V, Lukianov V. Inertial navigation systems in geodetic application：L. I. G. S experience ［C］. Proc. of the 6th International Conference on Integrated Navigation, 1999.

［13］Shortelle K J, Graham W R, Rabourn C. F-16 flight tests of a rapid transfer alignment procedure ［C］. Position Location and Navigation Symposium, IEEE 1998：379-386.